Thomas Friedrich

Dirac-Operatoren in der Riemannschen Geometrie

Advanced Lectures in Mathematics

Thomas Friedrich
Dirac-Operatoren in der Riemannschen Geometrie

Martin Fuchs
Topics in the Calculus of Variations

Wolfgang Ebeling
Lattices and Codes

Jesús M. Ruiz
The Basic Theory of Power Series

Thomas Friedrich

Dirac-Operatoren in der Riemannschen Geometrie

Mit einem Ausblick auf die Seiberg-Witten-Theorie

Prof. Dr. sc. Thomas Friedrich
Humboldt-Universität zu Berlin
Institut für Mathematik
10099 Berlin

Umschlaggestaltung: Klaus Birk, Wiesbaden

Gedruckt auf säurefreiem Papier

ISBN-13: 978-3-528-06926-1   e-ISBN-13: 978-3-322-80302-3
DOI: 10.1007/978-3-322-80302-3

Einleitung

Eine glatte, komplex-wertige Funktion $f : \mathcal{O} \to \mathbb{C}$, definiert auf einer offenen Teilmenge $\mathcal{O} \subset \mathbb{R}^2$, ist bekanntlich genau dann holomorph, falls sie Lösung der Cauchy-Riemann-Gleichung

$$\frac{\partial f}{\partial \bar{z}} = 0 \quad \text{mit} \quad \frac{\partial}{\partial \bar{z}} = \frac{1}{2}\left(\frac{\partial}{\partial x} + i\frac{\partial}{\partial y}\right)$$

ist. Geometrisch fassen wir hierbei $\mathbb{R}^2$ als flachen Euklidischen Raum mit fixierter Orientierung auf. Änderten wir diese Orientierung, so ginge der Operator $\frac{\partial}{\partial \bar{z}}$ über in den Differentialoperator $\frac{\partial}{\partial z} = \frac{1}{2}\left(\frac{\partial}{\partial x} - i\frac{\partial}{\partial y}\right)$. Beide Operatoren zusammengefaßt ergeben einen Differentialoperator $P : C^\infty(\mathbb{R}^2; \mathbb{C}^2) \to C^\infty(\mathbb{R}^2; \mathbb{C}^2)$, welcher durch die Formel

$$P\begin{pmatrix} f \\ g \end{pmatrix} = 2i \begin{pmatrix} \frac{\partial g}{\partial z} \\ \frac{\partial f}{\partial \bar{z}} \end{pmatrix}$$

auf Paaren komplex-wertiger Funktionen wirkt. Eine leichte Umrechnung führt zu nachstehender Formel für P:

$$P = \begin{pmatrix} 0 & i \\ i & 0 \end{pmatrix} \frac{\partial}{\partial x} + \begin{pmatrix} 0 & 1 \\ -1 & 0 \end{pmatrix} \frac{\partial}{\partial y}.$$

Bezeichnen wir die hierbei auftretenden Matrizen mit γ_x und γ_y,

$$\gamma_x = \begin{pmatrix} 0 & i \\ i & 0 \end{pmatrix} \quad , \quad \gamma_y = \begin{pmatrix} 0 & 1 \\ -1 & 0 \end{pmatrix}$$

so gilt

$$P = \gamma_x \frac{\partial}{\partial x} + \gamma_y \frac{\partial}{\partial y}$$

und

$$\gamma_x^2 = -E = \gamma_y^2 \quad , \quad \gamma_x\gamma_y + \gamma_y\gamma_x = 0.$$

Das Quadrat des Operators P stimmt mit dem Laplace-Operator Δ von $\mathbb{R}^2$ überein:

$$P^2 = -\frac{\partial^2}{\partial x^2} - \frac{\partial^2}{\partial y^2} = \Delta.$$

Wir haben also eine Wurzel $P = \sqrt{\Delta}$ des Laplace-Operators in der Klasse der Differentialoperatoren erster Ordnung gefunden, und zudem beschreibt der Kern von P die holomorphen (anti-holomorphen) Funktionen.

In Euklidischen Räumen höherer Dimension trat die Frage nach einer Wurzel $\sqrt{\Delta}$ aus dem Laplace-Operator durch die folgende Diskussion von P.A.M. Dirac (1928) auf. Sei T ein freies, klassisches Teilchen in $\mathbb{R}^3$ mit $spin\frac{1}{2}$, dessen Bewegung wir in der speziellen Relativitätstheorie studieren. Sind m die Masse, E seine Energie und $p = \frac{vm}{\sqrt{1-\frac{v^2}{c^2}}}$ das Moment, so gilt

$$E = \sqrt{c^2 p^2 + m^2 c^4}.$$

Quantenmechanisch wird T durch eine Zustandsfunktion $\psi(t, x)$ definiert auf $\mathbb{R}^1 \times \mathbb{R}^3$ beschrieben, und die Energie sowie das Moment sind durch die Differentialoperatoren

$$E \to ih\frac{\partial}{\partial t} \qquad p \longmapsto -ih\, grad$$

zu ersetzen. Die Zustandsfunktion ψ wird Lösung der Gleichung

$$ih\frac{\partial\psi}{\partial t} = \sqrt{c^2 h^2 \Delta + m^2 c^4}\, \psi$$

mit dem 3-dimensionalen Laplace-Operator $\Delta = -\frac{\partial^2}{\partial x^2} - \frac{\partial^2}{\partial y^2} - \frac{\partial^2}{\partial z^2}$. Mathematisch gehen wir nun zum n-dimensionalen Euklidischen Raum über und wollen nach einer Wurzel $P = \sqrt{\Delta}$ aus dem Laplace-Operator $\Delta = -\sum_{i=1}^{n} \frac{\partial^2}{\partial x_i^2}$ fragen. Die naheliegende Annahme, daß es sich bei P um einen Differentialoperator erster Ordnung mit konstantem Koeffizienten handeln sollte, führt zu dem Ansatz

$$P = \sum_{i=1}^{n} \gamma_i \frac{\partial}{\partial x_i}.$$

Die Gleichung $P^2 = \Delta = -\sum_{i=1}^{n} \frac{\partial^2}{\partial x_i^2}$ ist genau dann erfüllt, falls für die Koeffizienten γ_i von P die Relationen

$$\gamma_i^2 = -E \qquad i = 1, \ldots, n$$

$$\gamma_i \gamma_j + \gamma_j \gamma_i = 0 \qquad i \neq j$$

gelten. Ist $n = 3$, so sehen wir sofort eine Realisierung dieser Relationen. Der Vektorraum $\mathbb{C}^2$ kann mit der Menge der Quaternionen durch $\begin{pmatrix} z_1 \\ z_2 \end{pmatrix} = z_1 + jz_2$ identifiziert werden und $\gamma_1, \gamma_2, \gamma_3 : \mathbb{C}^2 = \mathbb{H} \to \mathbb{H} = \mathbb{C}^2$ sind die Multiplikationen mit den Quaternionen $i, j, k \in \mathbb{H}$ entsprechend. Schreiben wir dies als komplexe (2×2)-Matrizen, so gilt

$$\gamma_1 = \begin{pmatrix} i & 0 \\ 0 & -i \end{pmatrix} \quad, \quad \gamma_2 = \begin{pmatrix} 0 & -1 \\ 1 & 0 \end{pmatrix} \quad, \quad \gamma_3 = \begin{pmatrix} 0 & i \\ i & 0 \end{pmatrix}.$$

Diejenige Algebra, welche multiplikativ von n-Elementen $\gamma_1, \ldots, \gamma_n$ erzeugt wird mit den Relationen

$$\gamma_i^2 = -E \quad , \quad \gamma_i \gamma_j + \gamma_j \gamma_i = 0 \quad (i \neq j),$$

nennt man die Clifford-Algebra $\mathcal{C}_n$ (1845-1879) der negativ-definiten quadratischen Form $(\mathbb{R}^n, -x_1^2 - \ldots - x_n^2)$. Die Frage nach der Wurzel $\sqrt{\Delta}$ aus dem Laplace-Operator führt somit darauf, komplexe Darstellungen $\kappa : \mathcal{C}_n \to End\,(V)$ der Clifford-Algebra zu studieren. Es stellt sich heraus, daß $\mathcal{C}_n$ eine kleinste Darstellung der Dimension $\dim_{\mathbb{C}} V = 2^{[\frac{n}{2}]}$ besitzt. Der entsprechende Vektorraum wird mit Δ_n bezeichnet und seine Elemente sind die Dirac-Spinoren. $\sqrt{\Delta}$ ist dann ein Differentialoperator erster Ordnung mit konstantem Koeffizienten, welcher auf dem Raum $\mathbb{C}^\infty(\mathbb{R}^n; \Delta_n)$ der glatten Funktionen auf $\mathbb{R}^n$ mit Werten in Δ_n wirkt.

Spinoren können mit Vektoren des Euklidischen Raumes multipliziert werden. Einen Vektor $x \in \mathbb{R}^n$ zerlegen wir in seine Komponenten bezüglich einer orthonormalen Basis $e_1, \ldots, e_n$

$$x = \sum_{i=1}^n x^i e_i$$

und definieren dann das Produkt $x \cdot \psi$ mit einem Spinor $\psi \in \Delta_n$ durch

$$x \cdot \psi = \sum_{i=1}^n x^i \kappa(\gamma_i)(\psi).$$

Aus der Relation der Clifford-Algebra folgt sofort die Formel

$$x \cdot (x \cdot \psi) = -||x||^2 \psi.$$

Insbesondere verschwindet das Produkt $x \cdot \psi$ nur dann, falls der Vektor $x \in \mathbb{R}^n$ oder der Spinor $\psi \in \Delta_n$ gleich Null ist. Im Raum Δ_n der Spinoren existiert keine Darstellung $\varepsilon : GL^+(n; \mathbb{R}), SO(n; \mathbb{R}) \to GL(\Delta_n)$ der linearen Gruppe oder der orthogonalen Gruppe, die mit der Clifford-Multiplikation verträglich wäre, d.h. mit der Eigenschaft

$$A(x) \cdot \varepsilon(A)(\psi) = \varepsilon(A)(x \cdot \psi)$$

für alle $A \in SO(n; \mathbb{R})$, $x \in \mathbb{R}^n$ und $\psi \in \Delta_n$. Spinoren über Riemannschen Mannigfaltigkeiten können daher nicht als Schnitte in einem Vektorbündel definiert werden, welches assoziiert zum Reperbündel der Mannigfaltigkeit ist und aus diesem Grunde war Jahrzehnte in der Differentialgeometrie die Frage unklar, inwieweit sich das Konzept der Spinoren im flachen Raum global auf Riemannsche Mannigfaltigkeiten übertragen läßt. Elie Cartan drückte die skizzierte Schwierigkeit 1938 in seinem Buch „Leçons sur la théorie des spineurs" in folgenden Worten aus:

> „With the geometric sense we have given to the word 'spinor' it is impossible to introduce fields of spinors into the classical Riemannian technique."

Es bedurfte Ende der vierziger Jahre der Entwicklung der Begriffswelt der Hauptfaserbündel, assoziierten Bündel und der allgemeinen Zusammenhangstheorie in der Differentialgeometrie, um diese Schwierigkeit zu überwinden. Die Gruppe $SO(n; \mathbb{R})$ ist nicht einfach-zusammenhängend. Für $n \geq 3$ ist ihre universelle Überlagerung - die sogenannte $Spin(n)$-Gruppe - kompakt und überlagert $SO(n; \mathbb{R})$ zweifach. Andererseits existiert eine Darstellung $\varepsilon : Spin(n) \to GL(\Delta_n)$ der Spin-Gruppe verträglich mit der Clifford-Multiplikation. Betrachten wir somit spezielle Riemannsche Mannigfaltigkeiten M^n, deren Reperbündel eine Reduktion von der Strukturgruppe $SO(n; \mathbb{R})$ auf die zweifache Überlagerung $Spin(n)$ zulassen - heute spricht man von Spin-Mannigfaltigkeiten - , so können wir das zu dieser Reduktion assoziierte Vektorbündel S mittels der Darstellung $\varepsilon : Spin(n) \to GL(\Delta_n)$ definieren, das sogenannte Spinorbündel von M^n. Spinorfelder über M^n sind Schnitte im Bündel S und der Dirac-Operator D kann - wie im Euklidischen Raum - durch die Formel

$$D\psi = \sum_{i=1}^{n} e_i \cdot \nabla_{e_i} \cdot \psi$$

eingeführt werden. Dabei ist ∇ die kovariante Ableitung, welche dem Levi-Civita-Zusammenhang der Riemannschen Mannigfaltigkeit entspricht.

Spinorfelder und Dirac-Operatoren lassen sich somit nicht in jedem Riemannschen Raum, aber dennoch in einer großen Klasse solcher einführen. Die Existenz einer $Spin(n)$-Reduktion des Reperbündels von M^n ist eine topologische Bedingung an die Mannigfaltigkeit, die ersten beiden Stiefel-Whitney-Klassen müssen verschwinden:

$$w_1(M^n) = 0 = w_2(M^n).$$

In der Dimension $n = 4$ bedeutet diese topologische Bedingung im Fall einer einfach-zusammenhängenden, kompakten Mannigfaltigkeit M^4, daß ihre Schnittform $H^2(M^4; \mathbb{Z})$ als quadratische Form über dem Ring $\mathbb{Z}$ eine gerade, unimodulare Form ist. Die Algebra der quadratischen $\mathbb{Z}$-Formen ergibt in diesem Fall die Teilbarkeit der Signatur σ durch 8. Verwunderlicherweise bewies Rochlin 1952 eine zusätzliche Teilbarkeit durch 2 der Signatur einer glatten, kompakten 4-dimensionalen Spin-Mannigfaltigkeit $M^4, \sigma(M^4)$ ist durch 16 teilbar:

$$\sigma(M^4)/16 \in \mathbb{Z}.$$

Diese nicht aus algebraischen Überlegungen resultierende zusätzliche Teilbarkeit der Signatur einer 4-dimensionalen Spin-Mannigfaltigkeit war innermathematisch ein wesentlicher Aspekt, um Spinorfelder und Dirac-Operatoren einzuführen. Die dahinterstehende Überlegung kann wie folgt skizziert werden. Könnte es sein, daß auf jeder glatten, kompakten 4-dimensionalen Mannigfaltigkeit M^4 mit gerader Schnittform $H^2(M^4; \mathbb{Z})$ ein elliptischer Operator P existiert, dessen Index gleich $\sigma/16$ ist? Die Antwort darauf kennen wir heute, es handelt sich im wesentlichen um den Dirac-Operator dieser Spin-Mannigfaltigkeit, welcher endgültig im Zusammenhang mit der Ausarbeitung der Indextheorie für elliptische Operatoren von M.F. Atiyah 1962 für Riemannsche Mannigfaltigkeiten eingeführt worden ist. Seither tritt er in vielen Zweigen der Mathematik auf und zählt zu den grundlegenden elliptischen Differentialoperatoren der Analysis und Geometrie.

Das vorliegende Buch entstand nach einer einsemestrigen Vorlesung an der Humboldt-Universität zu Berlin im Studienjahr 1996/97 und ist eine Einführung in die Theorie der Spinoren und Dirac-Operatoren über Riemannschen Mannigfaltigkeiten. Vom Leser werden nur die grundlegenden Kenntnisse der Algebra und Geometrie im Umfang von zwei bis drei Jahren eines Mathematik- oder Physikstudiums erwartet. Die Darstellung beginnt mit einem algebraischen Teil, welcher Clifford-Algebren, Spin-Gruppen und die Spin-Darstellung betrifft. Die topologischen Aspekte der Existenz und Klassifikation von Spin-Reduktionen eines $SO(n)$-Hauptfaserbündels besprechen wir in Kapitel 2. Die Darlegung hier ist so angelegt, daß im Grunde nur elementare Überlagerungstheorie topologischer Räume benötigt wird. Zugleich formulieren wir die Resultate jeweils kohomologisch in die Sprache der charakteristischen Klassen um. Das sich anschließende Kapitel 3 stellt die Analysis im Spinorbündel, den Twistor-Operator und den Dirac-Operator ausführlich dar. Wir benutzen dabei systematisch die allgemeinen Techniken der Hauptfaserbündel und der Zusammenhangstheorie. Im Anhang 2 zu diesem Buch stellen wir daher diese Resultate der modernen Differentialgeometrie ohne Beweis noch einmal zusammen. Kapitel 4 enthält die Beweise der analytischen Eigenschaften von Dirac-Operatoren (wesentliche Selbstadjungiertheit, Fredholm-Eigenschaft) mit solchen Beweisen, die speziell für Dirac-Operatoren unter Umgehung der allgemeinen Theorie für elliptische Pseudodifferentialoperatoren möglich sind. Eigenwertabschätzung und Lösungsräume spezieller spinorieller Feldgleichungen (Killing-Spinoren, Twistorspinoren) studieren wir im Ansatz im Kapitel 5 und verweisen für detailliertere Untersuchungen zu diesen Fragen auf die angegebene Literatur. Das Buch schließt im Anhang 1 mit einer überarbeiteten Version eines Vortrages des Autors am 09.02.1995 im Seminar des Sonderforschungsbereiches 288 „Differentialgeometrie und Quantenphysik" in Berlin zum Thema der Seiberg-Witten-Theorie ab.

Seit den achtziger Jahren arbeitet an der Humboldt-Universität zu Berlin eine Gruppe von jüngeren Mathematikern zu Spektraleigenschaften von Dirac-Operatoren und Lösungsräumen spinorieller Feldgleichungen. Viele Ergebnisse dieser Zeit sind in dem Literaturverzeichnis zusammengestellt, das vorliegende Buch kann andererseits als eine Einführung bei näherem Studium dienen. Diesen Studenten und Mitarbeitern danke ich für die zahlreichen Hinweise und Anmerkungen, welche in dieser oder jener Form den vorliegenden Text inhaltlich beeinflußt haben.

Insbesondere danke ich Frau Dr. Ines Kath für ihre sorgfältigen und detaillierten Korrekturen des Textes und Frau Heike Pahlisch für den alle Wünsche berücksichtigenden Computersatz des Manuskriptes.

Berlin, im März 1997   Thomas Friedrich

Inhaltsverzeichnis

1 Clifford-Algebren und Spin-Darstellung

1.1 Lineare Algebra quadratischer Formen

Wir beginnen mit der Wiederholung einiger Fakten der linearen Algebra. $\mathbb{K}$ sei ein Körper der Charakteristik $\neq 2$. Eine *Bilinearform* ist ein Paar (V, B) bestehend aus einem $\mathbb{K}$-Vektorraum V und einer symmetrischen bilinearen Abbildung

$$B : V \times V \to \mathbb{K}.$$

Die Funktion $Q : V \to \mathbb{K}$ definiert durch $Q(v) = B(v, v)$ ist die zugehörige *quadratische Form*. Es gilt

$$Q(\lambda v) = \lambda^2 Q(v) \quad v \in V, \; \lambda \in \mathbb{K}.$$

B selbst kann durch Q ausgedrückt werden:

$$B(v_1, v_2) = \frac{1}{2}\{Q(v_1 + v_2) - Q(v_1) - Q(v_2)\}$$

und daher werden wir B häufig mit Q identifizieren. Eine Bilinearform (V, B) definiert eine lineare Abbildung des Vektorraumes V in seinen Dualraum V^*

$$V \ni v \longmapsto B(v, \cdot) \in V^*$$

(V, B) heißt *nichtausgeartete Bilinearform* falls diese Abbildung injektiv ist. (V, B) ist nichtausgeartete Bilinearform genau dann, wenn

$$\forall \, 0 \neq v \in V \;\; \exists \, w \in V : B(v, w) \neq 0.$$

gilt. Sei V ein endlich-dimensionaler $\mathbb{K}$-Vektorraum und $v_1, \dots, v_n$ ($n = \dim_{\mathbb{K}} V$) eine Basis. Die Matrix

$$M(V, B) = (B(v_i, v_j))_{i,j=1}^n$$

ist symmetrisch und heißt Matrix der Form.

Definition: Unter dem Rang der Bilinearform (V, B) verstehen wir den Rang der Matrix $M(V, B)$, $rank(V, B) := rank(M(V, B))$.

Satz von Lagrange: *Sei (V, B) eine endlich-dimensionale Bilinearform. Dann existiert eine Basis $v_1, \dots, v_n$ im Vektorraum V derart, daß die Matrix $M(V, B)$ Diagonalgestalt hat (derartige Basen heißen kanonische Basen):*

$$M(V, B) = \begin{pmatrix} \lambda_1 & & & & & 0 \\ & \ddots & & & & \\ & & \lambda_r & & & \\ & & & 0 & & \\ & & & & \ddots & \\ 0 & & & & & 0 \end{pmatrix} \qquad r = rank(V, B)$$

Im Fall der Körper $\mathbb{K} = \mathbb{R}, \mathbb{C}$ gilt noch mehr:

Satz von Sylvester: *Jede quadratische $\mathbb{R}$-Form besitzt eine kanonische Basis bezüglich derer die Form die Matrix*

$$
M(V,B) = \begin{pmatrix}
1 & & & & & & & & 0 \\
 & \ddots & & & & & & & \\
 & & 1 & & & & & & \\
 & & & -1 & & & & & \\
 & & & & \ddots & & & & \\
 & & & & & -1 & & & \\
 & & & & & & 0 & & \\
 & & & & & & & \ddots & \\
0 & & & & & & & & 0
\end{pmatrix}
$$

hat. Die Anzahl p der $(+1)$-Stellen und die Anzahl q der (-1)-Stellen in der Diagonalform hängen nicht von der Wahl dieser Basis ab. Das Paar (p,q) heißt die Signatur der Form, die Zahl q ist deren Index.

Satz: *Jede quadratische $\mathbb{C}$-Form besitzt eine kanonische Basis bezüglich derer die Form die Matrix hat:*

$$
M(V,B) = \begin{pmatrix}
1 & & & & & 0 \\
 & \ddots & & & & \\
 & & 1 & & & \\
 & & & 0 & & \\
 & & & & \ddots & \\
0 & & & & & 0
\end{pmatrix}
$$

Wir betrachten eine endlich-dimensionale, nichtausgeartete Bilinearform (V,B). Ist $W \subset V$ ein Unterraum, so sei das B-orthogonale Komplement $W^\perp$ definiert durch

$$
W^\perp = \{v \in V : B(v,w) = 0 \quad \forall\, w \in W\}.
$$

W heißt *isotroper Unterraum*, falls $W \cap W^\perp \neq \{0\}$ gilt. W heißt Nullunterraum, falls $W \subset W^\perp$ gilt. W ist offenbar genau dann ein Nullunterraum, falls $Q_{|W} \equiv 0$ (oder $B_{|W \times W} \equiv 0$) identisch auf W verschwindet. Nullunterräume sind isotrope Unterräume, aber nicht umgekehrt.

Satz (Witt-Zerlegung): *Sei (V,B) eine endlich-dimensionale, nichtausgeartete quadratische $\mathbb{K}$-Form und sei $W \subset V$ ein <u>maximaler</u> Nullunterraum. Dann existiert ein maximaler Nullunterraum $U \subset V$ mit*

a) $\dim U = \dim W, \quad U \cap W = \{0\}$

b) $V = W \oplus U \oplus (W \oplus U)^\perp$

c) Für jeden Vektor $0 \neq v \in (W \oplus U)^\perp$ gilt $Q(v) \neq 0$.

Weiterhin, zu jeder Basis $w_1 \ldots w_k$ in W existiert eine Basis $u_1 \ldots u_k$ in U mit

$$B(u_i, w_j) = \delta_{ij} \qquad 1 \leq i, j \leq k \qquad \text{(Witt-Basis)}.$$

Folgerung: *Sei $\mathbb{K}$ ein algebraisch-abgeschlossener Körper und (V, B) eine endlich-dimensionale, nichtausgeartete Form. Für jeden maximalen Nullraum W gilt*

$$\dim W \leq \left[\frac{\dim V}{2}\right].$$

Beweis: Wir betrachten die Witt-Zerlegung

$$V = W \oplus U \oplus (W \oplus U)^\perp$$

Es genügt $\dim(W \oplus U)^\perp \leq 1$ zu zeigen. Seien $v, v' \in (W \oplus U)^\perp$ zwei nichttriviale Vektoren. Auf Grund des Satzes von Witt, Punkt c.), gilt

$$\lambda v + \mu v' = 0 \iff Q(\lambda v + \mu v') = 0$$

$(\lambda, \mu \in \mathbb{K})$. Bei festem $0 \neq \mu \in \mathbb{K}$ hat die Gleichung

$$\frac{Q(\lambda v + \mu v')}{Q(v)} = \lambda^2 + \frac{2\mu B(v, v')}{Q(v)}\lambda + \frac{\mu^2 Q(v')}{Q(v)} = 0$$

als quadratische Gleichung in λ eine Lösung. Daraus folgt $Q(\lambda v + \mu v') = 0$, also $\lambda v + \mu v' = 0$ und somit sind v und v' proportional.

$\blacksquare$

1.2 Die Clifford-Algebra einer quadratischen Form

Sei (V, Q) eine quadratische Form über einem Körper $\mathbb{K}$.

Definition: *Ein Paar $(C(Q), j)$ heißt Clifford-Algebra von (V, Q) falls*

1. $C(Q)$ ist eine assoziative $\mathbb{K}$-Algebra mit 1.

2. $j : V \to C(Q)$ ist eine lineare Abbildung und

$$j(v)^2 = Q(v) \cdot 1$$

gilt für alle $v \in V$.

3. *Ist A eine weitere $\mathbb{K}$-Algebra mit 1 sowie $u : V \to A$ eine lineare Abbildung mit $u(v)^2 = Q(v) \cdot 1$, so existiert genau ein Algebren-Homomorphismus $\tilde{U} : C(Q) \to A$ mit $u = \tilde{U} \circ j$.*

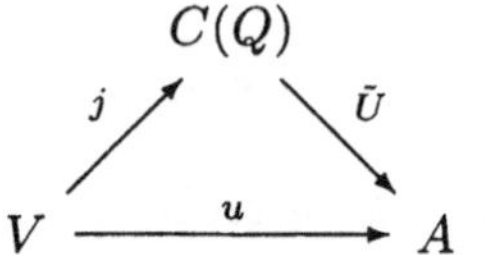

Satz:

a) *Jede quadratische Form (V, Q) besitzt eine Clifford-Algebra $(C(Q), j)$.*

b) *Sind $(C(Q), j)$ und $(C'(Q), j')$ zwei Clifford-Algebren der gleichen quadratischen Form (V, Q), so existiert ein Isomorphismus $f : C(Q) \to C'(Q)$ der Algebren mit $f \circ j = j'$*

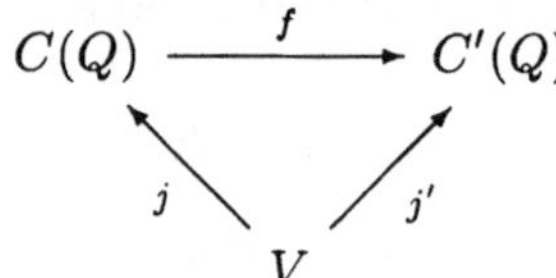

Beweis der Existenz: Wir betrachten die Tensoralgebra $T(V) = \mathbb{K} \oplus V \oplus (V \otimes V) \oplus \dots$ des Vektorraumes V und bezeichnen mit $I(Q)$ das zweiseitige Ideal erzeugt von allen Elementen der Form

$$\{v \otimes v - Q(v) : v \in V\}.$$

Sei $C(Q) = T(V)/I(Q)$. Ist $\pi : T(V) \to C(Q)$ die Projektion und $i : V \to T(V)$ die natürliche Einbettung des Vektorraumes in seine Tensoralgebra, so wird durch

$$j = \pi \circ i$$

eine lineare Abbildung $j : V \to C(Q)$ definiert, für die $j(v)^2 = Q(v) \cdot 1$ nach Konstruktion gilt. Weiterhin, jede lineare Abbildung $u : V \to A$ in eine Algebra setzt sich zunächst mittels

$$U(v_1 \otimes \dots \otimes v_k) = u(v_1) \cdot \dots \cdot u(v_k)$$

zu einen Algebren-Homomorphismus $U : T(V) \to A$ fort. Gilt $u(v)^2 = Q(V) \cdot 1$, so erhalten wir $I(Q) \subset \ker(U)$ und daher induziert U einen Homomorphismus $\tilde{U} : C(Q) \to A$ mit der gewünschten Eigenschaft. Ist $\tilde{U}_1 : C(Q) \to A$ ein weiterer Homomorphismus mit

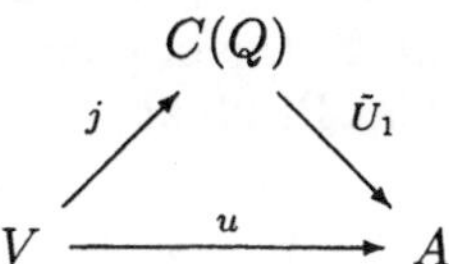

so gilt $u = \tilde{U}_1 \circ j = \tilde{U} \circ j$. Damit stimmen $\tilde{U}$ und $\tilde{U}_1$ auf $V \subset C(Q)$ überein. Nun erzeugen aber die Elemente aus dem Vektorraum V die Tensoralgebra $T(V)$ und damit auch die Algebra $C(Q)$ multiplikativ. Demnach folgt $\tilde{U} = \tilde{U}_1$ sofort. Die **Eindeutigkeit** ist eine direkte Konsequenz der dritten Bedingung für eine Clifford-Algebra.

∎

Folgerung: *Die lineare Abbildung $j : V \to C(Q)$ des Vektorraumes V der quadratischen Form in die Clifford-Algebra ist injektiv. Die Menge $j(V) \subset C(Q)$ erzeugt die Algebra multiplikativ.*

Aus diesem Grund fassen wir oft den Vektorraum V als linearen Unterraum von $C(Q)$ auf.

Satz: *Die Clifford-Algebra $C(Q)$ einer quadratischen Form besitzt eine Involution $\beta : C(Q) \to C(Q)$ mit folgenden Eigenschaften*

   a) β ist ein Algebren-Homomorphismus und eine Involution, $\beta^2 = Id$

   b) Mit $\quad C^0(Q) = \{x \in C(Q) : \beta(x) = x\} \quad C^1(Q) = \{x \in C(Q) : \beta(x) = -x\}$
   gilt :

$$C(Q) = C^0(Q) \oplus C^1(Q)$$

$$C^0(Q){\cdot}C^0(Q) \subset C^0(Q), \quad C^0(Q){\cdot}C^1(Q) \subset C^1(Q), \quad C^1(Q){\cdot}C^1(Q) \subset C^0(Q).$$

Insbesondere ist $C^0(Q) \subset C(Q)$ eine Unteralgebra.

Beweis: Wir betrachten die lineare Abbildung $u : V \to C(Q), \quad u(v) = -j(v)$. Dann gilt

$$u^2(v) = (-j(v))^2 = j(v)^2 = Q(v) \cdot 1$$

und daher existiert ein Algebren-Homomorphismus $\beta : C(Q) \to C(Q)$ mit

$$\beta \circ j(v) = -j(v)$$

für alle $v \in V$. Wegen $\quad \beta \circ \beta \circ j(v) = \beta(-j(v)) = -\beta j(v) = j(v) \quad$ ist β^2 die Identität auf der Menge $j(V) \subset C(Q)$ und damit gilt überhaupt $\beta^2 = Id$.

∎

Außer der Involution $\beta : C(Q) \to C(Q)$ besitzt jede Clifford-Algebra eine Antiinvolution $\gamma : C(Q) \to C(Q)$, welche wir jetzt konstruieren. Dazu benötigen wir folgende Vorbemerkung: Ist A eine $\mathbb{K}$-Algebra, so können wir eine neue Algebra $\hat{A}$ dadurch definieren, daß wir in A das Produkt

$$x \star y := y \cdot x$$

einführen. Sei nun (V, Q) eine quadratische Form, $C(Q)$ ihre Clifford-Algebra. Wir betrachten die Algebra $A = \widehat{C(Q)}$. Dann haben wir die lineare Abbildung

$$V \xrightarrow{\ j\ } A = \widehat{C(Q)}$$

und es gilt $j(v) \star j(v) = j(v) \cdot j(v) = Q(v) \cdot 1$ in der Algebra A. Somit existiert genau ein Algebren-Homomorphismus

$$\gamma : C(Q) \to \widehat{C(Q)}$$

mit der Eigenschaft, daß

$$j(v) = \gamma j(v) \quad , \quad v \in V$$

gilt. Fassen wir γ als Abbildung von $C(Q)$ in sich auf, so erhalten wir

Satz: *Jede Clifford-Algebra besitzt eine lineare Abbildung $\gamma : C(Q) \to C(Q)$ mit folgenden Eigenschaften:*

1. *γ ist linear.*

2. *$\gamma \circ \gamma = Id$ (γ ist eine Involution).*

3. *$\gamma(v) = v$ für alle $v \in V \subset C(Q)$.*

4. *$\gamma(x \cdot y) = \gamma(y)\gamma(x) \quad x, y \in C(Q)$.*

Sind (V_1, B_1) und (V_2, B_2) zwei Bilinearformen, so bilden wir deren *direkte Summe* als Bilinearform (V, B) durch

$$V = V_1 \oplus V_2 \quad , \quad B(V_1, V_2) = 0 \quad , \quad B_{|V_1 \times V_1} = B_1 \quad , \quad B_{|V_2 \times V_2} = B_2.$$

Analog sprechen wir von der direkten Summe $Q_1 \oplus Q_2$ zweier quadratischer Formen.

Satz: *Die Clifford-Algebra $C(Q_1 \oplus Q_2)$ ist isomorph zum Tensorprodukt $C(Q_1)\hat{\otimes}C(Q_2)$,*

$$C(Q_1 \oplus Q_2) = C(Q_1)\hat{\otimes}C(Q_2).$$

Bemerkung: Das Tensorprodukt $C(Q_1)\hat{\otimes}C(Q_2)$ ist hier als Tensorprodukt $\mathbb{Z}_2$-graduierter Algebren zu verstehen! Sind $A = A^0 \oplus A^1, B = B^0 \oplus B^1$ zwei $\mathbb{Z}_2$-graduierte Algebren, so ist $A\hat{\otimes}B$ folgende $\mathbb{Z}_2$-graduierte Algebra:

$$(A \otimes B)^0 = (A^0 \otimes B^0) \oplus (A^1 \otimes B^1)$$

$$(A \otimes B)^1 = (A^1 \otimes B^0) \oplus (A^0 \otimes B^1)$$

mit der Produktstruktur

$$(a \otimes b^j) \cdot (a^i \otimes b) = (-1)^{ij}(aa^i) \otimes (b^j b) \qquad a \in A, \quad b \in B, \quad a^i \in A^i, \quad b^j \in B^j.$$

Beweis des Satzes: Wir betrachten die lineare Abbildung

$$u : V_1 \oplus V_2 \to C(Q_1)\hat{\otimes}C(Q_2)$$

welche durch die Formel

$$u(v_1 + v_2) = j_1(v_1) \otimes 1 + 1 \otimes j_2(v_2)$$

gegeben ist. In der Algebra $C(Q_1)\hat{\otimes}C(Q_2)$ gilt

$$u^2(v_1 + v_2) = (v_1 \otimes 1 + 1 \otimes v_2)^2 = v_1^2 \otimes 1 + v_1 \otimes v_2 - v_1 \otimes v_2 + 1 \otimes v_2^2$$

weil $1 \in C^0(Q_1)$ und $v_1 \in C^1(Q_1)$ bzw. $v_2 \in C^1(Q_2)$ in den entsprechenden Mengen der $\mathbb{Z}_2$-Graduierung liegen. Damit folgt

$$u^2(v_1 + v_2) = (Q_1(v_1) + Q_1(v_2))1 \otimes 1 = Q(v_1 + v_2) \cdot 1$$

Demnach induziert u einen Algebren-Homomorphismus

$$\tilde{U} : C(Q_1 \oplus Q_2) \to C(Q_1)\hat{\otimes}C(Q_2),$$

welcher die gewünschte Isomorphie liefert.

Satz: *Sei V ein n-dimensionaler Vektorraum. Dann hat der Vektorraum $C(Q)$ die Dimension 2^n,*

$$\dim_{\mathbb{K}} C(Q) = 2^n.$$

Beweis: Nach dem Satz von Lagrange ist die quadratische Form die Summe von n eindimensionalen quadratischen Formen:

$$Q = Q_1 \oplus \ldots \oplus Q_n.$$

Die Clifford-Algebra einer 1-dimensionalen quadratischen Form $B : \mathbb{K} \times \mathbb{K} \to \mathbb{K}$ ist jedoch einfach zu berechnen, es gilt

$$C^0(Q) = \mathbb{K} \quad , \quad C^1(Q) = \mathbb{K} \cdot e \quad , \quad \text{und} \quad e^2 = Q(1).$$

Damit folgt $\dim_{\mathbb{K}} C(Q) = 2$ für eine 1-dimensionale quadratische Form.

Aus dem letzten Satz erhalten wir dann

$$C(Q) = C(Q_1)\hat{\otimes}\ldots\hat{\otimes}C(Q_n)$$

und somit $\dim_{\mathbb{K}} C(Q) = 2^n$.

∎

Satz: *Sei (V, B) eine quadratische Form und sei $v_1,\ldots,v_n$ eine Basis von V mit*

$$B(v_i, v_j) = 0 \qquad i \neq j.$$

Die Clifford-Algebra $C(Q)$ wird multiplikativ erzeugt von den Elementen $v_1,\ldots,v_n \in V \subset C(Q)$ und es gelten die Relationen

$$v_i^2 = Q(v_i)$$

$$v_i v_j + v_j v_i = 0 \qquad (i \neq j).$$

Eine Basis des Vektorraumes $C(Q)$ besteht aus den Elementen 1 und $v_{i_1} \cdot \ldots \cdot v_{i_s}$ mit $1 \leq i_1 < i_2 < \cdots < i_s \leq n$, $1 \leq s \leq n$.

Beweis: $V \subset C(Q)$ erzeugt $C(Q)$ multiplikativ und $v_1,\ldots,v_n$ ist eine Basis des Vektorraumes V. Daher erzeugen die Vektoren $v_1,\ldots,v_n$ auch die Algebra $C(Q)$. Weiterhin gilt $v_i^2 = Q(v_i)$ trivialerweise und aus

$$(v_i + v_j)^2 = Q(v_i + v_j) = Q(v_i) + Q(v_j) = v_i^2 + v_j^2$$

folgt sofort

$$v_i v_j + v_j v_i = 0 \qquad (i \neq j).$$

Die angegebenen Elemente erzeugen linear $C(Q)$ und sind 2^n Elemente. Wegen $\dim C(Q) = 2^n$ folgt, daß dieses System eine Basis darstellt.

∎

Beispiel: Im Vektorraum V betrachten wir die verschwindende quadratische Form $Q \equiv 0$. Dann ist $C(Q) = \Lambda^*(V)$ die äußere Algebra von V.

∎

Beispiel: Sei $\mathbb{K} = \mathbb{R}^1$ und $V = \mathbb{R}^2$ mit der quadratischen Form $Q = -x^2 - y^2$. Dann ist $C(Q) = \mathbb{H}$ die Algebra der Quaternionen.

Beweis: $C(\mathbb{R}^2, Q)$ wird erzeugt von $e_1, e_2 \in \mathbb{R}^2$. Daher ist $1, e_1, e_2, e_1 \cdot e_2$ eine Basis des Vektorraumes $C(Q)$ und legen wir

$$i := e_1 \quad , \quad j := e_2 \quad , \quad k := e_1 \cdot e_2$$

so gilt

$$i \cdot j = k \quad , \quad j \cdot k = i \quad , \quad k \cdot i = j \quad , \quad j^2 = j^2 = k^2 = -1$$

auf Grund der Relationen $e_1^2 = -1 = e_2^2, \quad e_1 e_2 = -e_2 e_1$.

Beispiel: $\mathbb{K} = \mathbb{R}^1, V = \mathbb{R}^1$ und $Q = -x^2$. Dann ist $C(Q)$ die Algebra aller komplexen Zahlen.

Beweis: Eine lineare Basis von $C(Q)$ in diesem Fall besteht aus 1 und $e_1 \in \mathbb{R}^1$ mit der einzigen Relation $e_1^2 = -1$.

Wir bestimmen jetzt das Zentrum der Algebren $C(Q)$ und $C^0(Q)$ im Fall einer nichtausgearteten Form. Dazu wählen wir die Basis $v_1, \ldots, v_n$ im Vektorraum V mit

$$B(v_i, v_j) = 0 \qquad i \neq j$$

$$B(v_i, v_i) = \lambda_i \neq 0 \qquad i = 1, \ldots, n.$$

Sei $\mathcal{P}$ die Menge aller monoton geordneten Teilmengen von $\{1, \ldots, n\}$. Ein Element aus $\mathcal{P}$ ist also eine Teilmenge $P = \{p_1, \ldots, p_k\}$ mit $1 \leq p_1 < p_2 < \ldots < p_k \leq n$. Wir definieren als Kurzbezeichnung

$$v_P = \left\{ \begin{array}{ll} v_{p_1} \cdot \ldots \cdot v_{p_k} & P = \{p_1 < p_2 < \ldots < p_k\} \\ 1 & P = \emptyset \end{array} \right\}$$

Dann gilt folgendes

Lemma: *Sind $P, R \in \mathcal{P}$, so gilt in $C(Q)$ die Relation*

$$v_P \, v_R \, v_P^{-1} = (-1)^{|P||R|-|P \cap R|} v_R$$

wobei $|\cdot|$ die Anzahl der Elemente der entsprechenden Menge bezeichnet.

Beweis: Wir bemerken zunächst, daß in $C(Q)$ das Element v_P invertierbar ist. Sein inverses Element ist

$$v_P^{-1} = \frac{1}{\lambda_{p_1}} \cdot \ldots \cdot \frac{1}{\lambda_{p_k}} v_{p_k} \cdot \ldots \cdot v_{p_1}.$$

Die Formel folgt dann unmittelbar aus der Relation $v_i \cdot v_j = -v_j \cdot v_i$ für $i \neq j$.

Satz:

1. *Das Zentrum der Algebra $C(Q)$ ist gegeben durch*

$$\mathcal{Z}(C(Q)) = \left\{ \begin{array}{ll} \mathbb{K} & \textit{falls } \dim V \textit{ gerade ist} \\ \mathbb{K} \oplus \mathbb{K}[v_1 \cdot \ldots \cdot v_n] & \textit{falls } \dim V \textit{ ungerade ist} \end{array} \right\}.$$

2. *Das Zentrum der Algebra $C^0(Q)$ ist gegeben durch*

$$\mathcal{Z}(C^0(Q)) = \left\{ \begin{array}{ll} \mathbb{K} \oplus \mathbb{K}[v_1 \cdot \ldots \cdot v_n] & \textit{falls } \dim V \textit{ gerade ist} \\ \mathbb{K} & \textit{falls } \dim V \textit{ ungerade ist} \end{array} \right\}.$$

Beweis: Ein beliebiges Element der Algebra $C(Q)$ hat die Form

$$a = \sum_{P \in \mathcal{P}} a_P v_P.$$

Liegt a in $\mathcal{Z}(C(Q))$ oder in $\mathcal{Z}(C^0(Q))$ so ist insbesondere

$$v_R a = a v_R$$

für jede Menge $R \in \mathcal{P}$ mit $|R| = 2$ notwendig. Daraus ergibt sich

$$\sum_{P \in \mathcal{P}} a_P v_R v_P v_{R^{-1}} = \sum_{P \in \mathcal{P}} a_P v_P$$

und wegen $|R| = 2$ erhalten wir

$$\sum_{P \in \mathcal{P}} (-1)^{(P \cap R)} a_P v_P = \sum_{P \in \mathcal{P}} a_P v_P \quad \text{d.h.}$$

$$(-1)^{|P \cap R|} a_P = a_P$$

für jede Menge $R \in \mathcal{P}$ mit $|R| = 2$ als eine notwendige Bedingung für zentrale Elemente. Daraus folgt sofort

$$a_P = 0 \quad \text{falls} \quad P \neq \emptyset, \{1, \ldots, n\}$$

d.h.

$$\mathcal{Z}(C(Q)) \quad , \quad \mathcal{Z}(C^0(Q)) \subset \mathbb{K} \oplus \mathbb{K}[v_1 \ldots v_n]$$

Ist n ungerade, so liegt $v_1 \ldots v_n$ nicht in $C^0(Q)$ und damit gilt

$$\mathcal{Z}(C^0(Q)) = \mathbb{K}.$$

Andererseits, für ungerade n erhalten wir mit $P = \{1, \ldots, n\}$ aus dem Lemma

$$v_P v_R v_P^{-1} = (-1)^{|R|-|R|} v_R$$

also $v_P v_R = v_R v_P$. Damit kommutiert in diesem Fall $v_1 \cdot \ldots \cdot v_n$ mit allen Elementen der Algebra $C(Q)$ und es folgt

$$\mathcal{Z}(C(Q)) = \mathbb{K} \oplus \mathbb{K}[v_1 \ldots v_n].$$

Analog diskutiert man den Fall $\dim V \equiv 0 \bmod 2$. $\blacksquare$

1.3 Clifford-Algebren reeller, negativ-definiter quadratischer Formen

Wir führen folgende Bezeichnungen für spezielle Clifford-Algebren ein:

$C_n = C(\mathbb{R}^n, -x_1^2 - \ldots - x_n^2)$ - Clifford-Algebra der n-dimensionalen reellen, negativ-definiten Form

$C'_n = C(\mathbb{R}^n, x_1^2 + \ldots + x_n^2)$ - Clifford-Algebra der n-dimensionalen reellen, positiv-definiten quadratischen Form

$C_n^c = C(\mathbb{C}^n, z_1^2 + \ldots + z_n^2)$ - Clifford-Algebra der n-dimensionalen komplexen quadratischen Form.

Bemerkung: Ist Q eine nichtausgeartete komplexe quadratische Form der Dimension n (zum Beispiel $Q = -z_1^2 - \ldots - z_n^2$), so ist Q über den komplexen Zahlen äquivalent zur Form $(\mathbb{C}^n, z_1^2 + \ldots + z_n^2)$ und daher stimmen auch die Clifford-Algebren überein,

$$C(Q) = C_n^c.$$

Wir stellen zunächst folgende allgemeine Überlegung zur Komplexifizierung an: Sei (V, B) eine reelle quadratische Form. Wir definieren ihre Komplexifizierung $(V \otimes_\mathbb{R} \mathbb{C}, B_\mathbb{C})$ durch

$$B_\mathbb{C}(v_1 \otimes z, v_2 \otimes w) = B(v_1, v_2)zw.$$

Andererseits, ist A eine reelle Algebra, so trägt deren Komplexifizierung $A \otimes_\mathbb{R} \mathbb{C}$ die Produktstruktur

$$(a_1 \otimes z) \cdot (a_2 \otimes w) = (a_1 a_2) \otimes (zw)$$

und $A \otimes \mathbb{C}$ ist eine komplexe Algebra.

Satz: *Sei (V, B) eine reelle quadratische Form und $(V_{\mathbb{C}}, B_{\mathbb{C}})$ ihre Komplexifizierung. Dann gilt - im Sinne der Isomorphie von $\mathbb{C}$-Algebren -*

$$C(V_{\mathbb{C}}, B_{\mathbb{C}}) = C(V, B) \otimes_{\mathbb{R}} \mathbb{C}.$$

Beweis: Wir definieren

$$u : V \otimes_{\mathbb{R}} \mathbb{C} \to C(V, B) \otimes \mathbb{C}$$

durch $u(v \otimes z) = j(v) \otimes z$, wobei $j : V \to C(V, B)$ die Einbettung des reellen Vektorraumes in die Clifford-Algebra ist. Dann gilt

$$u(v \otimes z)^2 = (j(v) \otimes z)^2 = j(v)^2 \otimes z^2 = B(v, v) z^2 \, 1 \otimes 1 = B_{\mathbb{C}}(v \otimes z, v \otimes z) \cdot 1.$$

Somit dehnt sich u zu einem Homomorphismus $\tilde{u} : C(V_{\mathbb{C}}, B_{\mathbb{C}}) \to C(V, B) \otimes_R \mathbb{C}$ der komplexen Algebren aus. Es ist leicht zu zeigen, daß $\tilde{u}$ ein Isomorphismus ist. $\blacksquare$

Folgerung:
$$\mathcal{C}_n^c = \mathcal{C}_n \otimes_{\mathbb{R}} \mathbb{C} = \mathcal{C}_n' \otimes_{\mathbb{R}} \mathbb{C}.$$

Beweis: Die Komplexifizierungen der reellen Formen $x_1^2 + \ldots + x_n^2$ und $-x_1^2 - \ldots - x_n^2$ sind äquivalent. $\blacksquare$

Satz: *Folgende graduierten, reellen Algebren sind isomorph (hier steht das gewöhnliche Tensorprodukt von Algebren!)*

$$\mathcal{C}_{n+2} = \mathcal{C}_n' \otimes_{\mathbb{R}} \mathcal{C}_2 \quad , \quad \mathcal{C}_{n+2}' = \mathcal{C}_n \otimes \mathcal{C}_2'.$$

Beweis: Im Vektorraum $\mathbb{R}^{n+2}$ wählen wir eine orthonormale Basis bestehend aus den Vektoren $e_1, \ldots, e_{n+2}$. Die ersten n Vektoren erzeugen dann die Algebren $\mathcal{C}_n$ und $\mathcal{C}_n'$, wobei wir mit $e_1', \ldots, e_n'$ diese Vektoren aufgefaßt als Erzeugende der Algebra $\mathcal{C}_n'$ bezeichnen. Wir definieren

$$u : \mathbb{R}^{n+2} \to \mathcal{C}_n' \otimes_{\mathbb{R}} \mathcal{C}_2$$

durch

$$u(e_1) = 1 \otimes e_1, \quad u(e_2) = 1 \otimes e_2 \quad , \quad u(e_i) = e_{i-2}' \otimes e_1 e_2 \quad 3 \leq i \leq n + 2.$$

In $\mathcal{C}_n' \otimes_{\mathbb{R}} \mathcal{C}_2$ gilt dann:

$$u(e_1)^2 = (1 \otimes e_1)(1 \otimes e_1) = 1 \otimes e_1^2 = -1 \quad , \quad u(e_2)^2 = (1 \otimes e_2)(1 \otimes e_2) = 1 \otimes e_2^2 = -1$$

$$u(e_i)^2 = (e_{i-2}' \otimes e_1 e_2)(e_{i-2}' \otimes e_1 e_2) = e_{i-2}'^2 \otimes e_1 e_2 e_1 e_2 = 1 \otimes e_1 e_2 e_1 e_2 = -1$$

und
$$u(e_i) u(e_j) + u(e_j) u(e_i) = 0.$$

Daher existiert ein Homomorphismus der Algebren

$$\tilde{u} : \mathcal{C}_{n+2} \to \mathcal{C}_n' \otimes_{\mathbb{R}} \mathcal{C}_2$$

mit dem kommutativen Diagramm

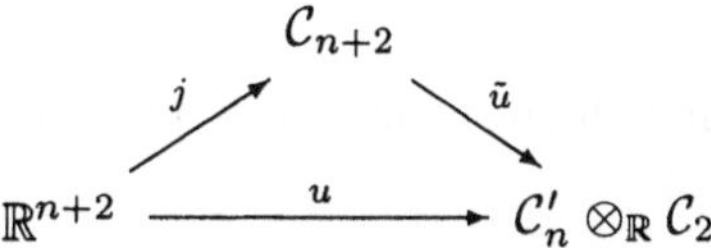

$\tilde{u}$ erhält die $\mathbb{Z}_2$-Graduierung und liefert die gewünschte Isomorphie. ∎

Beispiel: Die Algebra $\mathcal{C}_2^c = \mathcal{C}_2 \otimes_{\mathbb{R}} \mathbb{C}$ ist die Komplexifizierung von $\mathcal{C}_2$. Letztere Algebra wird von e_1, e_2 erzeugt und es gelten die Relationen

$$e_1^2 = -1 = e_2^2 \quad , \quad e_1 e_2 + e_2 e_1 = 0.$$

Andererseits hat die komplexe Algebra $M_2(\mathbb{C})$ als Vektorraum die Basis

$$E = \begin{pmatrix} 1 & 0 \\ 0 & 1 \end{pmatrix}, \quad g_1 = \begin{pmatrix} i & 0 \\ 0 & -i \end{pmatrix}, \quad g_2 = \begin{pmatrix} 0 & i \\ i & 0 \end{pmatrix} \quad \text{und} \quad T = \begin{pmatrix} 0 & -i \\ i & 0 \end{pmatrix}$$

mit den Relationen

$$g_1^2 = -1 = g_2^2 \quad , \quad g_1 g_2 + g_2 g_1 = 0.$$

Daraus folgt $\mathcal{C}_2^c = \mathcal{C}_2 \otimes_{\mathbb{R}} \mathbb{C} = M_2(\mathbb{C})$. ∎

Mit diesem Beispiel erhalten wir jetzt die Isomorphie

Satz: $\qquad\qquad\qquad \mathcal{C}_{n+2}^c = \mathcal{C}_n^c \otimes_{\mathbb{C}} M_2(\mathbb{C}).$

Beweis: $\mathcal{C}_{n+2}^c = \mathcal{C}_{n+2} \otimes_{\mathbb{R}} \mathbb{C} = (\mathcal{C}_n' \otimes_{\mathbb{R}} \mathcal{C}_2) \otimes_{\mathbb{R}} \mathbb{C} = (\mathcal{C}_n' \otimes_{\mathbb{R}} \mathbb{C}) \otimes_{\mathbb{C}} (\mathcal{C}_2 \otimes \mathbb{C}) = \mathcal{C}_n^c \otimes_{\mathbb{C}} \mathcal{C}_2^c = \mathcal{C}_n^c \otimes_{\mathbb{C}} M_2(\mathbb{C}).$ ∎

In diese Isomorphie geht explizit die im Beweis des vorhergehenden Satzes beschriebene Isomorphie $\mathcal{C}_{n+2} = \mathcal{C}_n' \otimes_{\mathbb{R}} \mathcal{C}_2$ ein. Daher erhalten wir eine explizite Isomorphie $\mathcal{C}_{n+2}^c = \mathcal{C}^c \otimes M_2(\mathbb{C})$, welche wir noch einmal aufschreiben.

Folgerung: *Seien $e_1, \ldots, e_{n+2}$ die erzeugenden Elemente der Algebra $\mathcal{C}_{n+2}^c$ und entsprechend $e_1^*, \ldots, e_n^*$ diejenigen der Algebra $\mathcal{C}_n^c$. Weiterhin bezeichnen wir mit*

$$g_1 = \begin{pmatrix} i & 0 \\ 0 & -i \end{pmatrix} \qquad g_2 = \begin{pmatrix} 0 & i \\ i & 0 \end{pmatrix}$$

die erzeugenden Elemente der Algebra $M_2(\mathbb{C})$. Der Isomorphismus $C_{n+2}^c \approx$
$\approx C_n^c \otimes_\mathbb{C} M_2(\mathbb{C})$ ist gegeben durch

$$e_1 \mapsto 1 \otimes g_1 \quad , \quad e_2 \mapsto 1 \otimes g_2 \quad , \quad e_j \mapsto (ie_{j-2}^*) \otimes g_1 g_2 \quad , \quad 3 \le j \le n+2.$$

∎

Wir wenden jetzt diese Isomorphien mehrfach an und berücksichtigen die Beschrei-
bungen der Clifford-Algebren

$$C_1^c = C_1 \otimes_\mathbb{R} \mathbb{C} = \mathbb{C} \otimes_\mathbb{R} \mathbb{C} = \mathbb{C} \oplus \mathbb{C} \quad , \quad C_2^c = M_2(\mathbb{C}).$$

Dann ergibt sich unmittelbar folgender Satz:

Satz:

   a) Ist $n = 2k$ eine gerade Zahl, so gilt

$$C_n^c = \underbrace{M_2(\mathbb{C}) \otimes \ldots \otimes M_2(\mathbb{C})}_{k-mal} = End \underbrace{(\mathbb{C}^2 \otimes \ldots \otimes \mathbb{C}^2)}_{k-mal} = End(\mathbb{C}^{2^k}).$$

   b) Ist $n = 2k+1$ eine ungerade Zahl, so gilt

$$C_n^c = \{M_2(\mathbb{C}) \otimes \ldots \otimes M_2(\mathbb{C})\} \oplus \{M_2(\mathbb{C}) \otimes \ldots \otimes M_2(\mathbb{C})\} = End(\mathbb{C}^{2^k}) \oplus End(\mathbb{C}^{2^k}).$$

Diese Isomorphien werden explizit durch folgende Formeln gegeben:

Der Fall $n = 2k$ gerade:

$$e_j \mapsto E \otimes \ldots \otimes E \otimes g_{\alpha(j)} \otimes \underbrace{T \otimes \ldots \otimes T}_{[\frac{j-1}{2}]-mal}$$

wobei $\qquad\qquad \alpha(j) = \begin{cases} 1 & \text{falls } j \text{ ungerade ist} \\ 2 & \text{falls } j \text{ gerade ist} \end{cases}.$

Der Fall $n = 2k+1$ ungerade:

Ist $1 \le j \le 2k$, so bilden wir e_j ab nach

$$e_j \mapsto (E \otimes \ldots \otimes E \otimes g_{\alpha(j)} \otimes \underbrace{T \otimes \ldots \otimes T}_{[\frac{j-1}{2}]-mal} \quad , \quad E \otimes \ldots \otimes E \otimes g_{\alpha(j)} \otimes \underbrace{T \otimes \ldots \otimes T}_{[\frac{j-1}{2}]-mal}).$$

Der Endomorphismus e_{2k+1} wird realisiert durch

$$e_{2k+1} \mapsto (iT \otimes \ldots \otimes T, -iT \otimes \ldots \otimes T).$$

Definition: *(komplexe n-Spinoren, Dirac-Spinoren) Der Vektorraum der komplexen n-Spinoren ist*

$$\Delta_n := \mathbb{C}^{2^k} = \underbrace{\mathbb{C}^2 \otimes \ldots \otimes \mathbb{C}^2}_{k-mal} \qquad f\ddot{u}r \; n = 2k, 2k+1.$$

Die Elemente von Δ_n heißen komplexe Spinoren.

Mit dieser Bezeichnung erhalten wir

$$\mathcal{C}_n^c = End(\Delta_n) \qquad \text{falls } n = 2k \text{ gerade}$$

$$\mathcal{C}_n^c = End(\Delta_n) \oplus End(\Delta_n) \quad \text{falls } n = 2k+1 \text{ ungerade.}$$

Das folgende Diagramm

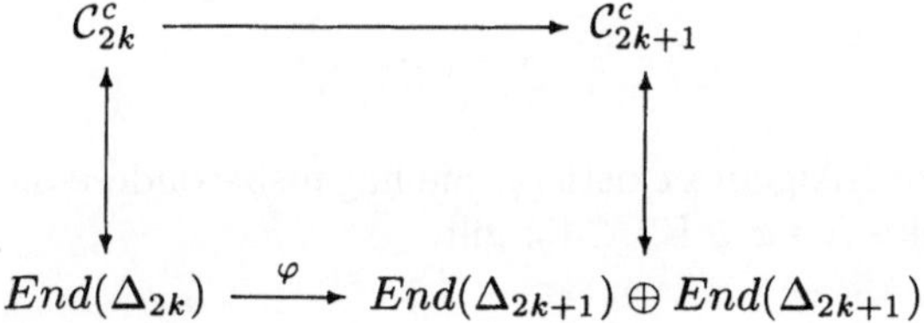

ist kommutativ. Dabei ist φ die Diagonalabbildung $\varphi(A) = (A, A)$ und $\Delta_{2k} = \Delta_{2k+1}$ sind die gleichen Vektorräume.

Wir bezeichnen mit κ_n die sogenannte *Spin-Darstellung der Clifford-Algebra $\mathcal{C}_n^c$.* Im Fall $n = 2k$ einer geraden Dimension ist dies einfach die zuvor erläuterte Isomorphie

$$\kappa_n : \mathcal{C}_n^c \overset{\sim}{\to} End(\Delta_n).$$

Ist $n = 2k+1$ ungerade, so besteht κ_n aus der Isomorphie $\mathcal{C}_n^c = End(\Delta_n) \oplus End(\Delta_n)$ und nachträglicher Projektion auf die erste Komponente.

$$\kappa_n : \mathcal{C}_n^c \overset{\sim}{\to} End(\Delta_n) \oplus End(\Delta_n) \overset{pr_1}{\to} End(\Delta_n).$$

Auf diese Weise wird der Vektorraum der komplexen n-Spinoren ein Modul über der Clifford-Algebra $\mathcal{C}_n^c$.

1.4 Die Pin- und die Spin-Gruppe

Wir betrachten den reellen Vektorraum $\mathbb{R}^n$ und die Clifford-Algebra $\mathcal{C}_n$ der quadratischen Form $-x_1^2 - \ldots - x_n^2$. $\mathbb{R}^n$ selbst ist ein linearer Teilraum von $\mathcal{C}_n$, $\mathbb{R}^n \subset \mathcal{C}_n$. Ist $x \in \mathbb{R}^n$ ein Vektor, so gilt in $\mathcal{C}_n$

$$x \cdot x = -\|x\|^2$$

und daher ist das inverse Element x^{-1} gegeben durch

$$x^{-1} = \frac{-x}{||x||^2}.$$

Definition: *$Pin(n) \subset C_n$ ist diejenige Gruppe, welche multiplikativ von allen Vektoren $x \in S^{n-1}$ erzeugt wird. Die Elemente von $Pin(n)$ bestehen also aus allen Produkten $x_1 \cdot \ldots \cdot x_m$ mit $x_i \in \mathbb{R}^n, ||x_i|| = 1$. Die Spin-Gruppe $Spin(n)$ definieren wir durch $Spin(n) = Pin(n) \cap C_n^0$.*

Wir definieren jetzt einen Homomorphismus

$$\lambda : Pin(n) \to O(n)$$

der Gruppe $Pin(n)$ auf die Gruppe $O(n)$ aller orthogonalen Abbildungen des Euklidischen Raumes $\mathbb{R}^n$. Dazu erinnern wir an die Antiinvolution

$$\gamma : C_n \to C_n,$$

welche in jeder Clifford-Algebra existiert. Sie hat insbesondere die Eigenschaft, daß $\gamma(x) = x$ für alle Vektoren $x \in \mathbb{R}^n \subset C_n$ gilt.

Lemma: *Ist $y \in \mathbb{R}^n \subset C_n$ und $x \in Pin(n) \subset C_n$, so liegt das Element $x \cdot y \cdot \gamma(x)$ im Teilraum $\mathbb{R}^n \subset C_n$.*

Beweis: x ist das Produkt $x = x_1 \cdot \ldots \cdot x_m$ von Vektoren aus der Sphäre S^{n-1}. Wegen

$$x \cdot y \cdot \gamma(x) = x_1 \cdot \ldots \cdot x_m \cdot y \cdot \gamma(x_m) \cdot \ldots \cdot \gamma(x_1)$$

können wir ohne Beschränkung der Allgemeinheit $m = 1$ annehmen, also $x \in S^{n-1}$. Wir wählen eine orthonormale Basis in $\mathbb{R}^n$ derart, daß $x = e_1$ der erste Basisvektor ist. Mit

$$y = \sum_{i=1}^{n} y_i e_i$$

gilt dann

$$x \cdot y \cdot \gamma(x) = e_1 \cdot \left(\sum_{i=1}^{n} y_i e_i \right) \cdot e_1 = -y_1 e_1 + \sum_{i=2}^{n} y_i e_i$$

und somit ist $x \cdot y \cdot \gamma(x)$ derjenige Vektor aus $\mathbb{R}^n$, welcher das Bild von y unter der Spiegelung an der zu x orthogonalen Ebene ist. ∎

Für $x \in Pin(n)$ definieren wir jetzt

$$\lambda(x) : \mathbb{R}^n \to \mathbb{R}^n \quad , \quad \lambda(x)y = x \cdot y \cdot \gamma(x).$$

Dann gilt offenbar

$$\lambda(x_1 x_2)y = x_1 x_2 y \gamma(x_1 x_2) = x_1 x_2 y \gamma(x_2)\gamma(x_1) = \lambda(x_1)(\lambda(x_2)y)$$

und demnach ist $\lambda : Pin(n) \to GL(n)$ ein Gruppenhomomorphismus. Jedes Element x aus $Pin(n)$ ist das Produkt $x = x_1 \ldots x_m$ von Vektoren $x_i \in S^{n-1}$ und die obige Rechnung zeigte, daß $\lambda(x_i)$ eine Spiegelung ist. Damit ist $\lambda(x)$ selbst die Superposition von Spiegelungen, also insbesondere eine orthogonale Abbildung.

Satz:

a) $\lambda : Pin(n) \to O(n)$ *ist ein stetiger, surjektiver Gruppenhomomorphismus.*

b) $\lambda^{-1}(SO(n)) = Spin(n)$.

c) $ker(\lambda) = \{1, -1\} \simeq \mathbb{Z}_2$.

d) *Ist $n \geq 2$, so ist $Spin(n)$ eine zusammenhängende Gruppe.*

e) *Ist $n \geq 3$, so ist $Spin(n)$ einfach-zusammenhängend und $\lambda : Spin(n) \to SO(n)$ ist die universelle Überlagerung der Gruppe $SO(n)$.*

Beweis: a) folgt direkt aus dem bekannten Sachverhalt, daß jede orthogonale lineare Abbildung $A : \mathbb{R}^n \to \mathbb{R}^n$ Superposition von Spiegelungen ist. Sei $\beta : \mathcal{C}_n \to \mathcal{C}_n$ diejenige Involution der Clifford-Algebra, welche die Zerlegung $\mathcal{C}_n = \mathcal{C}_n^0 \oplus \mathcal{C}_n^1$ definiert. Für Vektoren $x \in \mathbb{R}^n$ gilt $\beta(x) = -x$. Wir wenden β auf ein Element $x = x_1 \ldots x_m$ an:

$$\beta(x) = \beta(x_1) \ldots \beta(x_m) = (-1)^m x_1 \ldots x_m.$$

Daraus sehen wir, daß $x = x_1 \ldots x_m$ genau dann in $Spin(n)$ liegt, falls m eine gerade Zahl ist. Andererseits ist $\lambda(x) = \lambda(x_1) \ldots \lambda(x_m)$ die Superposition von m Spiegelungen und somit liegt $\lambda(x)$ in $SO(n)$ genau dann, wenn m gerade ist. Damit ist die Behauptung b) gezeigt. Gelte nun $\lambda(x) = 1$ in $O(n)$. Dann folgt $xy\gamma(x) = y$ für alle $y \in \mathbb{R}^n$. Weiterhin, wegen $\lambda(x) \in SO(n)$ ist x das Produkt einer geraden Anzahl von Vektoren, $x = x_1 \ldots x_m \quad m \equiv 0 \ mod \ 2$. Damit erhalten wir

$$x_1 \ldots x_m y x_m \ldots x_1 = y.$$

Wir multiplizieren diese Gleichung von rechts mit $x_1 \cdot \ldots \cdot x_m$ und berücksichtigen $x_1^2 = \ldots = x_m^2 = -1$ sowie $m \equiv 0 \ \ mod \ 2$:

$$x_1 \ldots x_m y = y x_1 \ldots x_m.$$

Das Element $x = x_1 \ldots x_m$ ($m \equiv 0 \bmod 2$) der Clifford-Algebra $\mathcal{C}_n$ kommutiert also mit allen Vektoren aus $\mathbb{R}^n$. Damit liegt x im Zentrum von $\mathcal{C}_n$ und gleichzeitig im Zentrum von $\mathcal{C}_n^0$. Für jede Clifford-Algebra gilt jedoch

$$\mathcal{Z}(\mathcal{C}(Q)) \cap \mathcal{Z}(\mathcal{C}^0(Q)) = \mathbb{K}.$$

Damit ist $x \in \mathbb{R}^1$ eine Zahl und $|x| = 1$ zeigt, daß $x = \pm 1$ gilt. Es verbleibt noch zu beweisen, daß $Spin(n)$ eine zusammenhängende Gruppe ist. Weil

$$\lambda : Spin(n) \to SO(n)$$

surjektiv mit $ker\,\lambda = \{1, -1\}$ gilt, genügt es, einen Weg in $Spin(n)$ zu finden, welcher das Element $(-1) \in Spin(n)$ mit dem neutralen Element $1 \in Spin(n)$ verbindet. Ein solcher Weg ist im Falle $n \geq 2$ gegeben durch ($0 \leq t \leq 1$)

$$\gamma(t) = -\cos(\pi t) - \sin(\pi t)e_1 e_2.$$

$\gamma(t)$ liegt tatsächlich in $Spin(n)$ weil

$$\gamma(t) = \left(\cos\left(\frac{\pi}{2}t\right)e_1 + \sin\left(\frac{\pi}{2}t\right)e_2\right) \cdot \left(\cos\left(\frac{\pi}{2}t\right)e_1 - \sin\left(\frac{\pi}{2}t\right)e_2\right)$$

in $\mathcal{C}_n$ gilt.   ■

Wir beschreiben jetzt die Lie-Algebra der Gruppe $Spin(n)$. Dazu benötigen wir folgende allgemeine Bemerkung: Sei A eine endlich-dimensionale, assoziative reelle Algebra und $A^* \subset A$ die Gruppe aller invertierbaren Elemente. A^* ist eine offene Teilmenge von A und zugleich eine Liesche Gruppe. Ihre Lie-Algebra $\mathfrak{a}^*$ - welche mit $T_1(A^*) \simeq A$ identifiziert werden kann - stimmt also mit A überein

$$\mathfrak{a}^* = A.$$

Der Kommutator zweier Elemente $a_1, a_2 \in A = \mathfrak{a}^*$ wird durch $[a_1, a_2] = a_1 a_2 - a_2 a_1$ gegeben und die Exponentialabbildung

$$\exp : \mathfrak{a}^* = A \to A^*$$

ist durch die Potenzreihe der Exponentialfunktion definiert:

$$\exp(a) = \sum_{n=0}^{\infty} \frac{a^n}{n!} \quad .$$

Wir wenden diese Bemerkung auf die reelle Clifford-Algebra $\mathcal{C}_n$ an. Die Spin-Gruppe ist eine Untergruppe von $\mathcal{C}_n^*$

$$Spin(n) \subset \mathcal{C}_n^*$$

und somit genügt es zur Beschreibung der Lie-Algebra $\mathfrak{spin}(n)$ den Tangentialraum $T_1(Spin(n)) \subset C_n$ zu bestimmen. Dazu verfahren wir wie folgt: Sei $\gamma(t) = x_1(t) \cdot \ldots \cdot x_{2m}(t)$ eine Kurve in $Spin(n)$ mit $x_i(t) \in S^{n-1}$ und $\gamma(0) = 1$. Die Tangente von γ an der Stelle $t = 0$ ist

$$\frac{d\gamma}{dt}(0) = \frac{dx_1}{dt}(0) \cdot x_2(0) \cdot \ldots \cdot x_{2m}(0) + x_1(0) \cdot \frac{dx_2}{dt}(0) \cdot \ldots \cdot x_{2m}(0) + x_1(0) x_2(0) \cdot \ldots \cdot \frac{dx_{2m}}{dt}(0).$$

Sei $\mathfrak{m}_2 \subset C_n$ der von den Clifford-Produkten $e_i \cdot e_j$ $(1 \leq i < j \leq n)$ aufgespannte lineare Teilraum von C_n. Wir zeigen, daß jeder Summand von $\frac{d\gamma}{dt}(0)$ in $\mathfrak{m}_2$ liegt. Wegen $\gamma(0) = 1$ ist der erste Summand gleich

$$\frac{dx_1}{dt}(0) \cdot x_1^{-1}(0) = -\frac{dx_1}{dt}(0) \cdot x_1(0).$$

Aus $x_1(t) \cdot x_1(t) \equiv 1$ folgt jedoch

$$\frac{dx_1}{dt}(0) x_1(0) + x_1(0) \frac{dx_1}{dt}(0) = 0$$

und aufgrund der Relation in der Clifford-Algebra sind $\frac{dx_1}{dt}(0)$ und $x_1(0)$ orthogonale Vektoren in $\mathbb{R}^n$. Daraus folgt, daß der erste Summand in $\mathfrak{m}_2$ liegt. Analog, der zweite Summand stimmt mit

$$x_1(0) \frac{dx_2}{dt}(0) x_2^{-1}(0) x_1^{-1}(0) = -x_1(0) \frac{dx_2}{dt}(0) x_2(0) x_1^{-1}(0) =$$

$$= -\left\{ x_1(0) \frac{dx_2}{dt}(0) x_1^{-1}(0) \right\} \cdot \left\{ x_1(0) x_2(0) x_1^{-1}(0) \right\}$$

überein. Weil $\frac{dx_2}{dt}(0)$ und $x_2(0)$ orthogonale Vektoren sind, sind auch die Vektoren $x_1(0) \frac{dx_2}{dt}(0) x_1^{-1}(0)$, $x_1(0) x_2(0) x_1^{-1}(0)$ orthogonal und der zweite Summand liegt in $\mathfrak{m}_2$. Insgesamt erhalten wir also

Satz:

a) Der lineare Unterraum $\mathfrak{m}_2 \subset C_n$

$$\mathfrak{m}_2 = Lin(e_i e_j : 1 \leq i < j \leq n)$$

ist mit dem Kommutator

$$[x, y] = xy - yx$$

eine Liesche Algebra, welche mit der Lie-Algebra der Gruppe $Spin(n) \subset C_n$ übereinstimmt.

b) Die Exponentialabbildung $\exp : \mathfrak{m}_2 \to Spin(n)$ *ist gegeben durch*

$$\exp(x) = \sum_{i=0}^{\infty} \frac{x^i}{i!} \quad .$$

c) Ist $\sigma : \mathcal{C}_n \to End(W)$ *eine (reelle oder komplexe) Darstellung der Clifford-Algebra und*

$$\sigma_{|Spin(n)} : Spin(n) \to Aut(W)$$

der durch Einschränkung entstehende Gruppenhomomorphismus, so gilt für dessen Differential

$$(\sigma_{|Spin(n)})_* : \mathfrak{spin}(\mathfrak{n}) = \mathfrak{m}_2 \to End(W)$$

die Formel $(\sigma_{|Spin(n)})_* = \sigma_{|\mathfrak{m}_2}$.

Beweis: Die obige Rechnung zeigt zunächst, daß die Lie-Algebra $\mathfrak{spin}(\mathfrak{n})$ im Teilraum $\mathfrak{m}_2$ enthalten ist. Wegen

$$\dim_{\mathbb{R}}(\mathfrak{m}_2) = \frac{n(n-1)}{2}$$

und $\dim(Spin(n)) = \dim(SO(n)) = \frac{n(n-1)}{2}$ müssen jedoch beide Räume zusammenfallen. Damit sind a) und b) bewiesen. Die Behauptung c) folgt aus allgemeinen Tatsachen, das Differential eines Homomorphismus $f : H \to G$ zweier Liescher Gruppen betreffend. $f_* : \mathfrak{h} \to \mathfrak{g}$ ist nämlich durch das kommutative Diagramm

$$
\begin{array}{ccc}
\mathfrak{h} & \xrightarrow{\ f_*\ } & \mathfrak{g} \\
\downarrow{\scriptstyle \exp} & & \downarrow{\scriptstyle \exp} \\
H & \xrightarrow{\ f\ } & G
\end{array}
$$

als Lie-Algebren-Homomorphismus eindeutig bestimmt. In unserer Situation kommutiert jedoch das Diagramm

$$
\begin{array}{ccc}
\mathfrak{m}_2 & \xrightarrow{\ \sigma\ } & End(W) \\
\downarrow{\scriptstyle \exp} & & \downarrow{\scriptstyle \exp} \\
Spin(n) & \xrightarrow{\ \sigma\ } & Aut(W)
\end{array}
$$

weil $\sigma : \mathcal{C}_n \to End(W)$ ein Algebren-Homomorphismus ist. Damit folgt sofort die Behauptung. ∎

Wir betrachten die universelle Überlagerung

$$\lambda : Spin(n) \to SO(n)$$

und berechnen deren Differential

$$\lambda_* : \mathfrak{spin}(n) \to \mathfrak{so}(n).$$

Dabei identifizieren wir $\mathfrak{spin}(n)$ wie zuvor mit dem Vektorraum

$$\mathfrak{m}_2 = Lin(e_i e_j : 1 \leq i < j \leq n)$$

und $\mathfrak{so}(n)$ mit allen schiefsymmetrischen Matrizen. Eine Basis des Vektorraumes $\mathfrak{so}(n)$ stellen die Matrizen $E_{ij}(i < j)$ definiert durch

$$E_{ij} = \begin{array}{c} \\ \\ \end{array} \begin{pmatrix} 0 & \cdots & & \cdots & 0 & & 0 & \cdots & 0 \\ 0 & & & & -1 & & & & 0 \\ \vdots & & & & & & & & \vdots \\ \vdots & & 1 & & & & & & \vdots \\ & & & & & & & & 0 \\ 0 & \cdots & & \cdots & & & 0 & \cdots & 0 \end{pmatrix} \begin{array}{c} \\ i \\ \\ j \\ \\ \end{array}$$

dar. Wir beweisen nun die Formel

$$\lambda_*(e_i e_j) = 2E_{ij}$$

für $\lambda_* : \mathfrak{spin}(n) = \mathfrak{m}_2 \to \mathfrak{so}(n)$. Die Kurve

$$\gamma(t) = \cos(t) + \sin(t)e_i e_j = -(\cos(t/2)e_i + \sin(t/2)e_j)(\cos(t/2)e_i - \sin(t/2)e_j)$$

ist eine Untergruppe $\gamma \subset Spin(n)$ mit $\frac{d\gamma}{dt}(0) = e_i e_j$. Nun gilt für $k \neq i,j$

$$\lambda(\gamma(t))e_k = e_k$$

und zum Beispiel im Fall $k = i$ erhalten wir

$$\begin{aligned} \lambda(\gamma(t))e_i &= (\cos(t) + \sin(t)e_i e_j)e_i(\cos(t) + \sin(t)e_j e_i) = \\ &= \cos^2(t)e_i + 2\sin(t)\cos(t)e_j - \sin^2(t)e_i = \cos(2t)e_i + \sin(2t)e_j \end{aligned}$$

und daher $\frac{d}{dt}(\lambda(\gamma(t))e_i) = 2e_j$. Diese Rechnung beweist die gewünschte Formel $\lambda_*(e_i e_j) = 2E_{ij}$. Sie kann invariant geschrieben werden. Es gilt der

Satz: *Ist $z \in \mathfrak{spin}(n)$ ein Element der Lie-Algebra, so gilt für das Differential $\lambda_* : \mathfrak{spin}(n) \to \mathfrak{so}(n)$ die Formel*

$$\lambda_*(z)x = zx - xz,$$

$x \in \mathbb{R}^n$. *Insbesondere liegt das Cliffordprodukt $zx - xz$ im $\mathbb{R}^n$ ($z \in \mathfrak{m}_2, x \in \mathbb{R}^n$).*

1.5 Die Spin-Darstellung

Wir betrachten den $\mathcal{C}_n$-Modul der n-Spinoren Δ_n. Durch

$$Spin(n) \subset \mathcal{C}_n \subset \mathcal{C}_n^c \overset{\kappa_n}{\to} End(\Delta_n)$$

erhalten wir mittels der Einschränkung eine Darstellung κ der Gruppe $Spin(n)$:

$$\kappa = \kappa_{n|Spin(n)} : Spin(n) \to Aut(\Delta_n),$$

die Spin-Darstellung der Gruppe $Spin(n)$. Wir beweisen zunächst den

Satz: *Die Spin-Darstellung ist eine treue Darstellung der Gruppe $Spin(n)$.*

Beweis: Ist $n = 2k$ eine gerade Zahl, so gilt $\mathcal{C}_n^c = End(\Delta_n)$ und die Behauptung ist trivial. Wir diskutieren den Fall $n = 2k + 1$. Als Vektorraum gilt $\Delta_{2k+1} = \Delta_{2k}$ und das Diagramm

$$
\begin{array}{ccc}
Spin(2k) & \overset{\kappa_{2k}}{\longrightarrow} & GL(\Delta_{2k}) \\
\downarrow & & \downarrow \\
Spin(2k+1) & \overset{\kappa_{2k+1}}{\longrightarrow} & GL(\Delta_{2k+1})
\end{array}
$$

kommutiert. Daraus folgt, daß der Normalteiler $H := \ker(\kappa_{2k+1})$ nur das neutrale Element mit $Spin(2k)$ gemeinsam hat

$$H \cap Spin(2k) = \{1\}.$$

Die Untergruppe $\lambda(H) \subset SO(2k + 1)$ ist ein Normalteiler, weil $\lambda : Spin(2k + 1) \to SO(2k + 1)$ surjektiv ist. Weiterhin gilt gleichfalls

$$\lambda(H) \cap SO(2k) = \{E\}.$$

Sei $A \in \lambda(H) \subset SO(2k + 1)$ ein Element aus diesem Normalteiler. Das charakteristische Polynom von A hat einen ungeraden Grad, somit existiert ein Einheitsvektor v_0 mit $A(v_0) = v_0$. Dies bedeutet, daß ein Element $B \in SO(2k + 1)$ mit

$$BAB^{-1} \in SO(2k)$$

existiert. Weil $\lambda(H)$ Normalteiler ist, folgt $BAB^{-1} \in \lambda(H) \cap SO(2k)$, also $BAB^{-1} = E$. Dies zeigt, daß $\lambda(H)$ die triviale Untergruppe von $SO(2k + 1)$ ist. Für H selbst ergeben sich dann die Möglichkeiten $H = \{1\}$ oder $H = \{1, -1\}$. $(-1) \in Spin(2k + 1)$ liegt jedoch nicht im Kern der Spin-Darstellung. ∎

Einen Vektor $x \in \mathbb{R}^n \subset \mathcal{C}_n \subset \mathcal{C}_n^c \overset{\kappa_n}{\to} End(\Delta_n)$ können wir als einen Endomorphismus von Δ_n auffassen. Dies führt zur sogenannten *Clifford-Multiplikation von Vektoren und Spinoren*, welche eine lineare Abbildung

$$\mu : \mathbb{R}^n \otimes_\mathbb{R} \Delta_n \to \Delta_n$$

ist. Dabei wird $\mu(x \otimes \psi)$ für $x \in \mathbb{R}^n$ und $\psi \in \Delta_n$ definiert durch

$$\mu(x \otimes \psi) = \kappa_n(x)(\psi).$$

Anstatt $\mu(x \otimes \psi)$ schreiben wir oft einfach $x \cdot \psi$. Wir dehnen diese Clifford-Multiplikation zu einem Homomorphismus

$$\mu : \Lambda(\mathbb{R}^n) \otimes_\mathbb{R} \Delta_n \to \Delta_n$$

wie folgt aus: Jedes Element aus der äußeren Algebra $\Lambda(\mathbb{R}^n)$ läßt sich schreiben als

$$w^k = \sum_{i_1 < \ldots < i_k} w_{i_1 i_2 \ldots i_k} e_{i_1} \wedge \ldots \wedge e_{i_k}$$

und wir definieren

$$\mu(w^k \otimes \psi) = w^k \cdot \psi = \sum_{i_1 < \ldots < i_k} w_{i_1 \ldots i_k} e_{i_1} \cdot \ldots \cdot e_{i_k} \cdot \psi$$

wobei wie zuvor $e_{i_\alpha} \cdot \varphi$ die Clifford-Multiplikation des Vektors e_{i_α} mit dem Spinor φ bezeichnet. Eine direkte Rechnung führt auf die Formel

$$(x \wedge w^k) \cdot \psi = x \cdot (w^k \cdot \psi) + (x \lrcorner w^k) \cdot \psi$$

für einen Vektor $x \in \mathbb{R}^n$ und einen Multivektor $w^k \in \Lambda(\mathbb{R}^n)$. Wir beweisen jetzt

Satz: *Die Clifford-Multiplikation $\mu : \Lambda(\mathbb{R}^n) \otimes_\mathbb{R} \Delta_n \to \Delta_n$ ist ein Homomorphismus der Spin(n)-Darstellungen.*

Beweis: Für jedes Element $g \in Spin(n)$ müssen wir die Formel

$$\kappa(g)(w^k \cdot \psi) = (\lambda(g)w^k) \cdot (\kappa(g)\psi)$$

beweisen. Wir zeigen dies induktiv nach dem Grad k der Form w^k. Ist $k = 1$, so ist w^k ein Vektor $x \in \mathbb{R}^n$ und die Gleichung ergibt sich aus folgender Rechnung:

$$\begin{aligned}
\kappa(g)(x \cdot \psi) &= \kappa(g)\kappa_n(x)(\psi) = \kappa(g)\kappa_n(x)\kappa(g^{-1})\kappa(g)(\psi) = \\
&= \kappa_n(gxg^{-1})\kappa(g)\psi = \kappa_n(\lambda(g)x)(\kappa(g)\psi) = \\
&= (\lambda(g)x) \cdot (\kappa(g)\psi).
\end{aligned}$$

Wir nehmen nun an, die Behauptung gilt für Multivektoren vom Grade $\leq k$ und betrachten $w^{k+1} = x \wedge w^k$. Wir erhalten dann

$$
\begin{aligned}
\kappa(g)((x \wedge w^k) \cdot \psi) &= \kappa(g)(x \cdot (w^k \cdot \psi)) + \kappa(g)((x \lrcorner w^k) \cdot \psi) = \\
&= \lambda(g)x \cdot (\kappa(g)(w^k \cdot \psi)) + \lambda(g)(x \lrcorner w^k) \cdot \kappa(g)\psi = \\
&= (\lambda(g)x) \cdot ((\lambda(g)w^k) \cdot \kappa(g)\psi) + (\lambda(g)x \lrcorner \lambda(g)w^k) \cdot \kappa(g)\psi = \\
&= ((\lambda(g)x) \wedge (\lambda(g)w^k)) \cdot \kappa(g)\psi = (\lambda(g)w^{k+1})\kappa(g)\psi.
\end{aligned}
$$

Damit ist die Behauptung bewiesen.   ∎

Insgesamt ergibt sich also, daß wir Vektoren und Multivektoren mit Spinoren multiplizieren können. Das Resultat ist ein Spinor und diese Multiplikation ist äquivariant unter der Wirkung der Gruppe $Spin(n)$ auf den entsprechenden Objekten. Wir wenden uns jetzt speziell dem Fall $n = 2k$ zu. In diesem Fall liegt das Element $e_1 \cdot \ldots \cdot e_{2k}$ im Zentrum der Algebra $\mathcal{C}_n^0$. Wegen $Spin(n) \subset \mathcal{C}_n^0$ kommutiert dieses Element mit allen Gruppenelementen aus $Spin(n)$. Daher ist der Endomorphismus

$$
f = i^k \kappa(e_1 \ldots e_{2k}) : \Delta_{2k} \to \Delta_{2k}
$$

ein Automorphismus der $Spin(n)$-Darstellung, d.h. es gilt $f(\kappa(g)\psi) = \kappa(g)f(\psi)$ für alle $g \in Spin(n)$ und $\psi \in \Delta_{2k}$. Wegen $(e_1 \cdot \ldots \cdot e_{2k})^2 = (-1)^k$ ist f eine Involution, $f^2 = Id_{\Delta_n}$. Damit zerfällt die Spin-Darstellung Δ_{2k} in die Eigenunterräume von f:

$$
\Delta_{2k} = \Delta_{2k}^+ \oplus \Delta_{2k}^- \qquad \Delta_{2k}^\pm = \{\psi \in \Delta_{2k} : f(\psi) = \pm\psi\}.
$$

Definition: *(Weyl-Spinoren) Die Spinoren aus den Räumen $\Delta_{2k}^\pm$ heißen (positive bzw. negative) Weyl-Spinoren.*

Satz:

a) $\dim_{\mathbb{C}} \Delta_{2k}^+ = \dim_{\mathbb{C}} \Delta_{2k}^- = 2^{k-1}$.

b) Ist $x \in \mathbb{R}^{2k}$ ein Vektor und $\psi^\pm \in \Delta_{2k}^\pm$, so liegt der Spinor $x \cdot \psi^\pm$ in $\Delta_{2k}^\mp$. Die Cliffordmultiplikation induziert also Homomorphismen

$$
\mu : \mathbb{R}^{2k} \otimes_{\mathbb{R}} \Delta_{2k}^\pm \to \Delta_{2k}^\mp.
$$

Beweis: Ist $x \in \mathbb{R}^n$ ein Vektor (zum Beispiel $x = e_1$), so gilt in der Algebra $\mathcal{C}_n$ die Relation

$$
x \cdot (e_1 \ldots e_{2k}) = -(e_1 \ldots e_{2k})x.
$$

Die Clifford-Multiplikation mit dem Vektor x und die Involution f antikommutieren also. Damit bildet jede Clifford-Multiplikation mit einem Vektor $0 \neq x \in \mathbb{R}^n$ den Raum $\Delta_{2k}^{\mp}$ bijektiv auf den Raum $\Delta_{2k}^{\pm}$ ab. $\blacksquare$

Wir beweisen jetzt, daß die Spin-Darstellungen $\Delta_{2k}^{+}, \Delta_{2k}^{-}$ und Δ_{2k+1} irreduzible Darstellungen der Gruppe Spin sind. Dazu benötigen wir folgende Vorbemerkungen der linearen Algebra: Sei V ein komplexer Vektorraum und $A = End(V)$ die Algebra aller Endomorphismen. Dann ist A eine einfache Algebra, d.h. A enthält keine eigentlichen Ideale. Daraus ergibt sich sofort

Lemma: *Seien V und W zwei komplexe Vektorräume mit* $\dim W < \dim V$. *Jeder Algebren-Homomorphismus*

$$f : End(V) \to End(W)$$

ist trivial, $f \equiv 0$.

$\blacksquare$

Satz: *Die $Spin(2k)$-Darstellungen $\Delta_{2k}^{\pm}$ sind irreduzibel.*

Beweis: Wir betrachten die Inklusionen

$$Spin(2k) \subset (\mathcal{C}_{2k}^c)^0 \subset \mathcal{C}_{2k}^c = End(\Delta_{2k}^{+} \oplus \Delta_{2k}^{-})$$

und nehmen an, daß $\{0\} \neq W \not\subseteq \Delta_{2k}^{+}$ ein $Spin(2k)$-invarianter Unterraum ist. Die Produkte $e_i \cdot e_j (i < j)$ liegen in der Gruppe $Spin(2k)$ und daher ist W invariant unter diesen. Andererseits erzeugen $e_i e_j (i < j)$ multiplikativ die Algebra $(\mathcal{C}_{2k}^c)^0$. Damit erhalten wir eine Darstellung dieser Algebra im Vektorraum W:

$$(\mathcal{C}_{2k}^c)^0 \xrightarrow{f} End(W).$$

Wegen $(\mathcal{C}_{2k}^c)^0 \approx \mathcal{C}_{2k-1}^c = End(\Delta_{2k-1}) \oplus End(\Delta_{2k-1})$ und $\dim \Delta_{2k-1} = 2^{k-1}$, $\dim W < \dim \Delta_{2k}^{+} = 2^{k-1}$ muß die Darstellung f trivial sein, ein offensichtlicher Widerspruch.

$\blacksquare$

Mit dem gleichen Argument erhält man

Satz: *Die $Spin(2k + 1)$-Darstellung Δ_{2k+1} ist irreduzibel.*

Beweis: In diesem Fall haben wir

$$Spin(2k + 1) \subset (\mathcal{C}_{2k+1}^c)^0 \subset \mathcal{C}_{2k+1}^c = End(\Delta_{2k+1}) \oplus End(\Delta_{2k+1}).$$

Sei $\{0\} \neq W \neq \Delta_{2k+1}$ ein $Spin(2k + 1)$-invarianter Unterraum. W ist wiederum invariant unter der Wirkung der Algebra $(\mathcal{C}_{2k+1}^c)^0$ und liefert die Darstellung

$$f : (\mathcal{C}^c_{2k+1})^0 \to End(W).$$

Wegen $(\mathcal{C}^c_{2k+1})^0 = \mathcal{C}^c_{2k} = End(\Delta_{2k})$ und $\dim W < \dim \Delta_{2k+1} = \dim \Delta_{2k}$ ist die Darstellung f trivial, ein Widerspruch.

∎

Die Spin-Darstellung $\kappa : Spin(n) \to GL(\Delta_n)$ ist die Darstellung einer kompakten Gruppe in einem komplexen Vektorraum. Daher existiert in Δ_n ein $Spin(n)$-invariantes hermitesches Skalarprodukt. Wir konstruieren ein solches Produkt, welches eine stärkere Invarianzeigenschaft hat.

Satz: *Im Vektorraum der n-Spinoren Δ_n existiert ein positiv-definites hermitesches Skalarprodukt (,) mit der Invarianzeigenschaft*

$$(x \cdot \psi, \varphi) + (\psi, x \cdot \varphi) = 0$$

($x \in \mathbb{R}^n, \varphi, \psi \in \Delta_n$). Die Spin-Darstellung $\kappa : Spin(n) \to GL(\Delta_n)$ ist bezüglich dieses Skalarproduktes eine unitäre Darstellung.

Beweis: Sei $\mathfrak{m}_2 = Lin(e_i e_j : i < j) \subset \mathcal{C}_n$ die Lie-Algebra der Gruppe Spin(n). Wir betrachten $\mathfrak{g} = \mathbb{R}^n \oplus \mathfrak{m}_2 \subset \mathcal{C}_n$ und eine einfache Rechnung zeigt, daß $\mathfrak{g}$ eine Lie-Algebra mit dem Kommutator

$$[z, w] = z \cdot w - w \cdot z \qquad z, w, \in \mathfrak{g}$$

ist. Die Abbildung $\varphi : \mathfrak{g} \to \mathcal{C}_{n+1}$ gegeben durch

$$\begin{aligned}
\varphi_{|\mathfrak{m}_2} &= Id \\
\varphi(e_i) &= e_i e_{n+1} \quad 1 \le i \le n
\end{aligned}$$

ist die Einschränkung eines Algebren-Homomorphismus $\Phi : \mathcal{C}_n \to \mathcal{C}_{n+1}$. Φ wird induziert von der Abbildung $\Phi : \mathbb{R}^n \to \mathcal{C}_{n+1}, \Phi(e_i) = e_i e_{n+1}$ aufgrund der Gleichungen

$$\Phi(e_i)^2 = -1 \qquad 1 \le i \le n$$

$$\Phi(e_i)\Phi(e_j) + \Phi(e_j)\Phi(e_i) = 0 \qquad 1 \le i < j \le n.$$

Damit bildet $\varphi : \mathfrak{g} \to \mathcal{C}_{n+1}$ die Lie-Algebra $\mathfrak{g}$ bijektiv auf die Lie-Algebra der Gruppe $Spin(n + 1)$ ab und ist ein Isomorphismus dieser Lie-Algebren. Es folgt, daß $\mathfrak{g}$ eine kompakte Lie-Algebra ist. Damit (siehe unten) folgt die Behauptung.

∎

Bemerkung: Im letzten Beweis benutzten wir folgendes allgemeine Resultat: Sei $\mathfrak{g}$ eine kompakte reelle Lie-Algebra und $\kappa : \mathfrak{g} \to End(W)$ eine Darstellung in einem komplexen Vektorraum. Dann existiert in W ein positiv-definites hermitesches Produkt $(\ ,\ )$ mit der Invarianzeigenschaft

$$(\kappa(x)w_1, w_2) + (w_1, \kappa(x)w_2) = 0$$

für $x \in \mathfrak{g}, w_1, w_2 \in W$.

Zum Beweis betrachten wir die kompakte Gruppe G zur Lie-Algebra $\mathfrak{g}$, ein beliebiges positiv-definites Produkt $(,)^*$ in W und legen

$$(w_1, w_2) = \int\limits_G (gw_1, gw_2)^* dg$$

wobei dg das Haarsche Maß der Gruppe G ist.   ∎

Satz: *Ist* $\kappa : Spin(n) \to U(\Delta_n)$ *die Spin-Darstellung, so gilt*

$$det\,(\kappa(g)) = 1$$

für jedes Gruppenelement $g \in Spin(n)$. *Mit anderen Worten, die Spin-Darstellung ist eine Darstellung in der speziellen unitären Gruppe* $SU(\Delta_n)$ *des Raumes der n-Spinoren.*

Beweis: Dies ist im Grunde keine spezielle Eigenschaft der Spin-Darstellung, sondern ergibt sich aus folgender Überlegung: Wir betrachten den Gruppenhomomorphismus

$$f : Spin(n) \to S^1 \quad , \quad f(g) = det\,(\kappa(g)).$$

Weil Spin(n) einfach-zusammenhängend ist, existiert eine Hebung $F : Spin(n) \to \mathbb{R}^1$ in die universelle Überlagerung von S^1,

$$f(g) = e^{2\pi i F(g)}$$

und F ist gleichfalls ein Gruppenhomomorphismus. $Spin(n)$ ist kompakt. Daher ist $F(Spin(n)) \subset \mathbb{R}^1$ eine Untergruppe, welche in einem beschränkten Intervall enthalten ist. Daraus folgt $F \equiv 0$ und somit $f(g) = det\,(\kappa(g)) \equiv 1$.   ∎

1.6   Die Gruppe $Spin^{\mathbb{C}}$

Sowohl die Gruppe $Spin(n)$ als auch die Gruppe S^1 aller komplexen Zahlen der Länge 1 sind in der komplexen Clifford-Algebra $\mathcal{C}_n^c$ enthalten. Sie erzeugen eine Gruppe, welche wir mit $Spin^{\mathbb{C}}(n)$ bezeichnen wollen. Wegen $Spin(n) \cap S^1 = \{1, -1\}$ ist die Gruppe $Spin^{\mathbb{C}}(n)$ offenbar gegeben durch

$$Spin^{\mathbb{C}}(n) = (Spin(n) \times S^1)/\{\pm 1\} = Spin(n) \times_{\mathbb{Z}_2} S^1.$$

Die Elemente von $Spin^{\mathbb{C}}(n)$ sind also Klassen $[g, z]$ von Paaren $(g, z) \in Spin(n) \times S^1$ mit der Äquivalenzrelation $(g, z) \sim (-g, -z)$.

Wir definieren eine Reihe von Homomorphismen:

a) $\lambda : Spin^{\mathbb{C}}(n) \to SO(n)$ sei gegeben durch $\lambda[g, z] = \lambda(g)$.

b) $i : Spin(n) \to Spin^{\mathbb{C}}(n)$ ist die natürliche Inklusion, $i(g) = [g, 1]$.

c) $j : S^1 \to Spin^{\mathbb{C}}(n)$ ist die natürliche Inklusion $j(z) = [1, z]$.

d) $l : Spin^{\mathbb{C}}(n) \to S^1$ sei gegeben durch $l[g, z] = z^2$.

e) $p : Spin^{\mathbb{C}}(n) \to SO(n) \times S^1$ sei gegeben durch $p([g, z]) = (\lambda(g), z^2)$. Also gilt $p = \lambda \times l$.

Dann kommutiert das Diagramm

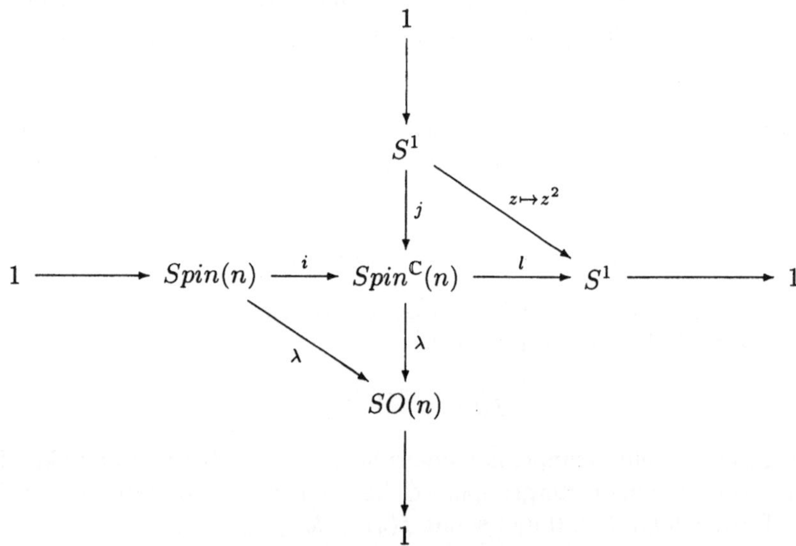

und die Zeile sowie die Spalte sind exakt. Weiterhin ist p eine 2-fache Überlagerung der Gruppe $Spin^{\mathbb{C}}(n)$ über $SO(n) \times S^1$. Wir benutzen dieses Diagramm zur Berechnung der Fundamentalgruppe.

Satz: *Sei $n \geq 3$. Dann gilt*

a) *Die Fundamentalgruppe $\pi_1(Spin^{\mathbb{C}}(n))$ ist isomorph zu $\mathbb{Z}$ und $l_\sharp : \pi_1(Spin^{\mathbb{C}}(n)) \to \pi_1(S^1) = \mathbb{Z}$ ist ein Isomorphismus.*

b) Wir wählen Erzeugende in folgenden Gruppen

$$\alpha \ in \ \pi_1(Spin^{\mathbb{C}}(n)) \quad , \quad \beta \ in \ \pi_1(SO(n)) \quad , \quad \gamma \ in \ \pi_1(S^1)$$

mit $l_\sharp(\alpha) = \gamma$. Dann gilt für den von der 2-fachen Überlagerung induzierten Homomorphismus $p_\sharp : \pi_1(Spin^{\mathbb{C}}(n)) \to \pi_1(SO(n)) \times \pi_1(S^1)$ die Formel

$$p_\sharp(\alpha) = \beta + \gamma.$$

Beweis: a) folgt direkt aus der exakten Sequenz $1 \to Spin(n) \to Spin^{\mathbb{C}}(n) \to S^1 \to 1$ und $\pi_1(Spin(n)) = 1$ für $n \geq 3$. Wegen $p = \lambda \times l$ ist noch $\lambda_\sharp(\alpha) = \beta$ zu beweisen. $\pi_1(SO(n))$ ist isomorph zu $\mathbb{Z}_2$ und daher ist dies äquivalent zu $\lambda_\sharp(\alpha) \neq 0$. Angenommen, $\lambda_\sharp(\alpha) = 0$. Aus der entsprechenden exakten Sequenz der Spalte ersehen wir, daß ein Element $\delta \in \pi_1(S^1)$ mit $j_\sharp(\delta) = \alpha$ existiert. Dann aber erhalten wir

$$\gamma = l_\sharp(\alpha) = l_\sharp j_\sharp(\delta) = 2\delta$$

und γ (sowie α) ist nicht das erzeugende Element der Gruppe $\pi_1(S^1)$. ∎

Sei $n = 2k$ eine gerade Zahl. Die unitäre Gruppe $U(k)$ ist eine Untergruppe von $SO(2k)$. Wir betrachten den Homomorphismus

$$f : U(k) \to SO(2k) \times S^1 \qquad f(A) = (A, det\, A).$$

Satz: *Es existiert ein Homomorphismus $F : U(k) \to Spin^{\mathbb{C}}(2k)$ derart, daß*

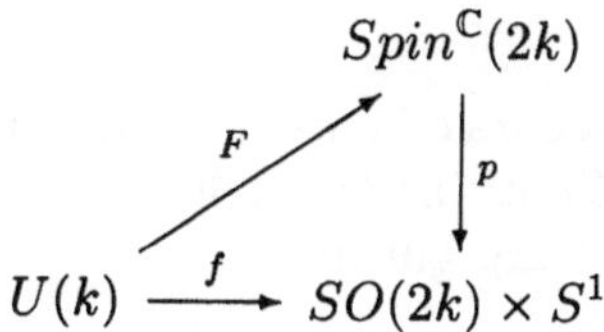

kommutiert.

Beweis: Wir müssen beweisen, daß die Gruppe $f_\sharp(\pi_1(U(k))$ in $p_\sharp(Spin^{\mathbb{C}}(2k))$ enthalten ist. Wählen wir zusätzlich zu den erzeugenden Elementen α, β, γ noch ein erzeugendes Element $\delta \in \pi_1(U(k)) = \mathbb{Z}$, so gilt jedoch $f_\sharp(\delta) = \beta + \gamma$ und die Behauptung folgt aus der Überlagerungstheorie. ∎

Mit gleichem Beweis erhält man eine Hebung des Homomorphismus

$$f_1 : U(k) \to SO(2k) \times S^1 \quad , \quad f_1(A) = \left(A, \frac{1}{det\, A}\right).$$

Satz: *Es existiert ein Homomorphismus* $F_1 : U(k) \to Spin^{\mathbb{C}}(2k)$ *derart, daß*

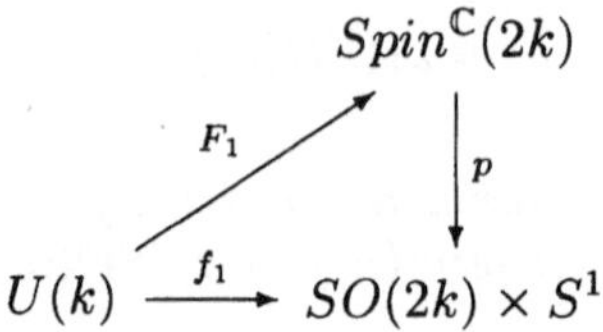

kommutiert.   ∎

Bemerkung: Den Homomorphismus $F : U(k) \to Spin^{\mathbb{C}}(2k)$ kann man explizit beschreiben.   Sei $A \in U(k)$.   Dann existiert eine unitäre Basis $f_1, \ldots, f_k$ in $\mathbb{C}^k$ bezüglich derer A die Diagonalgestalt

$$
A = \begin{pmatrix} e^{i\Theta_1} & & 0 \\ & \ddots & \\ 0 & & e^{i\Theta_k} \end{pmatrix}
$$

hat. Ist $J : \mathbb{C}^k \to \mathbb{C}^k$ die komplexe Struktur von $\mathbb{C}^k$, so sind f_j und $J(f_j)$ $(1 \le j \le k)$ Elemente der komplexen Clifford-Algebra $\mathcal{C}_{2n}^c$. Der Homomorphismus $F : U(k) \to Spin^{\mathbb{C}}(2k) = Spin(2k) \times_{\mathbb{Z}_2} S^1$ ist nun definiert durch die Formel

$$
F(A) = \prod_{j=1}^{k} \left(\cos\left(\frac{\theta_j}{2}\right) + \sin\left(\frac{\theta_j}{2}\right) f_j J(f_j) \right) \times e^{\frac{i}{2} \sum_{j=1}^{k} \theta_j}
$$

Weil $Spin(n)$ in der Clifford-Algebra $\mathcal{C}_n^c$ enthalten ist, setzt sich die Spin-Darstellung der Gruppe $Spin(n)$ zu einer $Spin^{\mathbb{C}}(n)$-Darstellung fort. Für ein Element $[g, z]$ aus $Spin^{\mathbb{C}}(n)$ und einen Spinor $\psi \in \Delta_n$ gilt dann

$$
\kappa[g, z]\psi = z \cdot \kappa(g)(\psi).
$$

Damit wird der Raum Δ_n der n-Spinoren eine $Spin^{\mathbb{C}}(n)$-Darstellung. Die Determinante des Endomorphismus $\kappa[g, z] : \Delta_n \to \Delta_n$ ist durch die Formel

$$
\det \kappa[g, z] = z^{\dim(\Delta_n)}
$$

gegeben. Im Fall gerader Dimension $n = 2k$ ist die Aufspaltung $\Delta_{2k} = \Delta_{2k}^{+} \oplus \Delta_{2k}^{-}$ $Spin^{\mathbb{C}}(2k)$-invariant und für die entsprechenden Darstellungen gilt

$$
\det \kappa^{\pm}[g, z] = z^{\dim(\Delta_{2k}^{\pm})}.
$$

Daraus erhalten wir, daß die $Spin^{\mathbb{C}}(n)$-Darstellungen $\det(\Delta_n) = \Lambda^{\dim(\Delta_n)}(\Delta_n)$ und

$$(l)^{\frac{\dim \Delta_n}{2}} = (l) \otimes \ldots \otimes (l) \qquad \left(\frac{\dim \Delta_n}{2}\text{-mal} \right)$$

äquivalent sind. Speziell für $n = 4$ ergibt sich die Gleichung

$$\Lambda^2(\Delta_4^+) = \Lambda^2(\Delta_4^-) = l$$

im Sinne von $Spin^{\mathbb{C}}(4)$-Darstellungen.

Satz: *Es existiert ein injektiver Homomorphismus* $f : Spin^{\mathbb{C}}(n) \to Spin(n+2)$ *derart, daß*

$$
\begin{array}{ccc}
Spin^{\mathbb{C}}(n) & \xrightarrow{\ f\ } & Spin(n+2) \\
\downarrow p & & \downarrow \lambda \\
SO(n) \times S^1 = SO(n) \times SO(2) & \longrightarrow & SO(n+2)
\end{array}
$$

kommutiert.

Beweis: $Spin(n)$ ist eine Untergruppe von $Spin(n+2)$ und S^1 kann als Untergruppe von $Spin(n+2)$ durch die Elemente

$$\cos t + \sin t\, e_{n+1}e_{n+2} = \left(\cos \left(\frac{t}{2} \right) e_{n+1} + \sin \left(\frac{t}{2} \right) e_{n+2} \right) \left(\cos \left(\frac{t}{2} \right) e_{n+1} - \sin \left(\frac{t}{2} \right) e_{n+2} \right)$$

realisiert werden. Der Durchschnitt dieser Teilmengen von $Spin(n+2)$ ist $\{\pm 1\}$ und auf diese Weise erhalten wir eine Untergruppe von $Spin(n+2)$ isomorph zu $Spin^{\mathbb{C}}(n)$.

$\blacksquare$

Die Lie-Algebra der Gruppe $Spin^{\mathbb{C}}(n) \subset \mathcal{C}_n^c$ ist die direkte Summe

$$\mathfrak{spin}^{\mathbb{C}}(n) = \mathfrak{m}_2 \oplus i\mathbb{R}^1$$

und das Differential $p_* : \mathfrak{spin}^{\mathbb{C}}(n) \to \mathfrak{so}(n) \times \mathfrak{s}^1$ der Überlagerung p wird beschrieben durch

$$p_*(e_\alpha e_\beta, it) = (2E_{\alpha\beta}, 2it) \qquad 1 \le \alpha < \beta \le n.$$

1.7 Reelle und quaternionische Strukturen im Raum der n-Spinoren

Wir erinnern an folgende Definitionen von reellen bzw. quaternionischen Strukturen in komplexen Vektorräumen:

Definition 1: *Sei V ein komplexer Vektorraum. Eine reelle Struktur ist eine $\mathbb{R}$-lineare Abbildung $\alpha : V \to V$ mit den Eigenschaften*

$$\alpha^2 = Id \quad , \quad \alpha(iv) = -i\alpha(v).$$

Definition 2: *Sei V ein komplexer Vektorraum. Eine quaternionische Struktur ist eine $\mathbb{R}$-lineare Abbildung $\alpha : V \to V$ mit den Eigenschaften*

$$\alpha^2 = -Id \quad , \quad \alpha(iv) = -i\alpha(v).$$

Zunächst studieren wir reelle und quaternionische Strukturen in der 3-dimensionalen Spin-Darstellung $\Delta_3 = \mathbb{C}^2$ und deren Invarianzeigenschaften unter Clifford-Multiplikation.

Satz:

a) *In Δ_3 existiert eine quaternionische Struktur $\alpha : \Delta_3 \to \Delta_3$, welche mit der Clifford-Multiplikation mit allen Vektoren $x \in \mathbb{R}^3$ kommutiert:*

$$\alpha(x \cdot \psi) = x \cdot \alpha(\psi) \qquad x \in \mathbb{R}^3, \psi \in \Delta_3.$$

Insbesondere ist α Spin(3)-äquivariant.

b) *In Δ_3 existiert eine reelle Struktur $\beta : \Delta_3 \to \Delta_3$, welche mit der Clifford-Multiplikation mit allen Vektoren aus einem 2-dimensionalen Teilraum $x \in \mathbb{R}^2 \subset \mathbb{R}^3$ antikommutiert:*

$$\beta(x \cdot \psi) = -x\beta(\psi) \qquad x \in \mathbb{R}^2 \subset \mathbb{R}^3, \quad \psi \in \Delta_3$$

und mit e_3 kommutiert:

$$\beta(e_3\psi) = e_3\beta(\psi).$$

β ist nicht Spin(3)-äquivariant.

Beweis: Wir realisieren Δ_3 als Vektorraum $\Delta_3 = \mathbb{C}^2$ und benutzen die im Abschnitt 1.3. beschriebene Realisierung der Spin-Darstellung der Clifford-Algebra $\mathcal{C}_3$:

$$e_1 = g_1 = \begin{pmatrix} i & 0 \\ 0 & -i \end{pmatrix} \quad e_2 = g_2 = \begin{pmatrix} 0 & i \\ i & 0 \end{pmatrix} \quad e_3 = iT = \begin{pmatrix} 0 & 1 \\ -1 & 0 \end{pmatrix}$$

Wir definieren $\alpha, \beta : \Delta_3 \to \Delta_3$ durch die Formeln

$$\alpha \begin{pmatrix} z_1 \\ z_2 \end{pmatrix} = \begin{pmatrix} -\bar{z}_2 \\ \bar{z}_1 \end{pmatrix} \qquad \beta \begin{pmatrix} z_1 \\ z_2 \end{pmatrix} = \begin{pmatrix} \bar{z}_1 \\ \bar{z}_2 \end{pmatrix}.$$

Eine direkte Rechnung liefert jetzt das Resultat. Zum Beispiel erhalten wir

$$\beta(e_2 \cdot \psi) = \beta \begin{pmatrix} iz_2 \\ iz_1 \end{pmatrix} = \begin{pmatrix} -i\bar{z}_2 \\ -i\bar{z}_1 \end{pmatrix} \quad , \quad e_2 \cdot \beta(\psi) = e_2 \begin{pmatrix} \bar{z}_1 \\ \bar{z}_2 \end{pmatrix} = \begin{pmatrix} i\bar{z}_2 \\ i\bar{z}_1 \end{pmatrix}$$

$$\beta(e_3 \cdot \psi) = \beta \begin{pmatrix} z_2 \\ -z_1 \end{pmatrix} = \begin{pmatrix} \bar{z}_2 \\ -\bar{z}_1 \end{pmatrix} \quad , \quad e_3 \cdot \beta(\psi) = e_3 \begin{pmatrix} \bar{z}_1 \\ \bar{z}_2 \end{pmatrix} = \begin{pmatrix} \bar{z}_2 \\ -\bar{z}_1 \end{pmatrix}$$

und daher gilt $\beta(e_2 \cdot \psi) = -e_2\beta(\psi)$ sowie $\beta(e_3 \cdot \psi) = e_3\beta(\psi)$.

Für die weitere Konstruktion benötigen wir folgende algebraische Vorbemerkung. Sind $\alpha : V \to V$ und $\beta : W \to W$ reelle oder quaternionische Strukturen, so kann deren Tensorprodukt

$$\alpha \otimes \beta : V \otimes_{\mathbb{C}} W \to V \otimes_{\mathbb{C}} W$$

definiert werden durch

$$(\alpha \otimes \beta)(v \otimes w) = \alpha(v) \otimes \beta(w)$$

$\alpha \otimes \beta$ ist $\mathbb{R}$-linear und antikommutiert wegen

$$(\alpha\otimes\beta)(i(v\otimes w)) = (\alpha\otimes\beta)(iv\otimes w) = \alpha(iv)\otimes\beta(w) = -i\alpha(v)\otimes\beta(w) = -i(\alpha\otimes\beta)(v\otimes w)$$

mit der Multiplikation mit i. Zu bemerken ist, daß $\alpha \otimes \beta$ korrekt definiert ist. In $V \otimes_{\mathbb{C}} W$ haben wir die Identität $v \otimes w = -(iv) \otimes (iw)$ und es gilt

$$(\alpha \otimes \beta)(-(iv) \otimes (iw)) = -\alpha(iv) \otimes \beta(iw) = -(-i\alpha(v)) \otimes (-i\beta(w)) = \alpha(v) \otimes \beta(w).$$

Damit ist $\alpha \otimes \beta$ korrekt definiert. Wegen $(\alpha \otimes \beta)^2 = \alpha^2 \otimes \beta^2 = \pm Id$ ist $\alpha \otimes \beta$ wiederum eine reelle (quaternionische) Struktur.

Unter Benutzung der eingangs konstruierten reellen und quanternionischen Strukturen $\alpha, \beta : \mathbb{C}^2 \to \mathbb{C}^2$, die die Vertauschungsrelationen (beachte: wir haben $e_3 = iT$ durch T ersetzt)

$$\alpha g_1 = g_1\alpha \quad , \quad \alpha g_2 = g_2\alpha \quad , \quad \alpha T = -T\alpha$$

$$\beta g_1 = -g_1\beta \quad , \quad \beta g_2 = -g_2\beta \quad , \quad \beta T = -T\beta$$

erfüllen, konstruieren wir jetzt in jedem Vektorraum Δ_n der n-Spinoren eine solche Struktur $\alpha_n : \Delta_n \to \Delta_n$.

Satz:

1. *Sei $n = 8k, 8k + 1$.*
   In Δ_n existiert eine reelle, $Spin(n)$-äquivariante Struktur $\alpha_n : \Delta_n \to \Delta_n$, welche mit der Clifford-Multiplikation antikommutiert:

$$\alpha_n(x \cdot \psi) = -x \cdot \alpha_n(\psi), \quad x \in \mathbb{R}^n \quad und \quad \psi \in \Delta_n.$$

2. *Sei $n = 8k + 2, 8k + 3$.*
   In Δ_n existiert eine quaternionische, $Spin(n)$-äquivariante Struktur α_n :
   $\Delta_n \to \Delta_n$, welche mit der Clifford-Multiplikation kommutiert:

$$\alpha_n(x \cdot \psi) = x \cdot \alpha_n(\psi), \quad x \in \mathbb{R}^n \quad und \quad \psi \in \Delta_n.$$

3. *Sei $n = 8k + 4, 8k + 5$.*
   In Δ_n existiert eine quaternionische, $Spin(n)$-äquivariante Struktur α_n :
   $\Delta_n \to \Delta_n$, welche mit der Clifford-Multiplikation antikommutiert:

$$\alpha_n(x \cdot \psi) = -x \cdot \alpha_n(\psi), \quad x \in \mathbb{R}^n \quad und \quad \psi \in \Delta_n.$$

4. *Sei $n = 8k + 6, 8k + 7$.*
   In Δ_n existiert eine reelle, $Spin(n)$-äquivariante Struktur $\alpha_n : \Delta_n \to \Delta_n$,
   welche mit der Clifford-Multiplikation kommutiert:

$$\alpha_n(x \cdot \psi) = x\alpha_n(\psi), \quad x \in \mathbb{R}^n \quad und \quad \psi \in \Delta_n.$$

Beweis: In jedem der Fälle definieren wir α_n.

<u>1. Fall.</u> $n = 8k, 8k + 1$.

Dann gilt $\Delta_n = \mathbb{C}^2 \otimes \ldots \otimes \mathbb{C}^2$ (4k-mal) und wir legen

$$\alpha_n = (\alpha \otimes \beta) \otimes \ldots \otimes (\alpha \otimes \beta) \qquad (2k - mal).$$

<u>2. Fall.</u> $n = 8k + 2, 8k + 3$.

Dann gilt $\Delta_n = \mathbb{C}^2 \otimes \ldots \otimes \mathbb{C}^2$ ((4k+1)-mal) und wir legen

$$\alpha_n = \alpha \otimes (\beta \otimes \alpha) \otimes \ldots \otimes (\beta \otimes \alpha) \qquad (2k - mal).$$

<u>3. Fall.</u> $n = 8k + 4, 8k + 5$.

Dann gilt $\Delta_n = \mathbb{C}^2 \otimes \ldots \otimes \mathbb{C}^2$ ((4k+2)-mal) und wir legen

$$\alpha_n = (\alpha \otimes \beta) \otimes \ldots \otimes (\alpha \otimes \beta) \qquad ((2k + 1) - mal).$$

<u>4. Fall.</u> $n = 8k + 6, 8k + 7$.

Dann gilt $\Delta_n = \mathbb{C}^2 \otimes \ldots \otimes \mathbb{C}^2$ ((4k+3)-mal) und wir legen

$$\alpha_n = \alpha \otimes (\beta \otimes \alpha) \otimes \ldots \otimes (\beta \otimes \alpha) \qquad ((2k + 1) - mal).$$

Benutzt man die im Abschnitt 1.3. angegebene Darstellung für die Clifford-Multiplikation sowie die Vertauschungsrelationen zwischen α, β und g_1, g_2, T, so rechnet man die angegebenen Eigenschaften unmittelbar nach. ∎

Insgesamt ergibt sich folgende Tafel für die reellen bzw. quaternionischen Strukturen in Δ_n:

α_n	reelle Strukturen	quaternionische Strukturen
kommutiert mit Clifford-Multiplikation	$n \equiv 6, 7 \bmod 8$	$n \equiv 2, 3 \bmod 8$
antikommutiert mit Clifford-Multiplikation	$n \equiv 0, 1 \bmod 8$	$n \equiv 4, 5 \bmod 8$

Wir fragen jetzt, wie die soeben konstruierten Strukturen im Fall gerader Dimension n verträglich sind mit der Aufspaltung der Dirac-Spinoren Δ_n in die Summe der Weyl-Spinoren $\Delta_n^+ \oplus \Delta_n^-$. Sei $n = 8k + 2\varepsilon$ ($\varepsilon = 0, 1, 2$, oder 3). Die Aufspaltung wird durch den Operator

$$f = i^{4k+\varepsilon} e_1 \cdot \ldots \cdot e_{8k+2\varepsilon} = i^\varepsilon e_1 \cdot \ldots \cdot e_{8k+2\varepsilon}$$

definiert. Im Fall $\varepsilon = 1, 3$ kommutieren die Clifford-Multiplikationen mit α_n. Weil α_n komplex antilinear ist, antikommutiert α_n in diesen Fällen mit

$$f = \pm i e_1 \cdot \ldots \cdot e_{8k+2\varepsilon}$$

$$\alpha_n \cdot f = -f \cdot \alpha_n.$$

Für die Dimensionen $n = 8k+2, 8k+6$ folgt somit, daß die reelle bzw. quaternionische Struktur $\alpha_n : \Delta_n \to \Delta_n$ die Aufspaltung $\Delta_n = \Delta_n^+ \oplus \Delta_n^-$ vertauscht:

$$\alpha_n(\Delta_n^\pm) \subset \Delta_n^\mp.$$

Ist $\varepsilon = 0, 2$, so antikommutieren die Clifford-Multiplikationen mit α_n. Damit kommutiert α_n mit $f = \pm e_1 \cdot \ldots \cdot e_{8k+2\varepsilon}$, $\alpha_n \cdot f = f \cdot \alpha_n$ und α_n erhält die Aufspaltung $\Delta_n = \Delta_n^+ \oplus \Delta_n^-$. Insgesamt ergibt sich

Satz:

1. *Die Darstellungen $\Delta_{8k}^\pm$ besitzen eine reelle, $Spin(8k)$-äquivariante Struktur.*

2. *Die Darstellungen $\Delta_{8k+4}^\pm$ besitzen eine quaternionische, $Spin(8k + 4)$-äquivariante Struktur.*

1.8   Literatur und Aufgaben

E. Artin. Geometric Algebra, Princeton University Press 1957.

H. Baum. Spin-Strukturen und Dirac-Operatoren über pseudo-Riemannschen Mannigfaltigkeiten, Teubner Verlag Leipzig 1981.

H. Baum, Th. Friedrich, R. Grunewald, I. Kath. Twistors and Killing Spinors on Riemannian Manifolds, Teubner Verlag 1991.

B. Budinich, A. Trautman. The Spinorial Chessboard, Springer-Verlag 1988.

D. Husemöller. Fibre Bundles, Princeton 1966.

H.B. Lawson, M.-L. Michelsohn. Spin Geometry, Princeton University Press 1989.

A.L. Onishchik, R. Sulanke. Algebra und Geometrie, Teil II, Berlin 1988.

Aufgabe 1:

Sei (V, Q) eine nichtausgeartete quadratische Form. Bestimmen Sie alle Elemente der Clifford-Algebra $C(Q)$, welche mit jedem Element aus V antikommutieren.

Aufgabe 2:

Seien (V_1, Q_1) und (V_2, Q_2) zwei quadratische Formen und $f : V_1 \to V_2$ eine lineare Abbildung mit

$$Q_1(v_1) = Q_2(f(v_1))$$

für alle Vektoren $v_1 \in V_1$. Beweisen Sie, daß ein Homomorphismus $C(f) : C(Q_1) \to C(Q_2)$ der Clifford-Algebren derart existiert, daß

$$
\begin{array}{ccc}
C(Q_1) & \xrightarrow{\;C(f)\;} & C(Q_2) \\
\uparrow & & \uparrow \\
V_1 & \xrightarrow{\;\;f\;\;} & V_2
\end{array}
$$

kommutiert.

Aufgabe 3:

In der Vorlesung wurde $\mathcal{C}_1 = \mathbb{C}$, $\mathcal{C}_2 = \mathbb{H}$ gezeigt. Beweisen Sie folgende weiteren Isomorphismen:

$$\mathcal{C}_3 = \mathbb{H} \oplus \mathbb{H} \quad , \quad \mathcal{C}_4 = M_2(\mathbb{H}) \quad , \quad \mathcal{C}_5 = M_4(\mathbb{C})$$
$$\mathcal{C}_6 = M_8(\mathbb{R}) \quad , \quad \mathcal{C}_7 = M_8(\mathbb{R}) \oplus M_8(\mathbb{R}) \quad , \quad \mathcal{C}_8 = M_{16}(\mathbb{R}).$$

Aufgabe 4:

Beweisen Sie die Isomorphismen

$$\mathcal{C}_1' = \mathbb{R} \oplus \mathbb{R} \quad , \quad \mathcal{C}_2' = M_2(\mathbb{R}) \quad , \quad \mathcal{C}_3' = M_2(\mathbb{C}) \quad , \quad \mathcal{C}_4' = M_2(\mathbb{H})$$
$$\mathcal{C}_5' = M_2(\mathbb{H}) \oplus M_2(\mathbb{H}) \quad , \quad \mathcal{C}_6' = M_4(\mathbb{H}) \quad , \quad \mathcal{C}_8' = M_8(\mathbb{C}).$$

Aufgabe 5:

Beweisen Sie $\mathcal{C}_{k-1} = \mathcal{C}_k^0$.

Hinweis: Ist $\mathcal{C}_{k-1} = \mathcal{C}_{k-1}^0 \oplus \mathcal{C}_{k-1}^1$ die Zerlegung der Algebra $\mathcal{C}_{k-1}$ und $e_k \in \mathbb{R}^k$ der letzte Vektor, so wird durch

$$f(x_0 + x_1) = x_0 + e_k x_1$$

ein Homomorphismus $f : \mathcal{C}_{k-1} \to \mathcal{C}_k$ definiert.

Aufgabe 6:

Beweisen Sie

$$
\begin{aligned}
Spin(3) &= SU(2) = \{q \in \mathbb{H} : ||q|| = 1\} \\
Spin(4) &= SU(2) \times SU(2) \\
Spin(5) &= Sp(2) \\
Spin(6) &= SU(4).
\end{aligned}
$$

Aufgabe 7:

Beweisen Sie, daß die Gruppe $Spin^{\mathbb{C}}(4)$ isomorph zu folgender Untergruppe H von $U(2) \times U(2)$ ist:

$$H = \{(A, B) \in U(2) \times U(2) : det\,(A) = det\,(B)\}.$$

Aufgabe 8:

Sei $e_1, \ldots e_n$ eine orthonormale Basis von $\mathbb{R}^n$ und $\lambda_* : \mathfrak{spin}(\mathfrak{n}) \to \mathfrak{so}(\mathfrak{n})$ das Differential der 2-fachen Überlagerung $\lambda : Spin(n) \to SO(n)$ für jedes Element $z \in \mathfrak{spin}(\mathfrak{n})$ gilt

$$z = \frac{1}{2} \sum_{i<j} \langle \lambda_*(z) e_i, e_j \rangle e_i e_j = \frac{1}{4} \sum_{i,j} \langle \lambda_*(z) e_i, e_j \rangle e_i, e_j.$$

2   Spin-Strukturen

2.1   Existenz und Klassifikation von Spin-Strukturen eines $SO(n)$-Hauptfaserbündels

X sei ein zusammenhängender CW-Komplex und $(Q, \pi, X; SO(n))$ bezeichne ein $SO(n)$-Hauptfaserbündel über X.

Definition: *Eine Spin-Struktur des Hauptfaserbündels Q besteht aus einem Paar (P, Λ), wobei*

a) *P ein $Spin(n)$-Hauptfaserbündel über X ist.*

b) *$\Lambda : P \to Q$ eine 2-fache Überlagerung derart ist, daß das Diagramm*

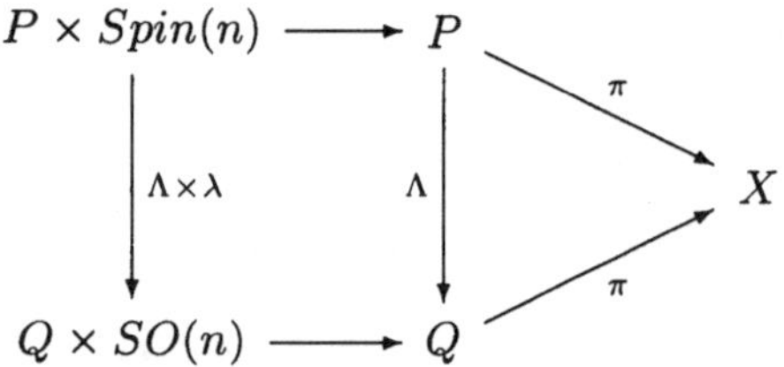

kommutiert. In den Zeilen steht hier die Wirkung der jeweiligen Gruppe in den Hauptfaserbündel.

Zwei Spin-Strukturen (P_1, Λ_1) und (P_2, Λ_2) heißen äquivalent, falls eine $Spin(n)$-äquivariante Abbildung $f : P_1 \to P_2$ existiert, welche verträglich mit den Überlagerungen Λ_1 und Λ_2 ist:

$$
\begin{array}{ccc}
P_1 & \xrightarrow{\ \ f\ \ } & P_2 \\
& \Lambda_1 \searrow \ \ \swarrow \Lambda_2 & \\
& Q &
\end{array}
$$

Mit F bezeichnen wir eine Faser des $SO(n)$-Hauptfaserbündels Q. F ist diffeomorph zur Gruppe $SO(n)$ und daher $(n \geq 3)$ besteht die Fundamentalgruppe $\pi_1(F)$ aus zwei Elementen:

$$\pi_1(F) = \mathbb{Z}_2.$$

Sei $\alpha \in \pi_1(F)$ das nichttriviale Element. Die Einbettung von F in den Raum Q bezeichnen wir mit $i : F \to Q$. Dann ist

$$\alpha_F := i_{\#}(\alpha)$$

ein Element der Fundamentalgruppe $\pi_1(Q)$. Wir betrachten jetzt eine Spin-Struktur $\Lambda : P \to Q$ von Q. Dieser Überlagerung entspricht die Untergruppe

$$H(P, \Lambda) := \Lambda_\#(\pi_1(P)) \subset \pi_1(Q).$$

$H(P, \Lambda) \subset \pi_1(Q)$ ist eine Untergruppe von Index 2.

Satz: *Das Element α_F liegt nicht in $H(P, \Lambda)$, $\alpha_F \notin H(P, \Lambda)$.*

Beweis: Angenommen, wir hätten $\alpha_F \in H(P, \Lambda)$. Dann hebt sich die Inklusion $i : F \to Q$ zu einer stetigen Abbildung $I : F \to P$ derart, daß

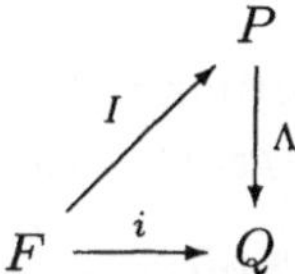

kommutiert. $I(F) \subset P$ liegt in einer Faser F' des Spin(n)-Hauptfaserbündels P und somit entsteht eine Abbildung

$$I : F = SO(n) \to F' = Spin(n) \qquad \text{mit} \qquad \lambda \circ I = Id_{SO(n)}.$$

Für die induzierten Homomorphismen in den Fundamentalgruppen folgt

$$\lambda_\# I_\# = Id_{\pi_1(SO(n))}$$

$$\pi_1(SO(n)) \overset{I_\#}{\to} \pi_1(Spin(n)) \overset{\lambda_\#}{\to} \pi_1(SO(n)).$$

Wegen $\pi_1(SO(n)) = \mathbb{Z}_2$ und $\pi_1(Spin(n)) = 1$ ist dies ein Widerspruch. $\blacksquare$

Satz: *Die Äquivalenzklassen von Spin-Strukturen eines $SO(n)$-Hauptfaserbündels Q über einem zusammenhängenden CW-Komplex X stehen in bijektiver Beziehung zu denjenigen Untergruppen $H \subset \pi_1(Q)$ vom Index 2, welche $\alpha_F \notin H$ nicht enthalten.*

Beweis: Gegeben sei eine Untergruppe $H \subset \pi_1(Q)$ vom Index 2 mit $\alpha_F \notin H$. Diese Untergruppe definiert eine 2-fache Überlagerung

$$\Lambda : P \to Q$$

mit zusammenhängendem Totalraum P. Wir fixieren einen Punkt $p_0 \in P$ und bezeichnen mit $\mu : Q \times SO(n) \to Q$ die Wirkung der Gruppe $SO(n)$ auf Q. Die Abbildung

$$
\begin{array}{ccc}
P \times Spin(n) & & P \\
\downarrow{\scriptstyle \Lambda \times \lambda} & & \downarrow{\scriptstyle \Lambda} \\
Q \times SO(n) & \xrightarrow{\ \mu\ } & Q
\end{array}
$$

induziert den Homomorphismus $\mu_\# \circ (\Lambda \times \lambda)_\#$

$$
\pi_1(P) = \pi_1(P \times Spin(n)) \xrightarrow{(\Lambda \times \lambda)_\#} \pi_1(Q) \oplus \pi_1(SO(n)) \xrightarrow{\mu_\#} \pi_1(Q),
$$

dessen Bild in $\pi_1(Q)$ mit H übereinstimmt. Daher existiert genau eine stetige Abbildung $\tilde{\mu} : P \times Spin(n) \to P$ mit $\tilde{\mu}(p_0, 1) = p_0$ und dem kommutativen Diagramm

$$
\begin{array}{ccc}
P \times Spin(n) & \xrightarrow{\ \tilde{\mu}\ } & P \\
\downarrow{\scriptstyle \Lambda \times \lambda} & & \downarrow{\scriptstyle \Lambda} \\
Q \times SO(n) & \xrightarrow{\ \mu\ } & Q
\end{array}
$$

Es ist einfach zu zeigen, daß $\tilde{\mu}$ eine Wirkung von $Spin(n)$ auf P ist. Zum Beispiel, die Abbildung $f(p) = \tilde{\mu}(p, 1) : P \to P$ ist die Hebung der Abbildung $\Lambda : P \to Q$

$$
\begin{array}{ccc}
P & \xdashrightarrow{\ f\ } & P \\
\downarrow{\scriptstyle \Lambda} & & \downarrow{\scriptstyle \Lambda} \\
Q & \xrightarrow{\ Id\ } & Q
\end{array}
$$

mit der Anfangsbedingung $f(p_0) = p_0$. Aufgrund der Eindeutigkeit der Hebung folgt $f = Id_P$, d.h.

$$
\tilde{\mu}(p, 1) = p \qquad \text{für alle } p \in P.
$$

Zu zeigen ist noch, daß $Spin(n)$ einfach-transitiv auf den Fasern der Abbildung

$$
P \xrightarrow{\Lambda} Q \xrightarrow{\pi} X
$$

über X wirkt. Dabei genügt es zu zeigen, daß $(-1) \in Spin(n)$ keine Fixpunkte hat. Angenommen, es gilt

$$
\tilde{\mu}(p_0, (-1)) = p_0.
$$

In $Spin(n)$ wählen wir einen Weg $\gamma(t)$ $(0 \le t \le 1)$ von 1 nach (-1). Dann ist $\gamma^*(t) = \tilde{\mu}(p_0, \gamma(t))$ ein geschlossener Weg in P, definiert also ein Element der Fundamentalgruppe $\pi_1(P)$. Die Äquivalenzklasse des Weges $\Lambda\gamma^*(t)$ liegt somit in der Untergruppe $H \subset \pi_1(Q)$ der Überlagerung $\Lambda : P \to Q$.

Andererseits gilt

$$\Lambda\gamma^*(t) = \Lambda\tilde{\mu}(p_0, \gamma(t)) = \mu(\Lambda(p_0), \lambda \circ \gamma(t)).$$

Nun ist $\lambda \circ \gamma(t)$ ein geschlossener Weg in $SO(n)$, welcher das nichttriviale Element $\alpha \in \pi_1(SO(n))$ repräsentiert. Letztlich folgt für die Faser $F = \lambda(p_0) \cdot SO(n) \subset Q$ die Inklusion

$$\alpha_F = \Lambda\gamma^*(t) \in H \subset \pi_1(Q)$$

entgegen der Annahme über die Untergruppe H. ∎

Wir betrachten die exakte Homotopiesequenz der $SO(n)$-Faserung $\pi : Q \to X$:

$$\ldots \to \pi_2(X) \xrightarrow{\partial} \pi_1(F) \xrightarrow{i_\#} \pi_1(Q) \xrightarrow{\pi_\#} \pi_1(X) \to 1.$$

Eine Untergruppe $H \subset \pi_1(Q)$ von Index 2 definiert einen nichttrivialen Homomorphismus

$$f_H : \pi_1(Q) \to \pi_1(Q)/H = \mathbb{Z}_2$$

und umgekehrt. Die Bedingung $\alpha_F \notin H$ ist äquivalent zu der Bedingung, daß der Homomorphismus

$$f_H \circ i_\# : \mathbb{Z}_2 = \pi_1(F) \to \pi_1(Q) \to \pi_1(Q)/H = \mathbb{Z}_2$$

die Identität ist. Damit erhalten wir:

Folgerung: *Die Spin-Strukturen eines $SO(n)$-Hauptfaserbündels Q über einem zusammenhängenden CW-Komplex X stehen in bijektiver Beziehung zu allen Homomorphismen*

$$f : \pi_1(Q) \to \pi_1(F) \quad \text{mit} \quad f \circ i_\# = Id_{\pi_1(F)}.$$

$$\ldots \to \pi_2(X) \xrightarrow{\partial} \pi_1(F) \overset{i_\#}{\underset{f}{\rightleftarrows}} \pi_1(Q) \xrightarrow{\pi_\#} \pi_1(X) \to 1$$

Folgerung: *Besitzt das $SO(n)$-Hauptfaserbündel eine Spin-Struktur, so sind folgende Gruppen isomorph*

a) $\pi_1(Q) = \pi_1(F) \oplus \pi_1(X)$

b) $\pi_2(Q) = \pi_2(X).$

Folgerung: *Sei X ein einfach-zusammenhängender CW-Komplex. Ein $SO(n)$-Hauptfaserbündel Q besitzt eine Spin-Struktur dann und nur dann, wenn*

$$\pi_1(Q) = \mathbb{Z}_2$$

gilt. In diesem Fall ist die Spin-Struktur eindeutig bestimmt.

Die letzte Folgerung kann man unter Verwendung der Erweiterungstheorie endlicher Gurppen verallgemeinern. Zunächst zeigen die Überlegungen, daß ein $SO(n)$-Haupfaserbündel Q über einem CW-Komplex X genau dann eine Spin-Struktur besitzt, falls

a) $i_\# : \pi_1(F) = \mathbb{Z}_2 \to \pi_1(Q)$ injektiv ist.

b) die exakte Sequenz $\quad 1 \to \pi_1(F) \xrightarrow{i_\#} \pi_1(Q) \to \pi_1(X) \to 1 \quad$ zerfällt.

Wir nehmen nun an, daß $\pi_1(X)$ eine endliche Gruppe ist und weiterhin sei die Bedingung a) erfüllt. Dann ist $\pi_1(Q)$ eine Erweiterung der Gruppe $\mathbb{Z}_2 = \pi_1(F)$ mittels $\pi_1(X)$. Wir erinnern jetzt an den Begriff einer *2-Sylowgruppe* einer endlichen Gruppe G. Bezeichnet $|G|$ die Ordnung dieser Gruppe und ist 2^k die größte Potenz von 2, welche $|G|$ teilt, so nennt man jede Untergruppe von G der Ordnung 2^k eine 2-Sylowgruppe. Es ist wohlbekannt, daß in jeder Gruppe G wenigstens eine solche Untergruppe existiert. Ist nun

$$1 \to \mathbb{Z}_2 \to G \to \Gamma \to 1$$

eine Erweiterung von $\mathbb{Z}_2$ mittels Γ, so ist folgendes Kriterium für den Zerfall dieser Erweiterung bekannt.

Satz: (Schur-Zassenhaus, Gaschütz) *Die Erweiterung der Gruppe $\mathbb{Z}_2$ mit der endlichen Gruppe Γ zerfällt genau dann, wenn für jede 2-Sylowgruppe $G_2 \subset G$ die Erweiterung*

$$1 \to (G_2 \cap \mathbb{Z}_2) \to G_2 \to G_2/(G_2 \cap \mathbb{Z}_2) \to 1$$

zerfällt.

Beweis: siehe R. Kochendörfer, Lehrbuch der Gruppentheorie unter besonderer Berücksichtigung der endlichen Gruppen, Leipzig 1966.

Daraus ergibt sich zunächst, daß im Fall einer endlichen Gruppe $\pi_1(X)$ das Hauptfaserbündel Q eine Spin-Struktur dann und nur dann zuläßt, falls folgende Bedingungen erfüllt sind:

a') $i_\# : \pi_1(F) \to \pi_1(Q)$ ist injektiv.

b') Für jede 2-Sylowgruppe $G_2 \subset \pi_1(Q)$ zerfällt die Erweiterung

$$1 \to (G_2 \cap \mathbb{Z}_2) \to G_2 \to G_2/(G_2 \cap \mathbb{Z}_2) \to 1.$$

Ist $G_2 \subset \pi_1(Q)$ eine 2-Sylowgruppe von $\pi_1(Q)$, so ist $G_2^* = p_\#(G_2) \subset \pi_1(X)$ eine 2-Sylowgruppe von $\pi_1(X)$ und umgekehrt. Zerfällt nun jede Erweiterung von $\mathbb{Z}_2$ mittels G_2^* (äquivalent formuliert: $H^2(G_2^*; \mathbb{Z}_2) = 0$) so ist die Bedingung b') automatisch erfüllt. Somit erhalten wir die

Folgerung: *Sei X ein CW-Komplex mit endlicher Fundamentalgruppe und gelte*

$$H^2(G_2^*; \mathbb{Z}_2) = 0$$

für jede 2-Sylowgruppe $G_2^* \subset \pi_1(X)$. Ein $SO(n)$-Hauptfaserbündel Q über X besitzt genau dann eine Spin-Struktur, falls

$$i_\# : \pi_1(F) \to \pi_1(Q)$$

injektiv ist.

Insbesondere ist diese Folgerung im Fall einer Fundamentalgruppe $\pi_1(X)$ ungerader Ordnung anwendbar. Die einzige Bedingung für die Existenz einer Spin-Struktur besteht dann in der Forderung nach der Injektivität des Homomorphismus

$$i_\# : \pi_1(F) \to \pi_1(Q).$$

Wir formulieren die erhaltene Beschreibung der Spin-Strukturen in der Sprache der Kohomologie. Für jeden CW-Komplex Y gilt

$$H^1(Y; \mathbb{Z}_2) = Hom\,(H_1(Y); \mathbb{Z}_2) = Hom\,(\pi_1(Y)/[\pi_1(Y), \pi_1(Y)]\,; \mathbb{Z}_2) = Hom\,(\pi_1(Y)\,; \mathbb{Z}_2).$$

Der Homomorphismus $f : \pi_1(Q) \to \pi_1(F) = \mathbb{Z}_2$ definiert also ein Element

$$f \in H^1(Q; \mathbb{Z}_2).$$

Andererseits ist $H^1(F; \mathbb{Z}_2) = Hom\,(\mathbb{Z}_2, \mathbb{Z}_2) = \mathbb{Z}_2$ und die Bedingung $f \circ i_\# = Id_{\pi_1(F)}$ ist äquivalent dazu, daß das Element $f \in H^1(Q; \mathbb{Z}_2)$ unter der Einschränkung auf die Faser $i^* : H^1(Q; \mathbb{Z}_2) \to H^1(F; \mathbb{Z}_2) = \mathbb{Z}_2$ nichttrivial ist. Daraus ergibt sich

Satz: *Die Spin-Strukturen eines $SO(n)$-Hauptfaserbündels über einem zusammenhängenden CW-Komplex X stehen in bijektiver Beziehung zu denjenigen Elementen $f \in H^1(Q; \mathbb{Z}_2)$, für welche $i^*(f) \neq 0$ in $H^1(F; \mathbb{Z}_2) = \mathbb{Z}_2$ gilt.*

Die $SO(n)$-Faserung $\pi : Q \to X$ induziert folgende exakte Sequenz der Kohomologiegruppen

$$1 \to H^1(X; \mathbb{Z}_2) \to H^1(Q; \mathbb{Z}_2) \xrightarrow{i^*} H^1(F; \mathbb{Z}_2) = \mathbb{Z}_2 \xrightarrow{\partial} H^2(X; \mathbb{Z}_2) \to \dots$$

Ist $1 \in \mathbb{Z}_2 = H^1(F; \mathbb{Z}_2)$ das nichttriviale Element, so nennt man

$$w_2(Q) := \partial(1) \in H^2(X; \mathbb{Z}_2)$$

die *zweite Stiefel-Whitney-Klasse* des $SO(n)$-Hauptfaserbündes. Aus dieser Sequenz folgt nun unmittelbar

Satz: *Ein $SO(n)$-Hauptfaserbündel über einen zusammenhängenden CW-Komplex X besitzt genau dann eine Spin-Struktur, falls $w_2(Q)$ verschwindet:*

$$w_2(Q) = 0.$$

In diesem Fall wird die Menge aller Spin-Strukturen durch $H^1(X; \mathbb{Z}_2)$ klassifiziert.

Beispiel: Wir betrachten den komplex-projektiven Raum $\mathbb{CP}^n = SU(n+1)/S(U(n) \times U(1))$. Dieser ist orientierbar. Die Isotropiedarstellung

$$\sigma : S(U(n) \times U(1)) \to U(n) \subset SO(2n)$$

wird gegeben durch $\sigma \begin{pmatrix} B & 0 \\ 0 & \frac{1}{\det B} \end{pmatrix} = \det B \cdot B$. Sei $R = SU(n+1) \times_\sigma SO(2n)$ das Reperbündel. Weil $\mathbb{CP}^n$ einfach-zusammenhängend ist, hat die Fundamentalgruppe $\pi_1(R)$ höchstens zwei Elemente, sie ist nämlich surjektives Bild von $\pi_1(SO(n)) = \mathbb{Z}_2$. Um zu entscheiden, wann R eine Spin-Struktur zuläßt, berechnen wir zunächst den von der Isotropiedarstellung σ induzierten Homomorphismus $\sigma_\#$ zwischen den Fundamentalgruppen. Das erzeugende Element der Fundamentalgruppe $\pi_1(S(U(n) \times U(1)))$ wird durch den Weg

$$\gamma(t) = \begin{pmatrix} e^{it} & & & & 0 \\ & 1 & & & \\ & & \ddots & & \\ & & & 1 & \\ 0 & & & & e^{-it} \end{pmatrix} \qquad 0 \leq t \leq 2\pi$$

repräsentiert. $\sigma(\gamma(t))$ ist als Weg in $U(n)$ demnach gegeben durch

$$\sigma(\gamma(t)) = \begin{pmatrix} e^{2it} & & & & 0 \\ & e^{it} & & & \\ & & \ddots & & \\ & & & e^{it} & \\ 0 & & & & e^{it} \end{pmatrix}$$

und ist somit gleich dem (n+1)-fachen des erzeugenden Elementes von $\pi_1(U(n))$. Daraus folgt, daß der Homomorphismus

$$\sigma_\# : \pi_1(S(U(n) \times U(1))) = \mathbb{Z} \to \pi_1(SO(2n)) = \mathbb{Z}_2$$

beschrieben wird durch $\sigma_{\#}(1) = (n+1) \bmod 2$.

Sei n zunächst eine ungerade Zahl. Dann ist $\sigma_{\#}$ der triviale Homomorphismus und somit existiert eine Hebung $\tilde{\sigma} : S(U(n) \times U(1)) \to Spin(2n)$ der Isotropiedarstellung σ in die Spin-Gruppe. In diesem Fall wird

$$P := SU(n+1) \times_{\tilde{\sigma}} Spin(2n)$$

eine Spin-Struktur des Reperbündels R. Wir diskutieren letztlich den Fall, daß n eine gerade Zahl ist. Jetzt betrachten wir die Faserung von $R = SU(n+1) \times_{\sigma} SO(2n)$ über dem Raum $SO(2n)/\sigma(S(U(n) \times U(1))) = SO(2n)/U(n)$, welche durch die Formel

$$[A, B] \to B \quad mod \quad \sigma(S(U(n) \times U(1)))$$

mit $A \in SU(n+1)$ und $B \in SO(2n)$ definiert ist. Die Faser dieser Faserung ist $SU(n+1)/\mathbb{Z}_{n+1}$. Daher entsteht die exakte Sequenz

$$\ldots \to \mathbb{Z}_{n+1} \to \pi_1(R) \to \pi_1(SO(2n)/U(n)) = 1.$$

Weil $\pi_1(R)$ höchstens 2 Elemente enthält und n eine gerade Zahl ist, folgt in diesem Fall $\pi_1(R) = 1$. Insgesamt gilt also

$$\pi_1(R) = \begin{cases} \mathbb{Z}_2 & \text{falls } n \text{ ungerade ist} \\ 1 & \text{falls } n \text{ gerade ist} \end{cases}.$$

Weil $\mathbb{CP}^n$ einfach-zusammenhängend ist, können wir die einfache Charakterisierung der Existenz einer *Spin*-Struktur in R anwenden. R besitzt eine *Spin*-Struktur $\Longleftrightarrow \pi_1(R) = \mathbb{Z}_2$. Insgesamt ergibt sich

Satz: *Das Reperbündel R des komplex-projektiven Raumes $\mathbb{CP}^n$ läßt dann und nur dann eine Spin-Struktur zu , falls $n \equiv 1 \bmod 2$ ungerade ist.*

Bemerkung: Es ist wichtig zu bemerken, daß zwei *Spin*-Strukturen eines $SO(n)$-Hauptfaserbündels nichtäquivalent sein können, obwohl die dazugehörenden $Spin(n)$-Hauptfaserbündel über X äquivalent sind. Dazu betrachten wir zum Beispiel $X = \mathbb{RP}^2$ und das triviale Bündel $Q = \mathbb{RP}^2 \times SO(n)$. Wegen $H^1(\mathbb{RP}^2; \mathbb{Z}_2) = \mathbb{Z}_2$ hat Q zwei Spin-Strukturen. Andererseits, ist $P \to X = \mathbb{RP}^2$ ein $Spin(n)$-Hauptfaserbündel, so besitzt wegen

$$\dim(\mathbb{RP}^2) = 2 \quad , \quad \pi_1(Spin(n)) = 0$$

dieses Bündel einen Schnitt, ist also trivial. Somit sind die Spin-Bündel der beiden Spin-Strukturen als Hauptfaserbündel über $X = \mathbb{RP}^2$ isomorph.

2.2   Beschreibung von Spin-Strukturen in Überlagerungen

Wir betrachten einen einfach-zusammenhängenden CW-Komplex X ($\pi_1(X) = 1$) und ein $SO(n)$-Hauptfaserbündel Q, welches (genau) eine Spin-Struktur (P, Λ) besitze. Die diskrete Gruppe Γ wirke von links auf dem Raum X und auf Q als Gruppe von $SO(n)$-Bündelmorphismen. Sei

$$X^* = \Gamma\backslash X, \quad Q^* = \Gamma\backslash Q$$

und sei $X \to X^* = \Gamma\backslash X$ eine Überlagerung. Dann ist Q^* ein $SO(n)$-Hauptfaserbündel über dem Raum X^* und wir wollen die Frage studieren, wann Q^* eine Spin-Struktur zuläßt.

Ist $\gamma \in \Gamma$ ein Gruppenelement, so existieren wegen $\pi_1(P) = \pi_1(X) = 1$ zwei Hebungen $\gamma^\pm$ der Transformation $\gamma : Q \to Q$ mit

$$
\begin{array}{ccc}
P & \xrightarrow{\ \gamma^\pm\ } & P \\
{\scriptstyle\Lambda}\downarrow & & \downarrow{\scriptstyle\Lambda} \\
Q & \xrightarrow{\ \gamma\ } & Q
\end{array}
$$

Ist ε eine Linkswirkung von Γ auf P mit $\varepsilon(\gamma) = \gamma^\pm$, so wird $P^* = \Gamma\backslash P$ offenbar eine Spin-Struktur von Q^*. Umgekehrt, ist $(\tilde{P}^*, \tilde{\Lambda})$ eine Spin-Struktur von Q^* und bezeichnet $q : X \to X^*$ die Projektion, so ist Q das von Q^* induzierte Bündel $q^*(Q^*)$ unter dieser Projektion. Deswegen ist $q^*(\tilde{P}^*)$ eine Spin-Struktur von Q, auf der Γ als Automorphismengruppe wirkt. Wegen $\pi_1(X) = 1$ ist aber die Spin-Struktur $q^*(\tilde{P}^*)$ äquivalent zu (P, Λ). Damit folgt insgesamt der

Satz: *Die Spin-Strukturen im Hauptfaserbündel Q^* über X^* stehen in bijektiver Beziehung zu allen Linkswirkungen ε von Γ auf P mit der Eigenschaft*

$$\varepsilon(\gamma) = \gamma^\pm.$$

Wir können die Frage nach der Existenz einer Spin-Struktur für Q^* auch mittels der Fundamentalgruppe studieren. Aus

$$
\begin{array}{ccc}
Q & \longrightarrow & Q^* \\
\downarrow & & \downarrow \\
X & \longrightarrow & X^*
\end{array}
$$

ergibt sich folgendes kommutative Diagramm

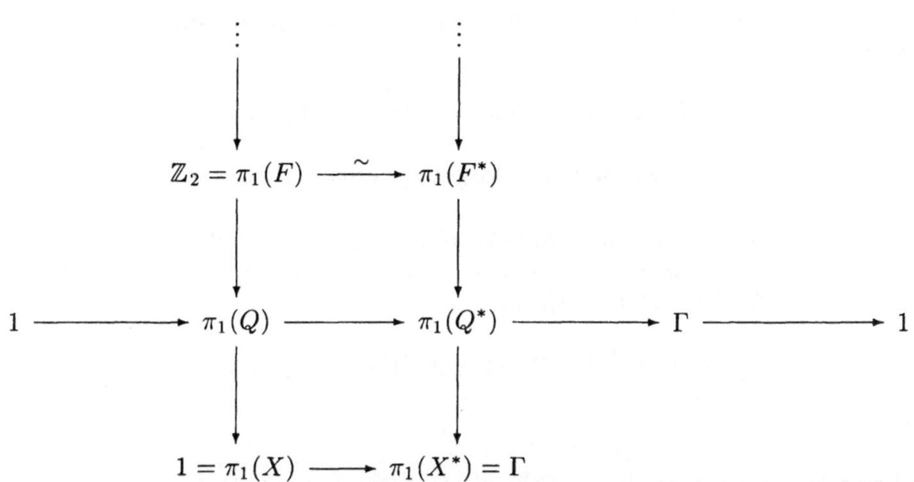

Q besitzt nach Voraussetzung eine Spin-Struktur und somit ist $\pi_1(F) \to \pi_1(Q)$ injektiv. Damit ist aber auch $\pi_1(F^*) \to \pi_1(Q^*)$ injektiv und wir erhalten den

Satz: *Das $SO(n)$-Hauptfaserbündel Q^* über dem Raum X^* besitzt genau dann eine Spin-Struktur, falls sie exakte Folge*

$$1 \to \mathbb{Z}_2 = \pi_1(F^*) \to \pi_1(Q^*) \to \Gamma \to 1$$

zerfällt.

Beispiel: Sei $X = S^n = SO(n+1)/SO(n)$ die n-dimensionale Sphäre und $Q = SO(n+1)$ ihr Reperbündel. Die Gruppe $\Gamma \subset SO(n+1)$ wirke frei auf der Sphäre von links. Dann ist

$$Q^* = \Gamma\backslash SO(n+1)$$

das Reperbündel des Raumes $X^* = \Gamma\backslash S^n$. Q selbst besitzt als Bündel über S^n die Spin-Struktur $P = Spin(n+1)$. Damit läßt Q^* genau dann eine Spin-Struktur zu, falls

$$1 \to \mathbb{Z}_2 = \pi_1(SO(n)) \to \pi_1(\Gamma\backslash SO(n+1)) \to \Gamma \to 1$$

zerfällt. Betrachten wir die Überlagerung $\lambda : Spin(n+1) \to SO(n+1)$, so gilt

$$\Gamma\backslash SO(n+1) = \lambda^{-1}(\Gamma)\backslash Spin(n+1)$$

und $\pi_1(\lambda^{-1}(\Gamma)\backslash Spin(n+1)) = \lambda^{-1}(\Gamma)$. Die fragliche Sequenz ist also

$$1 \to \mathbb{Z}_2 \to \lambda^{-1}(\Gamma) \to \Gamma \to 1$$

und die Mannigfaltigkeit $X^* = \Gamma \backslash S^n$ ist genau dann eine Spin-Mannigfaltigkeit, falls diese Sequenz zerfällt. Ist diese Ordnung $|\Gamma|$ der Gruppe Γ ungerade, so zerfällt diese Sequenz stets. Anderenfalls ist der Zerfall der exakten Sequenz äquivalent zum Zerfall jeder Sequenz

$$1 \to (\lambda^{-1}(\Gamma_2) \cap \mathbb{Z}_2) \to \lambda^{-1}(\Gamma_2) \to \Gamma_2 \to 1$$

wobei $\Gamma_2 \subset \Gamma$ eine 2-Sylowgruppe ist. Insgesamt erhalten wir also

Satz: *Sei $\Gamma \subset SO(n+1)$ eine endliche Untergruppe, die frei auf der Sphäre S^n wirkt. Die Mannigfaltigkeit $\Gamma \backslash S^n$ besitzt genau dann eine Spin-Struktur, falls für jede 2-Sylowgruppe $\Gamma_2 \subset \Gamma$ die Sequenz*

$$1 \to (\lambda^{-1}(\Gamma_2) \cap \mathbb{Z}_2) \to \lambda^{-1}(\Gamma_2) \to \Gamma_2 \to 1$$

zerfällt.

Wir betrachten noch speziell den Fall $n = 4k + 1 \equiv 1 \, mod \, 4$. Dann gilt:

Satz: *Sei $n = 4k + 1$ und sei $\Gamma \subset SO(n+1)$ eine endliche Untergruppe, die fixpunktfrei auf der Sphäre S^n wirkt. Dann besitzt $\Gamma \backslash S^n$ genau dann eine Spin-Struktur, falls Γ keine Elemente der Ordnung 2 hat. In diesem Fall gilt*

$$H^1(\Gamma \backslash S^n; \mathbb{Z}_2) = 0$$

und daher ist die Spin-Struktur von $\Gamma \backslash S^n$ eindeutig.

Beweis: Angenommen, Γ hat keine Elemente der Ordnung 2. Dann hat Γ auch keine echten 2-Sylowgruppen, d.h. $\Gamma \backslash S^n$ besitzt eine Spin-Struktur. Sei nun $A \in \Gamma$ ein Element der Ordnung 2. Wegen $< Ax, Ay >=< x, y >$ $x, y \in \mathbb{R}^{n+1}$ und $A^2 = 1$ ist A symmetrisch: $< Ax, y >=< x, Ay >$. Damit ist A diagonalisierbar mit den Eigenwerten $\lambda_1 = \ldots = \lambda_n = \pm 1$. Wäre ein Eigenwert gleich Eins, so hätte A Fixpunkte auf der Sphäre. Somit folgt $A = -E$. Sei $\Gamma_0 = \{E, -E\}$. Dann erhalten wir das folgende kommutative Diagramm von Überlagerungen:

$$
\begin{array}{ccc}
S^{4k+1} & \longrightarrow & \Gamma_0 \backslash S^{4k+1} = \mathbb{RP}^{4k+1} \\
\downarrow & \swarrow & \\
\Gamma \backslash S^{4k+1} & &
\end{array}
$$

Hätte $\Gamma \backslash S^{4k+1}$ eine Spin-Struktur, so erhielten wir durch Zurückziehen eine Spin-Struktur des reell-projektiven Raumes $\mathbb{RP}^{4k+1}$. Dies ist jedoch ein Widerspruch, weil $\mathbb{RP}^n$ nur für $n \equiv 3 \, mod \, 4$ eine Spin-Struktur zuläßt. Letztlich zeigen wir noch

$$H^1(\Gamma \backslash S^n; \mathbb{Z}_2) = Hom\,(\Gamma; \mathbb{Z}_2) = 1$$

falls Γ keine Elemente der Ordnung 2 hat. Tatsächlich, in diesem Fall ist die Ordnung $|\Gamma|$ der Gruppe Γ ungerade, d.h. Γ hat eine ungerade Anzahl von Elementen. Ein nichttrivialer Homomorphismus $f : \Gamma \to \mathbb{Z}_2$ würde jedoch mittels $\Gamma_0 = ker(f), \gamma_0 \notin ker(f)$ eine disjunkte Zerlegung der Menge Γ in

$$\Gamma = \Gamma_0 \cup \gamma_0 \circ \Gamma_0$$

liefern und wir hätten $|\Gamma| = 2|\Gamma_0| \equiv 0 \; mod \; 2$.

2.3 Spin-Strukturen von G-Hauptfaserbündeln

Sei $G \subset SO(n)$ eine zusammenhängende, kompakte Untergruppe, von welcher wir in diesem Abschnitt generell annehmen wollen, daß die Inklusion $i : G \to SO(n)$ einen Epimorphismus

$$i_\# : \pi_1(G) \to \pi_1(SO(n))$$

induziert. Dann ist der homogene Raum $SO(n)/G$ einfach-zusammenhängend,

$$\pi_1(SO(n)/G) = 1.$$

Wir betrachten ein G-Hauptfaserbündel $(Q, \pi, X; G)$ über einem CW-Komplex X. Das assoziierte Bündel $Q^* = Q \times_G SO(n)$ ist dann ein $SO(n)$-Hauptfaserbündel über X.

Definition: *Das G-Hauptfaserbündel Q läßt eine Spin-Struktur zu, falls das $SO(n)$-Hauptfaserbündel Q^* eine Spin-Struktur besitzt.*

Wir leiten jetzt eine Bedingung für die Existenz einer Spin-Struktur in diesem Sinne her. Dazu bezeichnen wir mit $F = G$ bzw. $F^* = SO(n)$ die Fasern in den Bündeln Q und Q^* entsprechend. Wir betrachten das kommutative Diagramm

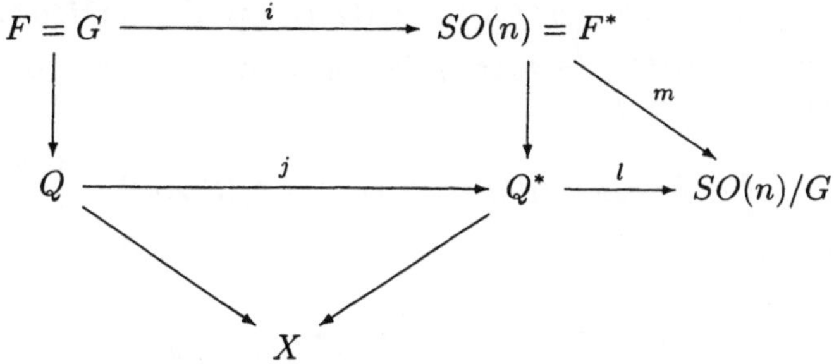

wobei die Abbildungen j, l, m wie folgt definiert sind $(q \in Q, A \in SO(n))$:

$$j(q) = [q, 1] \quad , \quad l[q, A] = A \; mod \; G \quad , \quad m(A) = A \; mod \; G.$$

Sowohl die Zeile $Q \to Q^* \to SO(n)/G$ als auch die Spalten sind Faserungen. Daher entsteht das kommutative Diagramm der Homotopiegruppen:

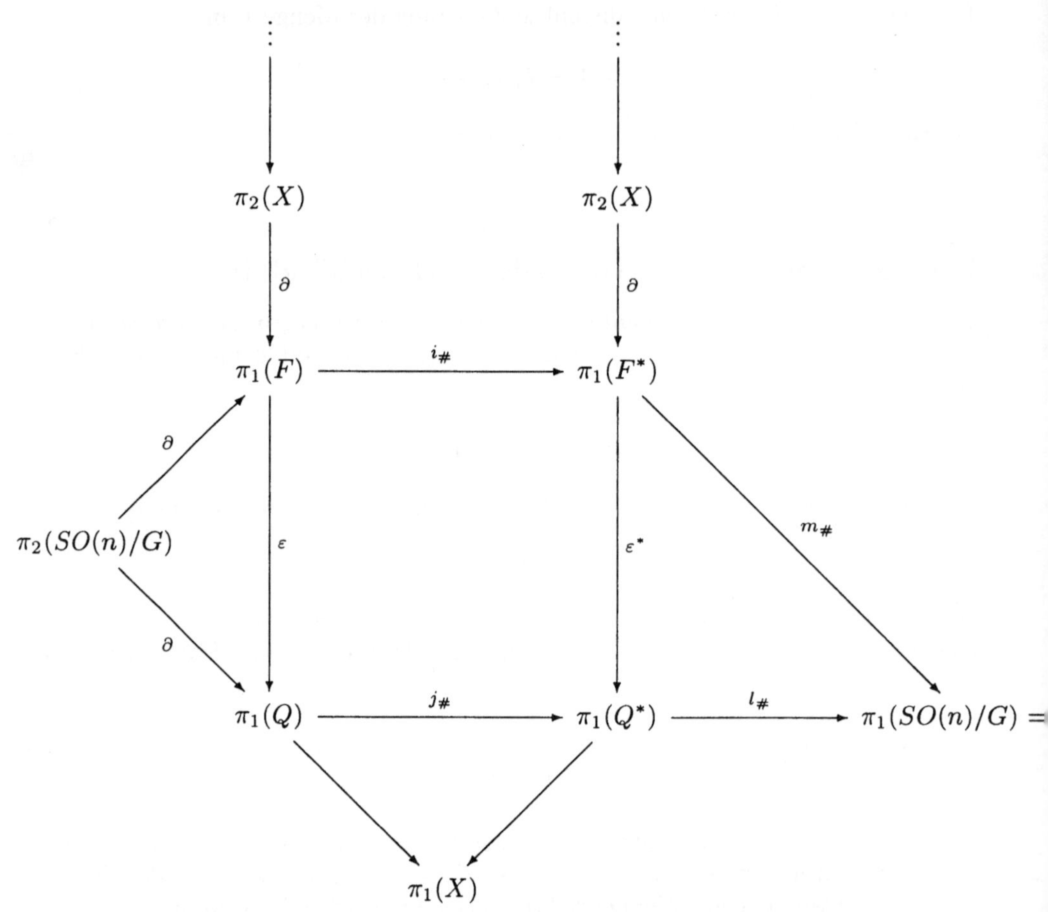

Lasse Q^* eine Spin-Struktur zu und sei $f^* : \pi_1(Q^*) \to \pi_1(F^*)$ ein Homomorphismus derart, daß $\pi_1(F^*) \xrightarrow{\varepsilon^*} \pi_1(Q^*) \xrightarrow{f^*} \pi_1(F^*)$ die Identität ist. Dann können wir den Homomorphismus

$$f = f^* \circ j_\# : \pi_1(Q) \to \pi_1(F^*) = \pi_1(SO(n))$$

betrachten und es gilt

$$f \circ \varepsilon = f^* \circ j_\# \circ \varepsilon = f^* \circ \varepsilon^* \circ i_\# = i_\#.$$

Daher kommutiert das Diagramm

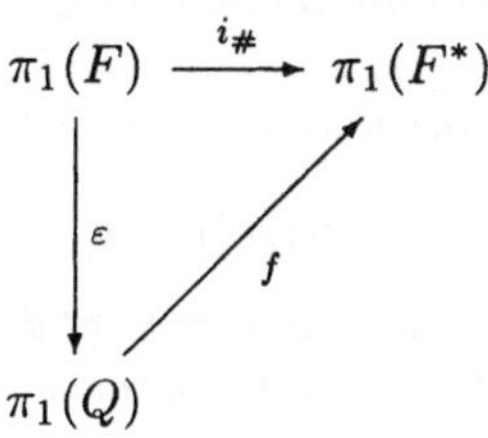

Umgekehrt, sei f mit diesem kommutativen Diagramm gegeben. Dann definieren wir $f^* : \pi_1(Q^*) \to \pi_1(F^*)$ wie folgt: Zu jedem Element $x \in \pi_1(Q^*)$ existiert ein Element $y \in \pi_1(Q)$ mit $j_\#(y) = x$. Wir legen $f^*(x) = f(y)$. Ist y_1 ein weiteres Element aus $\pi_1(Q)$ mit $j_\#(y_1) = x$, so existiert ein Element $z \in \pi_2(SO(n)/G)$ derart, daß $y_1 = y \cdot \partial(z)$ gilt. Dann aber folgt

$$f(y_1) = f(y)f(\partial(z)) = f(y)f(\varepsilon\partial(z)) = f(y)i_\#\partial(z) = f(y) \cdot 1$$

in $\pi_1(F^*)$. Damit ist $f^* : \pi_1(Q^*) \to \pi_1(F^*)$ eindeutig definiert. Wir prüfen noch die Bedingung $f^* \circ \varepsilon^* = Id$ auf $\pi_1(F^*)$ nach. Wir wählen $\alpha \in \pi_1(F)$ mit $i_\#(\alpha) = \alpha^* \neq 1$ in $\pi_1(F^*)$. Dann gilt

$$\alpha^* = i_\#(\alpha) = f\varepsilon(\alpha) = f^*j_\#\varepsilon(\alpha) = f^*\varepsilon^*i_\#(\alpha) = f^*\varepsilon^*(\alpha^*).$$

Zusammenfassend erhalten wir den

Satz: *Sei $G \subset SO(n)$ eine zusammenhängende kompakte Untergruppe mit*

$$\pi_1(SO(n)/G) = 1.$$

Ein G-Hauptfaserbündel Q über einem zusammenhängenden CW-Komplex X besitzt genau dann eine Spin-Struktur, falls ein Homomorphismus $f : \pi_1(Q) \to \pi_1(SO(n))$ existiert, so daß das Diagramm

$$\pi_1(F) = \pi_1(G) \xrightarrow{\;i_\#\;} \pi_1(SO(n))$$

kommutiert.

Diese Bedingung kann man wiederum kohomologisch formulieren. Der Homomorphismus f definiert ein Element

$$f \in H^1(Q; \mathbb{Z}_2) = Hom\,(\pi_1(Q), \mathbb{Z}_2)$$

dessen Einschränkung $i^*(f) \in H^1(F; \mathbb{Z}_2) = Hom\ (\pi_1(G), \mathbb{Z}_2)$ auf die Faser F mit $i_\# : \pi_1(G) \to \pi_1(SO(n)) = \mathbb{Z}_2$ zusammenfallen muß. Demnach gilt

Satz: *Sei $G \subset SO(n)$ eine zusammenhängende kompakte Gruppe mit*

$$\pi_1(SO(n)/G) = 1.$$

Ein G-Hauptfaserbündel Q über einem zusammenhängenden CW-Komplex besitzt genau dann eine Spin-Struktur, falls ein Element $f \in H^1(Q; \mathbb{Z}_2)$ derart existiert, daß die Einschränkung $i^*(f)$ von f auf die Faser F mit $i_\#$ übereinstimmt.

2.4   Existenz von Spin$^{\mathbb{C}}$-Strukturen

Wir betrachten ein $SO(n)$-Hauptfaserbündel Q mit dem Basisraum X.
$\lambda : Spin^{\mathbb{C}}(n) \to SO(n)$ sei die S^1-Faserung der Gruppe $Spin^{\mathbb{C}}(n)$ über $SO(n)$. Analog zu einer Spin-Struktur definieren wir

Definition: *Eine $Spin^{\mathbb{C}}$-Struktur von Q ist ein Paar (P, Λ) bestehend aus einem $Spin^{\mathbb{C}}$-Hauptfaserbündel P über dem Raum X und einer Abbildung $\Lambda : P \to Q$ derart, daß*

$$
\begin{array}{ccc}
P \times Spin^{\mathbb{C}}(n) & \longrightarrow & P \\
\downarrow{\scriptstyle \Lambda \times \lambda} & & \downarrow{\scriptstyle \Lambda} \\
Q \times SO(n) & \longrightarrow & Q
\end{array}
$$

kommutiert.

Beispiel 1: Wegen der Inklusion $i : Spin(n) \to Spin^{\mathbb{C}}(n)$ induziert jede Spin-Struktur von Q eine $Spin^{\mathbb{C}}(n)$-Struktur.   ■

Beispiel 2: Wir nehmen an, daß das $SO(n)$-Bündel Q $(n = 2k)$ eine $U(k)$-Reduktion besitzt, d.h. es existiere ein $U(k)$-Bündel R mit

$$Q = R \times_{U(k)} SO(2k).$$

Im Abschnitt 1.6 wurde ein Homomorphismus $F : U(k) \to Spin^{\mathbb{C}}(2k)$ so konstruiert, daß

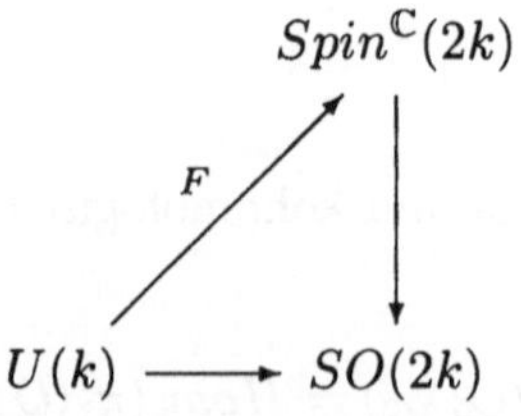

kommutiert. Daher ist

$$P := R \times_{U(k)} Spin^{\mathbb{C}}(2k)$$

eine $Spin^{\mathbb{C}}$-Struktur von Q. Mit anderen Worten: Jede $U(k)$-Reduktion des $SO(n)$-Bündels Q induziert eine $Spin^{\mathbb{C}}(2k)$-Struktur in Q.

■

Die Gruppen $Spin(n)$ und S^1 sind Untergruppen von $Spin^{\mathbb{C}}(n)$, deren Elemente paarweise untereinander kommutieren. Ist demnach (P, Λ) eine $Spin^{\mathbb{C}}$-Struktur, so ist

1. P/S^1 ein $Spin(n)/\{\pm 1\} = SO(n)$-Bündel isomorph zu Q

$$P/S^1 = Q$$

2. $P_1 := P/Spin(n)$ ein $S^1/\{\pm 1\} = S^1$-Bündel über X

und die Abbildung von Bündelmorphismen über dem Basisraum

$$P \to Q \tilde{\times} P_1$$

ist eine 2-fache Überlagerung. Hierbei bezeichnet $Q \tilde{\times} P_1$ das faserweise Produkt des $SO(n)$-Hauptfaserbündels Q mit dem $S^1 = SO(2)$-Hauptfaserbündel P_1 über X. $Q \tilde{\times} P_1$ ist ein $(SO(n) \times SO(2))$-Hauptfaserbündel über X. Aufgrund des Diagrammes (siehe Abschnitt 1.6)

$$
\begin{array}{ccc}
Spin^{\mathbb{C}}(n) & \longrightarrow & Spin(n+2) \\
\downarrow & & \downarrow \\
SO(n) \times SO(2) & \longrightarrow & SO(n+2)
\end{array}
$$

läßt das $(SO(n) \times SO(2))$-Hauptfaserbündel $Q \tilde{\times} P_1$ eine Spin-Struktur im Sinne des Abschnittes 2.3 zu. Wir erhalten also

Satz: *Läßt das $SO(n)$-Hauptfaserbündel Q eine $Spin^{\mathbb{C}}$-Struktur zu, so existiert ein S^1-Hauptfaserbündel P_1 über X derart, daß $Q \tilde{\times} P_1$ eine Spin-Struktur besitzt. Umgekehrt, existiert ein solches Bündel P_1 mit der angegebenen Eigenschaft, so besitzt Q eine $Spin^{\mathbb{C}}$-Struktur.*

Bemerkung: Unter Benutzung der charakteristischen Klassen können wir dies äquivalent wie folgt formulieren:

$$Q \text{ besitzt } Spin^{\mathbb{C}}\text{-Struktur} \iff \exists\, P_1 - S^1\text{-Bündel}: w_2(Q \tilde{\times} P_1) = 0$$
$$\iff \exists\, P_1 - S^1\text{-Bündel}: w_2(Q) \equiv c_1(P_1) \bmod 2$$
$$\iff \exists\, z \in H^2(X; \mathbb{Z}): w_2(Q) \equiv z \bmod 2.$$

Somit besitzt Q genau dann eine $Spin^{\mathbb{C}}$-Struktur, falls die Stiefel-Whitney-Klasse $w_2(Q) \in H^2(X;\mathbb{Z})$ die $\mathbb{Z}_2$-Reduktion einer ganzzahligen Klasse $z \in H^2(X;\mathbb{Z})$ ist. ∎

Folgerung: *Ist $H^2(X;\mathbb{Z}) \to H^2(X;\mathbb{Z}_2)$ surjektiv, so läßt jedes $SO(n)$-Bündel Q über X eine $Spin^{\mathbb{C}}$-Struktur zu.*

Wir diskutieren jetzt die Frage nach der Existenz einer $Spin^{\mathbb{C}}$-Struktur eines $SO(n)$-Hauptfaserbündels für eine spezielle Klasse von Basisräumen X und zeigen, daß man mitunter eine vollständige Antwort erhalten kann. Über den Basisraum X nehmen wir

$$\pi_1(X) = 1 \quad \text{und} \quad \pi_2(X) \text{ - endliche Gruppe}$$

an. Q sei ein $SO(n)$-Hauptfaserbündel und P_1 ein S^1-Bündel über X. Das Faserprodukt $Q\tilde{\times}P_1$ ist einerseits ein $(SO(n) \times SO(2))$-Hauptfaserbündel über X und andererseits eine Faserung über Q mit Faser S^1. Daraus entsteht das Diagramm

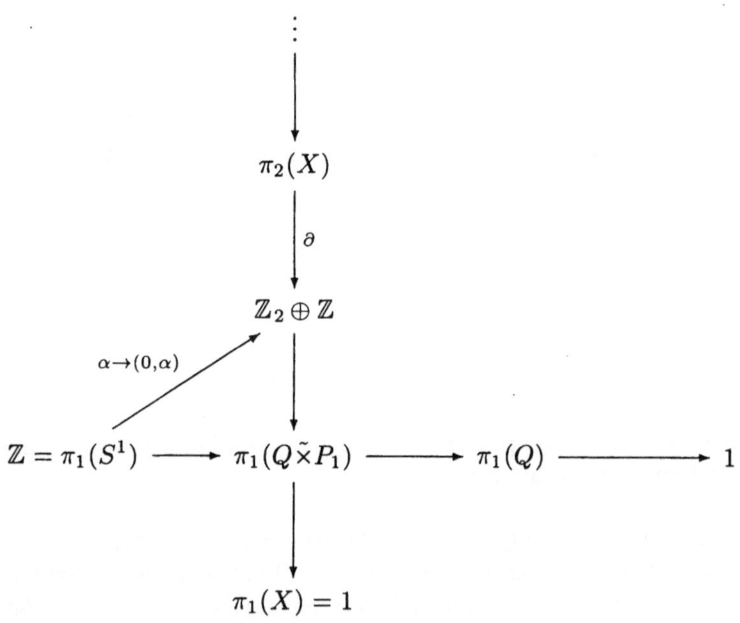

der Homotopiegruppen, in dem die Spalte und die Zeile exakt ist. Weil $\pi_2(X)$ endlich ist, liegt das Bild von ∂ in der Untergruppe $\mathbb{Z}_2$ und es gibt 2 Fälle.

1. Fall: $\partial \equiv 0$. Dann ist

$$\mathbb{Z}_2 \oplus \mathbb{Z} = \pi_1(SO(n) \times SO(2)) \longleftrightarrow \pi_1(Q\tilde{\times}P_1)$$

ein Isomorphismus. Damit hat das Bündel $Q\tilde{\times}P_1$ eine Spin-Struktur, d.h. Q selbst läßt eine $Spin^{\mathbb{C}}$-Struktur zu. Weiterhin ergibt die exakte Zeile sofort $\pi_1(Q) = \mathbb{Z}_2$.

2. Fall: $Im(\partial) = \mathbb{Z}_2$.

Dann liegt das erzeugende Element der Gruppe $\mathbb{Z}_2 = \pi_1(SO(n))$ im Kern des Homomorphismus

$$\pi_1(SO(n) \times SO(2)) \to \pi_1(Q\tilde{\times}P_1).$$

Damit kann kein Homomorphismus f der Gruppen

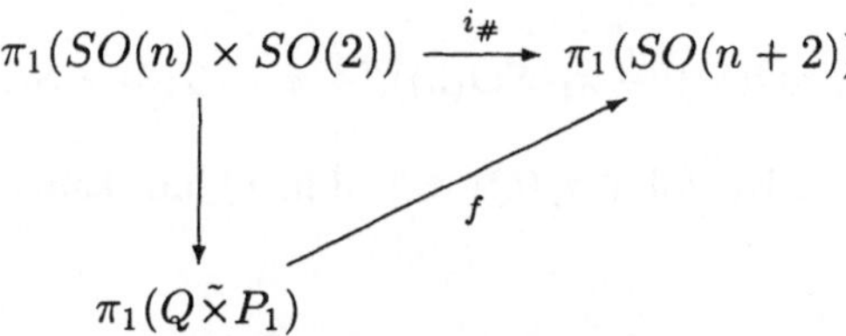

derart existieren, daß das angegebene Diagramm kommutiert (i ist die Einbettung von $SO(n) \times SO(2)$ in $SO(n+2)$). Also läßt $Q\tilde{\times}P_1$ keine Spin-Struktur zu, d.h. Q selbst besitzt keine $Spin^{\mathbb{C}}$-Struktur. Letztlich folgt dann

$$\pi_1(Q\tilde{\times}P_1) = \mathbb{Z}$$

und in der Zeile des Diagramms wird der Homomorphismus $\pi_1(S^1) \to \pi_1(Q\tilde{\times}P_1)$ surjektiv. Dies impliziert $\pi_1(Q) = 1$.

Fassen wir diese Überlegung zusammen und benutzen wir noch das Kriterium für die Existenz einer Spin-Struktur eines $SO(n)$-Hauptfaserbündels über einem einfach-zusammenhängenden Basisraum, so folgt

Satz: *Sei X ein CW-Komplex mit $\pi_1(X) = 1$ und $\pi_2(X)$ - endliche Gruppe. Ist Q ein $SO(n)$-Hauptfaserbündel über X, so sind folgende Bedingungen äquivalent:*

1. Q hat eine Spin-Struktur.

2. Q hat eine $Spin^{\mathbb{C}}$-Struktur.

3. $\pi_1(Q) = \mathbb{Z}_2$.

Besitzt Q keine Spin- ($Spin^{\mathbb{C}}$)-Struktur, so gilt $\pi_1(Q) = 1$.

Beispiel: Wir betrachten den 5-dimensionalen homogenen Raum $X^5 = SU(3)/SO(3)$. Die Isotropiedarstellung $\varphi : SO(3) \to SO(5)$ dieses Raumes induziert eine Isomorphie $\varphi_\# : \pi_1(SO(3)) \to \pi_1(SO(5))$ auf den Fundamentalgruppen. Sei $Q = SU(3) \times_{SO(3)} SO(5)$ das Reperbündel von X^5. Q ist ein $SO(5)$-Hauptfaserbündel über X^5. Wir zeigen: Q besitzt keine $Spin^\mathbb{C}$-Struktur. Dazu berechnen wir zunächst die erste und zweite Homotopiegruppe von $X^5 = SU(3)/SO(3)$ aus der exakten Sequenz

$$... \to \pi_2(SU(3)) = 1 \to \pi_2(X^5) \xrightarrow{\partial} \pi_1(SO(3)) = \mathbb{Z}_2 \to \pi_1(SU(3)) = 1 \to \pi_1(X^5) \to 1.$$

Wir erhalten $\qquad\qquad\qquad \pi_1(X^5) = 1 \quad , \quad \pi_2(X^5) = \mathbb{Z}_2.$

Die Fundamentalgruppe von Q bestimmen wir analog aus der Sequenz

$$... \to \pi_2(SU(3) \times_{SO(3)} SO(5)) \xrightarrow{\partial} \pi_1(SO(3)) \xrightarrow{\varphi_\#} \pi_1(SU(3) \times SO(5)) \to \pi_1(Q) \to 1.$$

Weil $\varphi_\#$ eine Isomorphie ist, folgt $\pi_1(Q) = 1$, d.h. Q läßt keine $Spin^\mathbb{C}$-Struktur zu. $\blacksquare$

Anschließend besprechen wir noch, wann wir zwei $Spin^\mathbb{C}$-Strukturen (P, Λ), (P^*, Λ^*) eines $SO(n)$-Hauptfaserbündels Q als äquivalent ansehen.

Definition: *Zwei $Spin^\mathbb{C}$-Strukturen (P, Λ), (P^*, Λ^*) eines $SO(n)$-Hauptfaserbündels Q heißen äquivalent, falls*

1. Es existiert ein Bündelisomorphismus

$$\psi : P_1 \to P_1^*$$

der S^1-Hauptfaserbündel $P_1 = P/Spin(n)$ und $P_1^* = P^*/Spin(n)$.

2. Es existiert ein $Spin^\mathbb{C}$-Bündelisomorphismus $\Phi : P \to P^*$ mit dem kommutativen Diagramm

$$\begin{array}{ccc} P & \xrightarrow{\ \Phi\ } & P^* \\ \downarrow & & \downarrow \\ Q \times P_1 & \xrightarrow{Id \times \psi} & Q \times P_1^* \end{array}$$

Bemerkung: Ist ein Bündelisomorphismus $\Phi : P \to P^*$ mit dem kommutativen Diagramm

$$\begin{array}{ccc} P & \xrightarrow{\ \Phi\ } & P^* \\ & \Lambda \searrow \quad \swarrow \Lambda^* & \\ & Q & \end{array}$$

gegeben, so induziert Φ eine Isomorphie $\psi : P_1 = P/Spin(n) \to P_1^* = P^*/Spin(n)$ der S^1-Bündel und

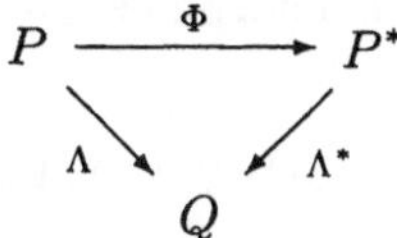

kommutiert. äquivalent kann also die Gleichheit zweier $Spin^{\mathbb{C}}$-Strukturen durch die Bedingung formuliert werden, daß ein Bündelisomorphismus $\Phi : P \to P^*$ mit dem kommutativen Diagramm

$$
\begin{array}{ccc}
P & \xrightarrow{\ \Phi\ } & P^* \\
& \Lambda \searrow \ \swarrow \Lambda^* & \\
& Q &
\end{array}
$$

existiert.

Definition: *Ist (P, Λ) eine $Spin^{\mathbb{C}}$-Struktur von Q, so heißt das Linienbündel*

$$L = P_1 \times_{U(1)} \mathbb{C} = P \times_{Spin^{\mathbb{C}}(n)} \mathbb{C}$$

das Determinantenbündel der $Spin^{\mathbb{C}}$-Struktur.

L ist ein komplexes Linienbündel über X und die zuvor angeführte Betrachtung über charakteristische Klassen zeigt die Bedingung

$$w_2(Q) \equiv c_1(L) \quad mod\ 2$$

in $H^2(X; \mathbb{Z}_2)$. Damit entsteht eine Abbildung

$$Spin^{\mathbb{C}}(Q) \to \{\alpha \in H^2(X; \mathbb{Z}_2) : \alpha \equiv w_2(Q)\ mod\ 2\}$$

aus der Menge aller $Spin^{\mathbb{C}}$-Strukturen von Q nach $H^2(X; \mathbb{Z})$. Aufgrund der Bemerkung, daß die Existenz einer $Spin^{\mathbb{C}}$-Struktur von Q äquivalent zur Existenz eines Elementes $\alpha \in H^2(X; \mathbb{Z})$ mit $w_2(Q) \equiv \alpha\ mod\ 2$ ist, wird die Abbildung von $Spin^{\mathbb{C}}(X; \mathbb{Z})$ nach $\{\alpha \in H^2(X; \mathbb{Z}) : \alpha \equiv w_2(Q)mod\ 2\}$ surjektiv. Bei festem $\alpha \in H^2(X; \mathbb{Z})$ haben wir andererseits das $SO(n) \times S^1$-Bündel $Q \tilde\times P_1$ und eine $Spin^{\mathbb{C}}$-Struktur von Q ist dann nur noch eine Reduktion dieses $(SO(n) \times S^1)$-Bündels auf die Gruppe $Spin^{\mathbb{C}}(n) \to SO(n) \times S^1$. Die Anzahl dieser Reduktion wird durch die Elemente von $H^1(X; \mathbb{Z}_2)$ numeriert. Allerdings lassen wir im letzten Schritt eine Eichtransformation des S^1-Bündels P_1 zu. Die dadurch entstehende Vieldeutigkeit läßt sich jedoch kontrollieren. Sei P_1 ein S^1-Bündel und P_1^* eine Reduktion auf die zweifache Überlagerung $z \to z^2$ von S^1. Eine Eichtransformation F von P_1 ist durch eine Funktion $f : X \to S^1$ mit

$$F(p_1) = p_1 \cdot f(\pi(p_1))$$

bestimmt. Die Reduktion P_1^* und $F^*(P_1^*)$ sind als Reduktionen von P_1 genau dann äquivalent, falls

$$f_\# : \pi_1(X) \to \pi_1(S^1) = \mathbb{Z}$$

Werte in $2\mathbb{Z} \subset \mathbb{Z}$ hat. (f hat eine Wurzel). Der Eichtransformation selbst entspricht ein Element aus $H^1(X;\mathbb{Z})$ und aus der exakten Sequenz

$$H^1(X;\mathbb{Z}) \xrightarrow{\cdot 2} H^1(X;\mathbb{Z}) \xrightarrow{\varphi} H^1(X;\mathbb{Z}_2) \xrightarrow{\beta} H^2(X;\mathbb{Z}) \xrightarrow{\psi} H^2(X;\mathbb{Z}) \to H^2(X;\mathbb{Z}_2) \to \ldots$$

folgt dann, daß bei feststehender Isomorphieklasse des S^1-Bündels P_1 die $Spin^{\mathbb{C}}$-Strukturen gezählt werden durch

$$H^1(X;\mathbb{Z}_2)/Im\ \varphi = H^1(X;\mathbb{Z}_2)/\ker(\beta) = Im\ (\beta).$$

Andererseits ist

$$\{\alpha \in H^2(X;\mathbb{Z}) : \alpha \equiv w_2(Q)\ mod\ 2\} = Im\ \psi = H^2(X;\mathbb{Z})/\ker\psi = H^2(X;\mathbb{Z})/Im\ (\beta)$$

und wir erhalten den

Satz: *Sei Q ein $SO(n)$-Hauptfaserbündel mit $Spin^{\mathbb{C}}$-Struktur. Dann werden alle $Spin^{\mathbb{C}}$-Strukturen von Q klassifiziert durch $H^2(X;\mathbb{Z})$.*

Beispiel: Sei Q ein $SO(2k)$-Bündel, welches eine Reduktion R auf die Untergruppe $U(k) \subset SO(2k)$ zuläßt

$$Q = R \times_{U(k)} SO(2k).$$

Sei (P, Λ) die kanonische $Spin^{\mathbb{C}}$-Struktur. Dann gilt für das Determinantenbündel

$$L = P \times_{Spin^{\mathbb{C}}} \mathbb{C} = (R \times_{U(k)} Spin^{\mathbb{C}}(2k)) \times_{Spin^{\mathbb{C}}(2k)} \mathbb{C}.$$

Der Homomorphismus $U(k) \to Spin^{\mathbb{C}}(2k) \to S^1$ ist jedoch durch $A \to det\ (A)$ ($A \in U(k)$) gegeben. Damit folgt

$$L = R \times_{det} \mathbb{C}.$$

Andererseits, ist $E = R \times_{U(k)} \mathbb{C}^k$ das assoziierte komplexe Vektorbündel, so gilt

$$\Lambda^k(E) = R \times_{det} \mathbb{C}.$$

Damit folgt für das Determinantenbündel L der $Spin^{\mathbb{C}}$-Struktur die Formel

$$L = \Lambda^k(E).$$

2.5 Assoziierte Spinorbündel

Wir betrachten ein $SO(n)$-Hauptfaserbündel $(Q, \pi, X; SO(n))$ und bezeichnen mit

$$T = Q \times_{SO(n)} \mathbb{R}^n$$

das assoziierte reelle, n-dimensionale Vektorbündel. Sei (P, Λ) eine Spin- oder eine $\mathrm{Spin}^{\mathbb{C}}$-Struktur. Die Spin-Darstellung

$$\kappa : Spin(n), Spin^{\mathbb{C}}(n) \to U(\Delta_n)$$

gestattet es nun, die assoziierten komplexen Vektorbündel

$$S = P \times_\kappa \Delta_n$$

zu betrachten. S heißt das Spinorbündel bei vorliegender Spin- bzw $\mathrm{Spin}^{\mathbb{C}}$-Struktur. S sei ein komplexes Vektorbündel über X, welches eine hermitesche Metrik besitzt. Im Fall $n = 2k$ gerade spaltet dies Vektorbündel in die Summe zweier Teilbündel S^+, S^- auf:

$$S = S^+ \oplus S^- \quad , \quad S^\pm = P \times_\kappa^\pm \Delta_n^\pm.$$

Die Clifford-Multiplikation

$$\mu : \mathbb{R}^n \otimes_{\mathbb{R}} \Delta_n \to \Delta_n \quad \text{bzw.} \quad \mu : \Lambda(\mathbb{R}^n) \otimes_{\mathbb{R}} \Delta_n \to \Delta_n$$

ist ein Homomorphismus der Spin- bzw. $\mathrm{Spin}^{\mathbb{C}}$-Darstellungen und wegen

$$T = Q \times_{SO(n)} \mathbb{R}^n = P \times_\lambda \mathbb{R}^n$$

induziert μ einen Bündelmorphismus der assoziierten Bündel

$$\mu : T \otimes S \to S \quad \text{bzw.} \quad \mu : \Lambda(T) \otimes S \to S.$$

Die reellen bzw. quaternionischen Strukturen in Δ_n übertragen sich im Fall einer Spin-Struktur (nicht $\mathrm{Spin}^{\mathbb{C}}$-Struktur!) auf die entsprechenden Bündel.

Die $\mathrm{Spin}^{\mathbb{C}}$-Darstellungen $det(\Delta_n) = \Lambda^{\dim(\Delta_n)}(\Delta_n)$ und $l^{\dim(\Delta_n)/2}$ sind äquivalent, wobei $l : Spin^{\mathbb{C}}(n) \to S^1$ der konstruierte Homomorphismus ist. Daraus ergibt sich für das Determinantenbündel $\mathcal{L}$ der $\mathrm{Spin}^{\mathbb{C}}$-Struktur die Formel

$$\mathcal{L}^{\dim(S)/2} = \Lambda^{\dim(S)}(S)$$

und im Fall einer geraden Dimension $n = 2k$ erhalten wir analog

$$\mathcal{L}^{\dim(S^\pm)/2} = \Lambda^{\dim(S^\pm)}(S^\pm).$$

Beim Übergang von einer Spin- bzw. $\mathrm{Spin}^{\mathbb{C}}$-Struktur zum assoziierten Spin-Bündel S kann es durchaus eintreten, daß unterschiedliche Spin-Strukturen isomorphe Spin-Bündel ergeben. Wir untersuchen diese Frage im Fall einer Spin-Struktur jetzt näher.

Sei $(Q, \pi, X; SO(n))$ ein Hauptfaserbündel. Wir denken uns Q gegeben durch

a) Eine Überdeckung $X = \bigcup_{i \in I} U_i$ von X mit offenen Mengen $U_i \subset X$.

b) Ein System von Übergangsfunktionen $g_{ij} : U_i \cap U_j \to SO(n)$ mit

$$g_{ij} g_{jk} = g_{ik} \quad , \quad g_{ii} = 1.$$

Eine Spin-Struktur (P, Λ) von Q wird dann durch ein System von Übergangsfunktionen $\tilde{g}_{ij} : U_i \cap U_j \to Spin(n)$ mit den Bedingungen

$$\lambda \circ \tilde{g}_{ij} = g_{ij} \quad , \quad \tilde{g}_{ij} \tilde{g}_{jk} = \tilde{g}_{jk} \quad , \quad \tilde{g}_{ii} = 1$$

vollständig beschrieben. Zwei Spin-Strukturen (P, Λ) und (P^*, Λ^*) sind demnach durch Abbildungen $\tilde{g}_{ij}, \tilde{g}_{ij}^* : U_i \cap U_j \to Spin(n)$ mit $\lambda \circ \tilde{g}_{ij} = g_{ij} = \lambda \circ \tilde{g}_{ij}^*$ gegeben.

Sei $\varepsilon_{ij} = \tilde{g}_{ij} \cdot [\tilde{g}_{ij}^*]^{-1}$. Dann ist ε_{ij} eine Abbildung von $U_i \cap U_j$ nach $ker(\lambda) = \mathbb{Z}_2 \subset Spin(n)$

$$\varepsilon_{ij} : U_i \cap U_j \to \mathbb{Z}_2$$

und es gilt $\varepsilon_{ij} \cdot \varepsilon_{jk} = \varepsilon_{ik}$. Damit definiert das System der Übergangsfunktionen ε_{ij} ein reelles, 1-dimensionales Bündel E. Wegen

$$\tilde{g}_{ij} = \tilde{g}_{ij}^* \cdot \varepsilon_{ij}$$

folgt für das Spinorbündel S der Spin-Struktur (P, Λ) bzw. S^* der Spin-Struktur (P^*, Λ^*) der Isomorphismus

$$S = S^* \otimes_{\mathbb{R}} E = S^* \otimes_{\mathbb{C}} E^c$$

wobei $E^c = E \otimes_R \mathbb{C}$ die Komplexifizierung von E ist. Weil (± 1) im Zentrum der Clifford-Algebra liegt, ist dieser Isomorphismus mit der Clifford-Multiplikation verträglich, d.h. es kommutiert

$$
\begin{array}{ccc}
T \otimes S & \xrightarrow{\mu} & S \\
\downarrow & & \downarrow \\
T \otimes S^* \otimes E & \xrightarrow{\mu \otimes Id_E} & S^* \otimes E
\end{array}
$$

Aus diesen Betrachtungen erhalten wir zum Beispiel den folgenden

Satz: *Sei X ein solcher CW-Komplex, dessen zweite ganzzahlige Kohomologie keine 2-Torsionen besitzt. Dann sind die Spinorbündel zu ggf. verschiedenen Spin-Strukturen eines $SO(n)$-Hauptfaserbündels isomorph.*

Beweis: Das komplexe Linienbündel E^c ist die Komplexifizierung eines reellen Linienbündels und damit gilt in $H^2(X;\mathbb{Z})$ für die erste Chern-Klasse $2c_1(E^c) = 0$. Weil $H^2(X;\mathbb{Z})$ keine 2-Torsionen besitzt, erhalten wir $c_1(E^c) = 0$, d.h. E^c ist ein triviales Bündel.

$\blacksquare$

Bemerkung: Die Spin-Strukturen (P, Λ) und (P^*, Λ^*) sind durch Elemente $f, f^* \in H^1(Q;\mathbb{Z}_2)$ gegeben, deren Einschränkung auf $H^1(Faser;\mathbb{Z}_2) = \mathbb{Z}_2$ nichttrivial ist. Damit ist $f - f^*$ nach Einschränkung auf die Faser Null. Aufgrund der exakten Sequenz des $SO(n)$-Hauptfaserbündels

$$0 \to H^1(X;\mathbb{Z}_2) \to H^1(Q;\mathbb{Z}_2) \to H^1(SO(n);\mathbb{Z}_2) \xrightarrow{\delta} \dots$$

ist also $f - f^*$ ein Element aus $H^1(X;\mathbb{Z}_2)$. Dann gilt

$$w_1(E) = f - f^*$$

wobei w_1 die erste Stiefel-Whitney-Klasse des reellen Bündels E ist.

$\blacksquare$

Beispiel: Sei $X = \mathbb{RP}^5$ der reell-projektive Raum der Dimension fünf und $Q = \mathbb{RP}^5 \times SO(3)$ das triviale $SO(3)$-Hauptfaserbündel. Dann hat wegen $H^1(\mathbb{RP}^5;\mathbb{Z}_2) = \mathbb{Z}_2$ Q zwei Spin-Stukturen (P, Λ) und (P^*, Λ^*). Das Bündel E ist durch $w_1(E) \neq 0$ in $H^1(\mathbb{RP}^5;\mathbb{Z}_2)$ eindeutig bestimmt. Die erste Spin-Struktur ist trivial und somit ist das entsprechende Spin-Bündel S trivial. Damit folgt für S^*

$$S^* = 2E^c = E^c \oplus E^c.$$

Aber es gilt

$$c_2(2E^c) = c_1(E^c)^2.$$

Das Bündel E^c ist jedoch das assoziierte Bündel

$$E^c = S^5 \times_{\mathbb{Z}_2} \mathbb{C}.$$

Wäre E^c trivial, so hätten wir eine Abbildung $f : S^5 \to S^1$ mit $f(-x) = -f(x)$, ein Widerspruch zum Satz von Borsuk-Ulam. Damit ist E^c nichttrivial, d.h.

$$c_1(E^c) \neq 0 \quad \text{in} \quad H^2(\mathbb{RP}^5;\mathbb{Z})$$

Weil

$$Z = H^2(\mathbb{RP}^5;\mathbb{Z}) \ni \alpha \to \alpha^2 \in H^4(\mathbb{RP}^5;\mathbb{Z})$$

injektiv ist, folgt $c_2(2E^c) \neq 0$. Damit ist S^* kein triviales Bündel.

$\blacksquare$

2.6   Literatur und Aufgaben

Th.   Friedrich.   Zur Abhängigkeit des Dirac-Operators von der Spin-Struktur, Colloq. Math. 48 (1984), 57-62.

J. Milnor. Remarks concerning Spin-manifolds, Differential and combinatorial topology (in honeur of Morsten Morse), Princeton 1965, 55-62.

R.C. Kirby and L.R. Taylor. Pin Structures on Low-dimensional Manifolds, Part 2 (ed. by S.V. Donaldson), London Math. Soc., Lect. Notes Series 151, Cambridge University Press 1990.

Aufgabe 1:

Sei $\mathbb{RP}^n$ der n-dimensionale reell-projektive Raum. Beweisen Sie

   a) $\mathbb{RP}^n$ ist orientierbar $\Longleftrightarrow$ $n \equiv 1 \, mod \, 2$.

   b) $\mathbb{RP}^n$ besitzt eine Spin-Struktur $\Longleftrightarrow$ $n \equiv 3 \, mod \, 4$.

Aufgabe 2:

Welche der Graßmannschen Mannigfaltigkeiten

$$G_{n+k,k} = SO(n + k)/[SO(n) \times SO(k)]$$

besitzen eine Spin-Struktur?

Aufgabe 3:

Sei M^3 eine kompakte, geschlossene und orientierbare 3-Mannigfaltigkeit. Dann besitzt jedes $SO(n)$-Hauptfaserbündel Q über M^3 eine Spin$^{\mathbb{C}}$-Struktur.

Hinweis:

Ist M^3 orientierbar, so haben wir mit Poincaré-Dualität

$$H^2(M^3; \mathbb{Z}) = H_1(M^3; \mathbb{Z}) = \frac{\pi_1(M^3)}{[\pi_1(M^3), \pi_1(M^3)]}$$

und

$$H^2(M^3; \mathbb{Z}_2) = H_1(M^3; \mathbb{Z}_2) = \frac{\pi_1}{[\pi_1, \pi_1]} \otimes_Z \mathbb{Z}_2.$$

3 Dirac-Operatoren

3.1 Zusammenhänge in Spinorbündeln

Sei (M^n, g) eine orientierte, zusammenhängende Riemannsche Mannigfaltigkeit und $Q \to M^n$ das SO(n)- Hauptfaserbündel der positiv-orientierten, orthonormalen Repere. Die Riemannsche Mannigfaltigkeit besitzt einen eindeutig bestimmten, torsionsfreien metrischen Zusammenhang. Fassen wir diesen als kovariante Ableitung von Vektorfeldern auf, so bezeichnen wir den genannten Levi-Civita-Zusamenhang mit ∇, fassen wir ihn als Zusammenhang im SO(n)-Hauptfaserbündel auf, so sei dies die $\mathfrak{so}(n)$-wertige 1-Form

$$Z : TQ \to \mathfrak{so}(n).$$

Gegeben sei weiterhin eine $\mathrm{Spin}^{\mathbb{C}}$-Struktur (P, Λ) mit dem U(1)-Bündel P_1 und der 2-fachen Überlagerung

$$\pi : P \to Q \tilde{\times} P_1.$$

Letztlich fixieren wir noch einen Zusammenhang A im Hauptfaserbündel P_1

$$A : TP_1 \to \mathfrak{S}^1 = i\mathbb{R}^1$$

wobei wir die Lie-Algebra der Gruppe $S^1 = U(1)$ mit den rein-imaginären Zahlen identifizieren. Die Zusammenhänge Z und A ergeben im Faserprodukt $Q \tilde{\times} P_1$ einen Zusammenhang

$$Z \times A : T(Q \tilde{\times} P_1) \to \mathfrak{so}(n) \oplus i\mathbb{R}^1$$

und es ist nicht schwer zu sehen, daß dieser Zusammenhang sich in die 2-fache Überlagerung $\pi : P \to Q \tilde{\times} P_1$ zu einem Zusammenhang $\widetilde{Z \times A}$ im $\mathrm{Spin}^{\mathbb{C}}$-Hauptfaserbündel hebt. Es kommutiert das Diagramm

$$
\begin{array}{ccc}
T(P) & \xrightarrow{\widetilde{Z \times A}} & \mathfrak{spin}^{\mathbb{C}}(n) = \mathfrak{m}_2 \oplus i\mathbb{R}^1 \\
\downarrow{\scriptstyle d\pi} & & \downarrow{\scriptstyle p_*} \\
T(Q \tilde{\times} P_1) & \xrightarrow{Z \times A} & \mathfrak{so}(n) \oplus i\mathbb{R}^1
\end{array}
$$

wobei $p_* : \mathfrak{spin}^{\mathbb{C}}(n) \to \mathfrak{so}(n) \oplus i\mathbb{R}^1$ das Differential der 2-fachen Überlagerung $p : Spin^{\mathbb{C}}(n) \to SO(n) \times S^1$ ist. Die Spin-Darstellung $\kappa : Spin^{\mathbb{C}}(n) \to GL(\Delta_n)$ induziert das Spinorbündel

$$S = P \times_{Spin^{\mathbb{C}}(n)} \Delta_n.$$

Die Schnitte $\psi \in \Gamma(S)$ des Spinorbündels können identifiziert werden mit Abbildungen $\psi : P \to \Delta_n$, die das Transformationsverhalten $\psi(p \cdot g) = \kappa(g^{-1})\psi(\rho)$,

$g \in Spin^{\mathbb{C}}(n)$, erfüllen. Das absolute Differential von ψ bezüglich des Zusammenhangs $\widetilde{Z \times A}$ wird einerseits durch

$$D^A \psi = d\psi + \kappa_*(\widetilde{Z \times A})\psi$$

berechnet und liefert andererseits eine kovariante Ableitung

$$\nabla^A : \Gamma(S) \to \Gamma(T^*M \otimes S)$$

im Spinorbündel. Ein Vektorfeld X auf der Mannigfaltigkeit M^n kann wegen

$$T(M^n) = Q \times_{SO(n)} \mathbb{R}^n = P \times_{Spin^{\mathbb{C}}(n)} \mathbb{R}^n$$

aufgefaßt werden als Funktion $X : P \to \mathbb{R}^n$ mit $X(p \cdot g) = \lambda(g^{-1})X(p)$. Die Clifford-Multiplikation $X \cdot \psi$ ist dann durch die Funktion $X \cdot \psi : P \to \Delta_n$

$$(X \cdot \psi)(p) = X(p) \cdot \psi(p)$$

gegeben. Damit gilt

$$
\begin{aligned}
D^A(X \cdot \psi) &= d(X \cdot \psi) + \kappa_*(\widetilde{Z \times A})(X \cdot \psi) \\
&= dX \cdot \psi + X \cdot d\psi + \kappa_*(\widetilde{Z \times A})(X \cdot \psi).
\end{aligned}
$$

Wir formen $\kappa_*(\widetilde{Z \times A})(X \cdot \psi)$ algebraisch um. Dazu setzen wir in diese Form einen Vektor $\vec{t} \in T(P)$ ein. Dann ist $\widetilde{Z \times A}(\vec{t}) := (y, is)$ ein Element aus $\mathfrak{m}_2 \oplus i\mathbb{R}^1 = \mathfrak{spin}^{\mathbb{C}}(\mathfrak{n})$ und es gilt

$$\kappa_*(\widetilde{Z \times A}(\vec{t})) = (y + is) \cdot X \cdot \psi = y \cdot X \cdot \psi + X \cdot (is\psi).$$

Wegen $y \in \mathfrak{m}_2$ und $X \in \mathbb{R}^n$ gilt jedoch in der Clifford-Algebra $\mathcal{C}_n$ die Formel

$$y \cdot X = X \cdot y + \lambda_*(y)(X)$$

mit dem Differential $\lambda_* : \mathfrak{spin}(\mathfrak{n}) \to \mathfrak{so}(\mathfrak{n})$. In unserer Situation ist $\lambda_*(y) = Z(d\pi(\vec{t}))$ und wir erhalten

$$\kappa_*(\widetilde{Z \times A})(X \cdot \psi) = X \cdot \{\kappa_*(\widetilde{Z \times A})\psi\} + (\lambda_*(Z)X) \cdot \psi.$$

Setzen wir dies ein, so ergibt sich

$$D^A(X \cdot \psi) = X \cdot D^A\psi + (dX + \lambda_*(Z)X) \cdot \psi = X \cdot D^A\psi + (\nabla X) \cdot \psi.$$

Damit ist folgende Formel bewiesen:

Satz : *Seien X, Y Vektorfelder auf M^n und $\psi \in \Gamma(S)$ ein Spinorfeld. Dann gilt für die Spinorableitung bezüglich jedes Zusammenhanges A im $U(1)$-Bündel P_1 die Formel*

$$\nabla_Y^A(X \cdot \psi) = X \cdot (\nabla_Y^A \cdot \psi) + (\nabla_Y X) \cdot \psi.$$

Die Spinorableitung ∇^A ist metrisch bezüglich des hermiteschen Produktes in S, d.h.

$$X(\psi, \psi_1) = (\nabla_X^A \psi, \psi_1) + (\psi, \nabla_X^A \psi_1).$$

Beweis: Die letzte Formel ist eine Konsequenz der Tatsache, daß die $Spin^{\mathbb{C}}$-Darstellung $\kappa : Spin^{\mathbb{C}} \to GL(\Delta_n)$ eine unitäre Darstellung ist.

■

Wir geben noch lokale Formeln für die Zusammenhänge an. Sei $e : U \subset M^n \to Q$ ein lokaler Schnitt im Reperbündel Q. e besteht aus einem orthonormierten Reper $e = (e_1, \ldots, e_n)$ von Vektorfeldern definiert auf der offenen Menge $U \subset M^n$. Die lokale Zusammenhangsform $Z^e = e^*(Z) : TU \to \mathfrak{so}(n)$ ist durch die Formel

$$Z^e = \sum_{i<j} w_{ij} E_{ij}$$

gegeben, wobei die 1-Formen w_{ij} die den Levi-Civita-Zusammenhang definierenden Formen $w_{ij} = g(\nabla e_i, e_j)$ und $E_{ij} \in \mathfrak{so}(n)$ die Standardbasis der Lie-Algebra $\mathfrak{so}(n)$ sind. Analog fixieren wie einen Schnitt $s : U \to P_1$ im $U(1)$-Hauptfaserbündel und erhalten die lokale Zusammenhangsform

$$A^s = s^*(A) : TU \to i\mathbb{R}^1.$$

A^s ist eine imaginär-wertige 1-Form definiert auf der Menge U. $e \times s : U \to Q\tilde{\times}P_1$ ist ein lokaler Schnitt im Hauptfaserbündel $Q\tilde{\times}P_1$. Sei $\widetilde{e \times s}$ eine Hebung dieses Schnittes in die 2-fache Überlagerung $\pi : P \to Q\tilde{\times}P_1$. Wegen

$$(\widetilde{e \times s})^*(p_*(\widetilde{Z \times A})) = (\widetilde{e \times s})^*\pi^*(Z \times A) = (Z^e, A^s) = \left(\sum_{i<j} w_{ij}E_{ij}, A^s\right)$$

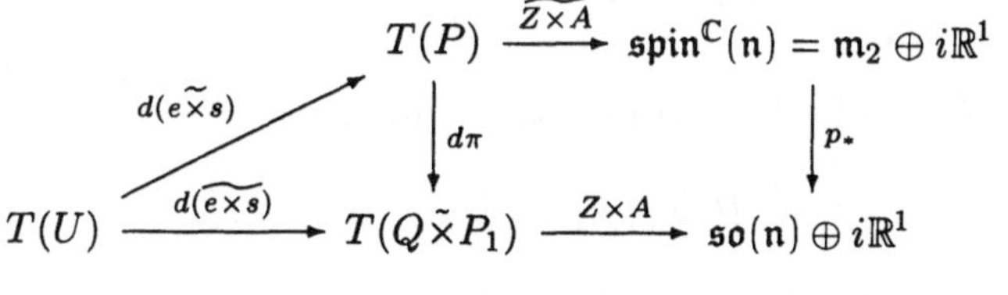

ist die lokale Zusammenhangsform $\widetilde{Z \times A}^{(e \times s)}$ gegeben durch die Formel

$$\widetilde{Z \times A}^{(\widetilde{e \times s})} = \left(\frac{1}{2}\sum_{i<j} w_{ij}e_i e_j, \frac{1}{2}A^s\right).$$

Ein Schnitt $\psi \in \Gamma(U, S)$ im Spinorbündel über U ist bezüglich des Schnittes $\widetilde{e \times s}$ eine Funktion $\psi : U \to \Delta_n$ und dessen kovariante Ableitung wird nun gemäß der Formel

$$\nabla^A \psi = d\psi + \frac{1}{2} \sum_{i<j} w_{ij} e_i e_j \psi + \frac{1}{2} A^s \psi$$

berechnet.

Bemerkung 1: (Spezialfall einer Spin-Struktur).
Ist (P, Λ) eine Spin(n)-Struktur von Q, so haben wir durch $P \times_{Spin(n)} Spin^{\mathbb{C}}(n)$ eine induzierte $Spin^{\mathbb{C}}(n)$-Struktur. Das $U(1)$-Bündel P_1 ist in diesem Fall trivial mit einem kanonischen, globalen Schnitt $s : M^n \to P_1$. Wählen wir denjenigen Zusammenhang A_0 in P_1, für den $A_0^s \equiv 0$ gilt, so vereinfachen sich alle Formeln entsprechend. Die kovariante Ableitung im Spinorbündel S bei Vorliegen einer Spin(n)-Struktur bezüglich dieses kanonischen Zusammenhangs A_0 bezeichnen wir einfach mit ∇,

$$\nabla : \Gamma(S) \to \Gamma(T^* \otimes S).$$

Bemerkung 2: (Spezialfall einer $U(k)$-Reduktion).
Sei $n = 2k$ gerade und sei eine topologische $U(k)$-Reduktion R des $SO(2k)$ - Hauptfaserbündels Q gegeben, $R \subset Q$. Dies ist äquivalent dazu, daß eine fast-komplexe Struktur $J : T(M^{2n}) \to T(M^{2n})$ vorgegeben ist, die mit der Metrik g verträglich ist:

$$g(J(\vec{t}_1), J(\vec{t}_2)) = g(\vec{t}_1, \vec{t}_2).$$

Die Hebung $F : U(k) \to Spin^{\mathbb{C}}(2k)$ mit dem kommutativem Diagramm

$$
\begin{array}{ccc}
 & & Spin^{\mathbb{C}}(2k) \\
 & \nearrow^{F} & \downarrow^{p} \\
U(k) & \xrightarrow{\ f\ } & SO(2k) \times S^1
\end{array}
$$

und $f(A) = (A,\ det\ (A))$, $A \in U(k)$ induziert eine $Spin^{\mathbb{C}}(2k)$-Struktur von Q durch

$$P = R \times_{U(k)} Spin^{\mathbb{C}}(2k).$$

Das entsprechende $U(1)$- Bündel P_1 ist

$$P_1 = R \times_{det} S^1.$$

mit dem 1-dimensionalen komplexen Vektorbündel $E = R \times_{det} \mathbb{C}$. Dieses Vektorbündel kann anders beschrieben werden. Mittels der fast-komplexen Struktur J

wird $T(M^{2k})$ ein k-dimensionales komplexes Vektorbündel und nach Konstruktion gilt

$$E = \Lambda_{\mathbb{C}}^k(T).$$

Zusammenfassend ergibt sich also, daß jeder Zusammenhang A im $U(1)$-Bündel $P_1 = R \times_{det} S^1$ (oder im Vektorbündel $\Lambda_{\mathbb{C}}^k(T)$) eine kovariante Ableitung ∇^A im Spinorbündel induziert. Besonders wichtig ist der Fall, daß man im Hauptfaserbündel P_1 einen Zusammenhang auf "naheliegende Weise" auszeichnen kann. Dies tritt zum Beispiel dann ein, wenn der Levi-Civita-Zusammenhang Z sich auf die $U(k)$-Reduktion R zu einem Zusammenhang Z^* reduziert. (Dann ist (M^{2k}, g, J) eine Kählersche Mannigfaltigkeit.) In diesem Fall induziert dann Z^* seinerseits einen speziellen Zusammenhang A_0 im assoziierten Bündel $P_1 = R \times_{det} S^1$ und wir erhalten wiederum eine ausgezeichnete, nur von der Geometrie des Grundraumes abhängige kovariante Ableitung

$$\nabla^{A_0} : \Gamma(S) \to \Gamma(T^* \otimes S).$$

Wir betrachten nun erneut die allgemeine Situation und zwei Zusammenhänge A und A' in P_1. Die Differenz $A - A'$ ist eine $i\mathbb{R}^1$-wertige 1-Form auf der Mannigfaltigkeit M^n und wir bezeichnen sie mit η:

$$A - A' = \eta.$$

Aus der lokalen Formel für die kovariante Ableitung ∇^A ergibt sich sofort

$$\nabla_X^A \psi - \nabla_X^{A'} \psi = \frac{1}{2}\eta(X) \cdot \psi$$

für alle Spinorfelder $\psi \in \Gamma(S)$ und alle Vektoren $X \in T(M^n)$. Eine Eichtransformation $f : P_1 \to P_1$ des $U(1)$-Bündels P_1 wird durch eine Abbildung $\mu_f : M^n \to S^1$ beschrieben mit

$$f(p_1) = p_1 \cdot \mu_f(\pi(p_1)),$$

wobei $\pi : P_1 \to M^n$ die Projektion im Bündel ist. Der Zusammenhang $f^*(A)$ ist gegeben durch

$$f^*(A) = A + \pi^* \mu_f^*(\Theta)$$

mit der Maurer-Cartan-Form $\Theta = \frac{dz}{z}$ der Gruppe $U(1) = S^1$. Damit folgt die Formel

$$\nabla_X^{f^*(A)} \psi - \nabla_X^A \psi = \frac{1}{2}\frac{d\mu_f(X)}{\mu_f} \cdot \psi.$$

für die entsprechenden kovarianten Ableitungen.

Wir kommen jetzt zur Beschreibung der Krümmungsform des Zusammenhangs $\widetilde{Z \times A}$. Sei $\Omega^Z : TQ \times TQ \to \mathfrak{so}(n)$ die Krümmungsform des Levi-Civita-Zusammenhangs mit den Komponenten

$$\Omega^Z = \sum_{i<j} \Omega_{ij} E_{ij}, \quad \Omega_{ij} : TQ \times TQ \to \mathbb{R}^1.$$

Die Krümmung Ω^A als 2-Form auf P_1 ist einfach $\Omega^A = dA$. Aus dem kommutativen Diagramm den Zusammenhang $\widetilde{Z \times A}$ definierend folgt sofort

$$p_* \Omega^{\widetilde{Z \times A}} = \pi^*(\Omega^{Z \times A}) = \pi^*(\Omega^Z \oplus \Omega^A) = \sum_{i<j} \pi^*(\Omega_{ij}) E_{ij} \oplus \pi^*(\Omega^A).$$

Daraus ergibt sich die Formel

$$\Omega^{\widetilde{Z \times A}} = \frac{1}{2} \sum_{i<j} \pi^*(\Omega_{ij}) e_i e_j \oplus \frac{1}{2} \pi^*(dA).$$

Die 2-Form dA ist eine Form auf dem Basisraum M^n. Auf Grund der allgemeinen Gleichung $D^Z D^Z \phi = \rho_*(\Omega^Z)\phi$ für das zweifache absolute Differential bezüglich eines Zusammenhangs Z erhalten wir die Formel

$$\nabla^A(\nabla^A \psi) = \frac{1}{2} \sum_{i<j} \Omega_{ij} e_i e_j \cdot \psi + \frac{1}{2} dA \cdot \psi.$$

Hierbei ist $e = (e_1, \ldots, e_n)$ ein lokales orthonormales Reper und $(\Omega^Z)^e = e^*(\Omega^Z) = \sum_{i<j} \Omega_{ij} E_{ij}$ ist die Komponentendarstellung der Krümmungsform des Levi-Civita-Zusammenhangs. Unter Verwendung der Strukturgleichungen des Riemannschen Raumes (oder allgemeiner der Formel für die Krümmungsform $\Omega^Z = dZ + \frac{1}{2}[Z, Z]$) können die 2-Formen Ω_{ij} durch die Formen $\omega_{ij} = g(\nabla e_i, e_j)$ des Levi-Civita-Zusammenhangs bzw. durch die Komponenten

$$R_{ijkl} = g(\nabla_{e_i} \nabla_{e_j} e_k - \nabla_{e_j} \nabla_{e_i} e_k - \nabla_{[e_i, e_j]} e_k, e_l)$$

ausgedrückt werden. Dazu führen wir zunächst folgende allgemeine Bemerkung an. Sei $(P, \pi, M; G)$ ein G-Hauptfaserbündel, $Z : T(P) \to \mathfrak{g}$ ein Zusammenhang und $\rho : G \to GL(V_0)$ eine Darstellung. Die Krümmungsform $\Omega^Z = dZ + \frac{1}{2}[Z, Z]$ definiert eine 2-Form $\rho_*(\Omega^Z)$ auf der Mannigfaltigkeit mit Werten in den Endomorphismen des assoziierten Vektorbündels $V = P \times_\rho V_0$. Andererseits ist ein Schnitt ϕ in diesem Bündel mit einer Funktion $\phi : P \to V_0$ zu identifizieren, welche dem Transformationsverhalten $\phi(p \cdot g) = \rho(g^{-1})\phi(p)$ unterliegt. $D^Z \phi$ ist dann eine tensorielle 1-Form vom Typ ρ, also eine 1-Form auf der Mannigfaltigkeit M mit Werten in V. Dadurch definieren wir in V die kovariante Ableitung

$$\nabla^Z_X \phi = D^Z \phi(X^*)$$

wobei X^* ein (horizontaler) Lift von X ist. Durch

$$R^Z(X,Y) = \nabla^Z_X \nabla^Z_Y \phi - \nabla^Z_Y \nabla^Z_X \phi - \nabla^Z_{[X,Y]} \phi$$

erhalten wir den Krümmungstensor von R^Z, welcher ebenfalls eine 2-Form mit Werten in End(V) ist.

Behauptung: Es gilt $\qquad\qquad R^Z = \rho_*(\Omega^Z).$

Zum Beweis betrachten wir Vektorfelder X, Y auf der Mannigfaltigkeit M und bezeichnen mit X^*, Y^* die Z-horizontalen Lifte. Der Schnitt $\nabla^Z_Y \phi$ ist durch $D^Z \phi(Y^*) = d\phi(Y^*) + Z(Y^*)\phi = d\phi(Y^*)$ gegeben. Damit wird – analoge Rechnung – $\nabla^Z_X \nabla^Z_Y \phi$ durch $X^* Y^* \phi$ gegeben und wir erhalten

$$
\begin{aligned}
\nabla^Z_X \nabla^Z_Y \phi - \nabla^Z_Y \nabla^Z_X \phi - \nabla^Z_{[X,Y]} \phi &= X^* Y^*(\phi) - Y^* X^*(\phi) - [X,Y]^{hor}(\phi) \\
&= [X^*, Y^*](\phi) - [X^*, Y^*]^{hor}(\phi) \\
&= [X^*, Y^*]^{vert}(\phi) \quad .
\end{aligned}
$$

Andererseits folgt aus den Strukturgleichungen des Zusammenhangs sofort $[X^*, Y^*]^{vert} = Z[X^*, Y^*] = -\Omega(X^*, Y^*)$. Wir erhalten also

$$R^Z(X,Y)\phi = -\Omega^Z \widetilde{(X^*, Y^*)}(\phi)$$

Letztlich, ist $W \in \mathfrak{g}$ ein Element der Lie-Algebra und $\tilde{W}$ das fundamentale Vektorfeld, so gilt

$$\tilde{W}(\phi)(p) = \lim_{t\to 0} \frac{\phi(p \cdot e^{tW}) - \phi(p)}{t} = \lim_{t\to 0} \left(\frac{\rho(e^{-tW}) - 1}{t} \right) \phi(p) = -\rho_*(W)(\phi(p)).$$

Damit folgt die gewünschte Formel

$$R^Z(X,Y)\phi = \rho_*(\Omega(X,Y))\phi.$$

$\blacksquare$

Wenden wir dies auf die Komponenten des Levi-Civita-Zusamenhanges an, so folgt wegen $E_{ij}(e_i) = (e_j)$

$$
\begin{aligned}
\Omega_{ij}(X,Y) &= \langle \Omega^Z(X,Y)e_i, e_j \rangle = \langle R(X,Y)e_i, e_j \rangle = \sum_{k,l} R_{klij}\sigma^k(X)\sigma^e(Y) = \\
&= \frac{1}{2} \sum_{k,l} R_{ijkl}(\sigma^k \wedge \sigma^l)(X,Y)
\end{aligned}
$$

wobei $\sigma^1, \ldots, \sigma^n$ das zu $e_1, \ldots, e_n$ duale Reper ist. Damit folgt die lokale Formel für die Krümmungsform $\Omega^{\widetilde{Z \times A}}$ des Zusammenhanges $\widetilde{Z \times A}$

$$\Omega^{\widetilde{Z \times A}} = \frac{1}{4} \sum_{i<j} \left(\sum_{k,l} R_{ijkl} \sigma^k \wedge \sigma^l \right) e_i e_j + \frac{1}{2} dA$$

und die 2-Form mit Werten $\nabla^A \nabla^A$ im Spinorbündel berechnet sich durch

$$\nabla^A \nabla^A \psi = \frac{1}{4} \sum_{i<j} \left(\sum_{k,l} R_{ijkl} \sigma^k \wedge \sigma^l \right) e_i e_j \cdot \psi + \frac{1}{2} dA \cdot \psi.$$

Dabei ist $\nabla^A \nabla^A \psi$ das 2-fache absolute Differential des Spinorfeldes ψ, also ein Schnitt in $\Gamma(\Lambda^2 \otimes S)$. Aus dieser 2-Form mit Werten im Spinorbündel bilden wir durch eine geeignete Kontraktion eine spinorwertige 1-Form H_ψ^A:

Definition: Die 1-Form H_ψ^A ist für jeden Vektor $X \in T(M^n)$ definiert durch

$$H_\psi^A(X) = \sum_{\alpha=1}^n e_\alpha \cdot (\nabla^A \nabla^A \psi)(X, e_\alpha).$$

Es gilt dann der

Satz: $\qquad\qquad H_\psi^A(X) = -\frac{1}{2} Ric(X) \cdot \psi + \frac{1}{2}(X \lrcorner dA) \cdot \psi$

Dabei ist $Ric : T(M^n) \rightarrow T(M^n)$ der Ricci-Tensor des Riemannschen Raumes aufgefaßt als symmetrischer Endomorphismus des Tangentialbündels.

Beweis: Wir benutzen die angegebene Formel für $(\nabla^A \nabla^A \psi)$ und müssen dabei folgende 2 Formeln beweisen

1. $\displaystyle\sum_{\alpha=1}^n e_\alpha \cdot (dA(X, e_\alpha)) \cdot \psi = (X \lrcorner dA) \cdot \psi$

2. $\displaystyle\sum_\alpha \sum_{i<j} \sum_{k,l} R_{ijkl} \sigma^k \wedge \sigma^l (X, e_\alpha) e_\alpha e_i e_j \cdot \psi = -2 Ric(X) \cdot \psi$

Die erste Formel ist trivial, weil die Summe $\sum_{\alpha=1}^n dA(X, e_\alpha) \cdot e_\alpha$ die Zerlegung der Form $X \lrcorner dA$ bezüglich der Basis $e_1, \ldots, e_n$ ist. In der Clifford-Algebra $\mathcal{C}_n$ berechnen wir

$$\sum_\alpha \sum_{i<j} \sum_{k,l} R_{ijkl} \sigma^k \wedge \sigma^l (X, e_\alpha) e_\alpha e_i e_j = \sum_\alpha \sum_{i<j} \sum_k R_{ijk\alpha} \sigma^k(X) e_\alpha e_i e_j -$$

$$- \sum_\alpha \sum_{i<j} \sum_l R_{ij\alpha l} \sigma^l(X) e_\alpha e_i e_j = 2 \sum_\alpha \sum_{i<j} \sum_k R_{ijk\alpha} \sigma^k(X) e_\alpha e_i e_j$$

$$= -2 \sum_{i<j} \sum_k R_{ijki} \sigma^k(X) e_j + 2 \sum_{i<j} \sum_k R_{ijkj} \sigma^k(X) e_i + 2 \sum_{i<j} \sum_{\alpha \neq i,j} \sum_k R_{ijk\alpha} \sigma^k(X) e_\alpha e_i e_j$$

$$= -2\sum_{i,j}\sum_{k} R_{ijki}\,\sigma^k(X)e_j + 2\sum_{i<j}\sum_{\alpha\neq i,j}\sum_{k} R_{ijk\alpha}\,\sigma^k(X)e_\alpha e_i e_j$$

$$= -2Ric(X) + 2\sum_{i<j}\sum_{\alpha\neq i,j}\sum_{k} R_{ijk\alpha}\,\sigma^k(X)e_\alpha e_i e_j.$$

Der zweite Summand verschwindet jedoch. Bei festem Index k tritt nämlich in dieser Summe das Clifford-Produkt $e_p e_q e_r$, $(p < q < r)$ genau dreimal auf für die Tripel $(\alpha, i, j) = (p, q, r)$, (q, p, r) und (r, p, q). Daher ist der Koeffizient bei $e_p e_q e_r$ proportional zur Summe

$$R_{qrkp} - R_{prkq} + R_{pqkr} = R_{qrkp} + R_{rpkq} + R_{pqkr} = 0$$

(Bianchi-Identität des Krümmungstensors).

Bemerkung: Die Formel

$$\sum_{\alpha=1}^{n} e_\alpha \cdot (\nabla^A \nabla^A \psi)(X, e_\alpha) = -\frac{1}{2}Ric(X)\psi + \frac{1}{2}(X \lrcorner dA) \cdot \psi$$

kann unter Berücksichtigung von

$$(\nabla^A \nabla^A \psi)(X, e_\alpha) = R^S(X, e_\alpha)\psi = \nabla^A_X \nabla^A_{e_\alpha}\psi - \nabla^A_{e_\alpha}\nabla^A_X\psi - \nabla^A_{[X,e_\alpha]}\psi$$

auch geschrieben werden als

$$\sum_{\alpha=1}^{n} e_\alpha \cdot R^S(X, e_\alpha)\psi = -\frac{1}{2}Ric(X)\psi + \frac{1}{2}(X \lrcorner dA) \cdot \psi$$

wobei $R^S(X,Y)\psi = \nabla^A_X \nabla^A_Y\psi - \nabla^A_Y \nabla^A_X\psi - \nabla^A_{[X,Y]}\psi$ der Krümmungstensor im Spinorbündel ist.

Ein Spinorfeld $\psi \in \Gamma(S)$ heißt ∇^A-parallel (oder einfach parallel), falls

$$\nabla^A \psi = 0$$

gilt. Wegen

$$X\|\psi\|^2 = (\nabla^A_X\psi, \psi) + (\psi, \nabla^A_X\psi) = 0$$

ist die Länge paralleler Spinorfelder konstant. Wir nehmen im weiteren an, daß ψ nicht identisch verschwindet. Aus $\nabla^A\psi = 0$ folgt $\nabla^A\nabla^A\psi = 0$ und daher verschwindet die 1-Form H^A_ψ identisch. Wir erhalten für jeden Vektor $X \in T(M^n)$ die Gleichung

$$Ric(X) \cdot \psi = (X \lrcorner dA) \cdot \psi.$$

$Ric(X)$ ist ein reeller Vektor während $X \lrcorner dA$ ein rein imaginärer Vektor ist. Zur Auswertung der letzten Gleichung benötigen wir folgendes

Lemma: *Sei $\psi \in \Delta_n$ ein nichttrivialer Spinor und seien $Z_1, Z_2 \in \mathbb{R}^n$ zwei reelle Vektoren. Gilt*

$$(Z_1 + iZ_2) \cdot \psi = 0$$

so folgt für die Vektoren Z_1, Z_2:

1. $|Z_1| = |Z_2|$

2. $\langle Z_1, Z_2 \rangle = 0$.

Beweis: Wir multiplizieren die Gleichung $(Z_1 + iZ_2)\psi = 0$ nochmals mit $(Z_1 + iZ_2)$. In der komplexifizierten Clifford-Algebra $\mathcal{C}_n^c$ gilt

$$\begin{aligned}
(Z_1 + iZ_2)(Z_1 + iZ_2) &= Z_1^2 - Z_2^2 + i(Z_1 Z_2 + Z_2 Z_1) \\
&= \{-|Z_1|^2 + |Z_2|^2\} + i\{-2\langle Z_1, Z_2 \rangle\}.
\end{aligned}$$

Aus $(Z_1 + iZ_2)(Z_1 + iZ_2)\psi = 0$ und $\psi \neq 0$ folgt dann $|Z_1|^2 = |Z_2|^2$ sowie $\langle Z_1, Z_2 \rangle = 0$. ∎

Die Bedingung $Ric(X) \cdot \psi = (X \lrcorner dA) \cdot \psi$ impliziert also

1. $|Ric(X)| = |\frac{1}{i}(X \lrcorner dA)|$ für alle $X \in T(M^n)$

2. $\langle Ric(X), \frac{1}{i}(X \lrcorner dA) \rangle = 0$ für alle $X \in T(M^n)$.

Zur Abkürzung bezeichnen wir mit S den symmetrischen Endomorphismus $S : T(M^n) \to T(M^n)$, $S(X) = Ric(X)$ und mit A den antisymmetrischen Endomorphismus $A : T(M^n) \to T(M^n)$, $A(X) = \frac{1}{i}(X \lrcorner dA)$. Aus der zweiten Gleichung folgt

$$\langle S(X), A(X) \rangle = 0$$

für alle Vektoren X. Setzt man $X + Y$ ein, so folgt

$$\langle S(X), A(Y) \rangle + \langle S(Y), A(X) \rangle = 0$$

also

$$\langle X, SA(Y) \rangle - \langle X, AS(Y) \rangle = 0.$$

Wir erhalten also $SA = AS$, d.h. A und S kommutieren.

Damit können in einem fixierten Punkte $m \in M^n$ A und S gleichzeitig diagonalisiert werden:

$$A = \begin{pmatrix} \boxed{\begin{matrix} 0 & -\omega_1 \\ \omega_1 & 0 \end{matrix}} & & & & & & 0 \\ & \boxed{\begin{matrix} 0 & -\omega_2 \\ \omega_2 & 0 \end{matrix}} & & & & & \\ & & \ddots & & & & \\ & & & \boxed{\begin{matrix} 0 & -\omega_k \\ \omega_k & 0 \end{matrix}} & & & \\ & & & & 0 & & \\ & & & & & \ddots & \\ 0 & & & & & & 0 \end{pmatrix}$$

$$S = \begin{pmatrix} \lambda_1 & & 0 \\ & \ddots & \\ 0 & & \lambda_n \end{pmatrix}$$

Die Bedingung $|S(X)| = |A(X)|$, $X \in T$, führt nun zu den Gleichungen

$$\lambda_1 = \lambda_2 = \pm\omega_1, \ldots, \quad \lambda_{2k-1} = \lambda_{2k} = \pm\omega_k, \quad \lambda_{2k+1} = \ldots = \lambda_n = 0.$$

Für die Länge der Endomorphismen

$$\|S\|^2 \;=\; Tr(S \circ S^T) = Tr(S^2) = \sum_{i=1}^{n} \lambda_i^2$$

$$\|A\|^2 \;=\; Tr(AA^T) = -Tr(A^2) = 2\sum_{i=1}^{k} \omega_i^2$$

ergibt sich dann

$$\|Ric\| = \|A\|.$$

Das Quadrat der Länge von A als antisymmetrische Abbildung ist jedoch das Doppelte des Quadrates der Länge der 2-Form $\frac{1}{i}dA$

$$\|A\|^2 = 2\|dA\|^2.$$

und wir erhalten insgesamt den

Satz : *Sei (M^n, g) eine Riemannsche Mannigfaltigkeit mit einer $Spin^{\mathbb{C}}$-Struktur und sei A ein Zusammenhang im $U(1)$-Hauptfaserbündel P_1 induziert von dieser $Spin^{\mathbb{C}}$-Struktur. ∇^A bezeichnet die induzierte kovariante Ableitung im Spinorbündel. Existiert ein ∇^A -paralleler Spinor ψ ,*

$$\nabla^A \psi = 0$$

so ergeben sich folgende notwendigen Bedingungen:

1. *$\|Ric\|^2 = 2\|\Omega^A\|^2$, wobei $\Omega^A = \frac{1}{i}dA$ die Krümmungsform des Zusammenhangs A ist.*

2. *$rank(\Omega^A) = rank(Ric)$.*

3. *Die Endomorphismen des Tangentialbündels Ric und Ω^A kommutieren.*

Folgerung: *Sei (M^n, g) eine zusammenhängende Riemannsche Mannigfaltigkeit mit einer fixierten Spin-Struktur.∇ bezeichnet die kanonische kovariante Ableitung im Spinorbündel S $(A = 0)$. Existiert ein paralleler, nichttrivialer Spinor ψ, so verschwindet der Ricci-Tensor von M^n identisch, $Ric \equiv 0$.*

Bemerkung: Die genannten Bedingungen sind nur notwendig für die Existenz paralleler Spinorfelder. Selbst lokal sind diese Bedingungen nicht hinreichend — siehe Aufgaben.

Folgerung: *Sei (M^n, g) eine zusammenhängende Riemannsche Mannigfaltigkeit, welche eine $Spin^{\mathbb{C}}$-Struktur zuläßt. Hat der Ricci-Tensor wenigstens in einem Punkte einen ungeraden Rang, so besitzt M^n keine ∇^A-parallelen Spinorfelder für jede $Spin^{\mathbb{C}}$-Struktur und für jeden Zusammenhang A im $U(1)$-Bündel der $Spin^{\mathbb{C}}$-Struktur.*

3.2 Der Dirac- und der Laplace-Operator im Spinorbündel

Wir gehen aus von einer Riemannschen Mannigfaltigkeit (M^n, g) mit fixierter $Spin^{\mathbb{C}}$-Struktur und einem Zusammenhang A im $U(1)$-Hauptfaserbündel P_1. Dann wird im assoziierten Spinorbündel S eine kovariante Ableitung

$$\nabla^A : \Gamma(S) \to \Gamma(T^* \otimes S) = \Gamma(T \otimes S)$$

induziert. Hier, wie im weiteren, indentifizieren wir mittels der Metrik g das Kotangentialbündel T^* von M^n mit dem Tangentialbündel T. Die Clifford-Multiplikation und die hermitesche Metrik $(,)$ in S verhalten sich wie folgt bezüglich der kovarianten Ableitung ∇^A $(X, Y \in \Gamma(T), \psi_1, \psi_2 \in \Gamma(S))$:

$$\nabla^A_Y (X \cdot \psi) = (\nabla_Y X) \cdot \psi + X \cdot \nabla^A_Y \psi$$

$$(\nabla^A_X \psi_1, \psi_2) + (\psi_1, \nabla^A_X \psi_2) = X(\psi_1, \psi_2).$$

Zunächst können wir - wie in jedem Vektorbündel mit Zusammenhang - den Laplace-Operator Δ im Bündel S definieren.

Definition: *Ist $\psi \in \Gamma(S)$ ein Spinorfeld, so sei $\Delta(\psi)$ gegeben durch*

$$\Delta_A(\psi) = -\sum_{i=1}^n \nabla^A_{e_i}\nabla^A_{e_i}\psi - \sum_{i=1}^n div\ (e_i)\nabla^A_{e_i}\psi.$$

Unter Verwendung des Satzes von Stokes leitet man dann - wie für jeden Laplace-Operator in einem hermiteschen Vektorbündel - die Formel

$$\int_{M^n} (\Delta_A(\psi_1), \psi_2) = \int_{M^n} (\nabla^A\psi_1, \nabla^A\psi_2) = \int_{M^n} (\psi_1, \Delta_A(\psi_2))$$

für zwei Spinorfelder ψ_1, ψ_2 mit kompaktem Träger, enthalten im Inneren der Mannigfaltigkeit M^n, her. Dabei ist $(\nabla^A\psi_1, \nabla^A\psi_2)$ das Skalarprodukt der 1-Formen, d.h.

$$(\nabla^A\psi_1, \nabla^A\psi_2) = \sum_{i=1}^n (\nabla^A_{e_i}\psi_1, \nabla^A_{e_i}\psi_2).$$

Der Dirac-Operator entsteht seinerseits durch das Hintereinanderausführen der kanonischen Ableitung und der Clifford-Multiplikation.

Definition: *Der Operator $D_A = \mu \circ \nabla^A : \Gamma(S) \to \Gamma(T^* \otimes S) = \Gamma(T \otimes S) \to \Gamma(S)$ heißt Dirac-Operator. Bezüglich eines (lokalen) orthonormalen Repers $e = (e_1, \ldots, e_n)$ auf der Mannigfaltigkeit M^n gilt*

$$D_A\psi = \sum_{i=1}^n e_i \cdot \nabla^A_{e_i}\psi.$$

D_A ist offenbar ein Differentialoperator erster Ordnung. D_A ist ein elliptischer Operator. Sein Symbol $\sigma(D_A)(X) : S \to S$ für einen Vektor $X \in T$ ist durch die Clifford-Multiplikation gegeben:

$$\sigma(D_A)(X)(\psi) = X \cdot \psi.$$

Dies folgt aus der Formel

$$D_A(f \cdot \psi) = \sum_{i=1}^n e_i \cdot \nabla^A_{e_i}(f \cdot \psi) = \sum_{i=1}^n e_i \cdot \{df(e_i)\psi + f\nabla^A_{e_i}\psi\} = grad\ (f) \cdot \psi + fD_A(\psi)$$

sofort. Wir berechnen $(D_A\psi, \psi_1)$:

$$
\begin{aligned}
(D_A\psi, \psi_1) &= \sum_{i=1}^{n}(e_i \cdot \nabla_{e_i}^{A}\psi, \psi_1) = -\sum_{i=1}^{n}(\nabla_{e_i}^{A}\psi, e_i \cdot \psi_1) \\
&= -\sum_{i=1}^{n}\{e_i(\psi, e_i \cdot \psi_1) - (\psi, (\nabla_{e_i}e_i) \cdot \psi_1) - (\psi, e_i \cdot \nabla_{e_i}^{A}\psi_1)\} \\
&= -\sum_{i=1}^{n}e_i(\psi, e_i \cdot \psi_1) - \sum_{i=1}^{n}div\,(e_i)(\psi, e_i \cdot \psi_1) + (\psi, D_A\psi_1).
\end{aligned}
$$

Betrachten wir die 1-Form $M^{\psi,\psi_1}(X) = (\psi, X \cdot \psi_1)$, so sind die ersten beiden Summanden gleich der Divergenz $\delta M^{\psi,\psi_1}$. Wir erhalten also die Formel

$$
(D_A\psi, \psi_1) = (\psi, D_A\psi_1) + \delta M^{\psi,\psi_1}.
$$

Hieraus ergibt sich, daß der Dirac-Operator bezüglich des L^2-Produktes ein symmetrischer Operator ist:

Satz: *Sind ψ und ψ_1 Spinorfelder mit kompaktem Träger (welcher im Inneren der Mannigfaltigkeit liegt), so gilt*

$$
\int\limits_{M^n}(D_A\psi, \psi_1) = \int\limits_{M^n}(\psi, D_A\psi_1).
$$

∎

Bemerkung Ist die Dimension $n = 2k$ gerade, so spaltet das Spinorbündel $S = S^+ \oplus S^-$ in die Summe der Dirac-Spinoren auf. Weil die Clifford-Multiplikation mit Vektoren diese Aufspaltung vertauscht, zerlegt der Dirac-Operator sich in die Summe zweier Operatoren $D_A^{\pm} : \Gamma(S^{\pm}) \to \Gamma(S^{\mp})$.

Wir besprechen nun noch einen dritten, auf Spinorfeldern wirkenden Operator, den sogenannten Twistor-Operator T_A. Dafür benötigen wir einige Vorbereitungen: Die Clifford-Multiplikation $\mu : T \otimes S \to S$ ist ein surjektiver Homomorphismus. Sei $\ker(\mu) \subset T \otimes S$ dessen Kern.

Lemma: *Durch die Formel*

$$
P(X \otimes \psi) = X \otimes \psi + \frac{1}{n}\sum_{i=1}^{n}e_i \otimes e_iX \cdot \psi
$$

wird eine Projektion des Bündels $T \otimes S$ auf das Bündel $\ker(\mu) \subset T \otimes S$ definiert.

Beweis: Eine direkte Rechnung zeigt, daß das Bild von P in $\ker(\mu)$ enthalten ist:

$$
\mu \circ P(X \otimes \psi) = X \cdot \psi + \frac{1}{n}\sum_{i=1}^{n}e_ie_iX \cdot \psi = X \cdot \psi - X \cdot \psi = 0.
$$

Analog sieht man, daß P auf $\ker(\mu)$ als Identität wirkt. ∎

Definition: *Der Twistor-Operator $T_A = P \circ \nabla^A$ ist die Superposition von kovarianter Ableitung und Projektion auf den Kern der Clifford-Multiplikation*

$$T_A : \Gamma(S) \to \Gamma(\ker(\mu)).$$

Wegen $\nabla^A \psi = \sum_{i=1}^{n} e_i \otimes \nabla^A_{e_i} \psi$ erhalten wit folgende Formel für T_A:

$$T_A(\psi) = \sum_{i=1}^{n} \{ e_i \otimes \nabla^A_{e_i} \psi + \frac{1}{n} \sum_{j=1}^{n} e_j \otimes e_j e_i \cdot \nabla^A_{e_i} \psi \} = \sum_{i=1}^{n} e_i \otimes \nabla^A_{e_i} \psi + \frac{1}{n} \sum_{i=1}^{n} e_i \otimes e_i \cdot D_A(\psi)$$

$$= \sum_{i=1}^{n} e_i \otimes \{ \nabla^A_{e_i} \psi + \frac{1}{n} e_i \cdot D_A(\psi) \}.$$

Folgerung: *Ein Spinorfeld $\psi \in \Gamma(S)$ liegt genau dann im Kern des Twistoroperators T_A, falls für jeden Vektor $X \in T$ die Gleichung*

$$\nabla^A_X \psi + \frac{1}{n} X \cdot D_A(\psi) = 0$$

gilt. ∎

Beispiel: Wir betrachten $\mathbb{R}^2$ mit der Euklidischen Metrik und den Koordinaten x, y. Dann ist $e_1 = \frac{\partial}{\partial x}, e_2 = \frac{\partial}{\partial y}$ ein orthonormales Reper. Für die Formen w_{ij} des Levi-Civita-Zusammenhanges gilt $w_{ij} = 0$. Ein Spinorfeld ist eine Abbildung $\psi : \mathbb{R}^2 \to \Delta_2 = \mathbb{C}^2$, dessen kovariante Ableitung $\nabla \psi$ wegen $w_{ij} = 0$ mit dem Differential $d\psi$ zusammenfällt. Die Clifford-Algebra realisieren wir - entgegen der bisherigen Konvention benutzen wir hier eine äquivalente, aber andere Darstellungen - durch die Matrizen

$$e_1 = \begin{pmatrix} 0 & 1 \\ -1 & 0 \end{pmatrix} \quad , \quad e_2 = \begin{pmatrix} 0 & i \\ i & 0 \end{pmatrix}$$

Ist $\psi = \begin{pmatrix} f \\ g \end{pmatrix} : \mathbb{R}^2 \to \mathbb{C}^2$ ein Spinorfeld, so gilt

$$D(\psi) = \begin{pmatrix} 0 & 1 \\ -1 & 0 \end{pmatrix} \begin{pmatrix} \frac{\partial f}{\partial x} \\ \frac{\partial g}{\partial x} \end{pmatrix} + \begin{pmatrix} 0 & i \\ i & 0 \end{pmatrix} \begin{pmatrix} \frac{\partial f}{\partial y} \\ \frac{\partial g}{\partial y} \end{pmatrix} =$$

$$
= \left(\begin{array}{c} \dfrac{\partial g}{\partial x} + i\dfrac{\partial g}{\partial y} \\[2ex] -\dfrac{\partial f}{\partial x} + i\dfrac{\partial f}{\partial y} \end{array} \right) = 2 \left(\begin{array}{c} \dfrac{\partial g}{\partial \bar z} \\[2ex] -\dfrac{\partial f}{\partial z} \end{array} \right)
$$

mit

$$
\frac{\partial}{\partial z} = \frac{1}{2}\left(\frac{\partial}{\partial x} - i\frac{\partial}{\partial y} \right) \quad , \quad \frac{\partial}{\partial \bar z} = \frac{1}{2}\left(\frac{\partial}{\partial x} + i\frac{\partial}{\partial y} \right).
$$

Der Kern des Dirac-Operators ($D\psi = 0$) stimmt also mit Paaren komplex-wertiger Funktion $f, g : R^2 \to \mathbb{C}$ überein, welche die Cauchy-Riemann-Gleichungen

$$
\frac{\partial f}{\partial z} = \frac{\partial g}{\partial \bar z} = 0
$$

erfüllen. Wir fixieren einen Vektor $\left(\begin{array}{c} A \\ B \end{array} \right) \in \mathbb{C}^2$ und betrachten das Spinorfeld $\psi : \mathbb{R}^2 \to \mathbb{C}^2$ definiert durch

$$
\psi(x,y) = x \left(\begin{array}{cc} 0 & 1 \\ -1 & 0 \end{array} \right) \left(\begin{array}{c} A \\ B \end{array} \right) + y \left(\begin{array}{cc} 0 & i \\ i & 0 \end{array} \right) \left(\begin{array}{c} A \\ B \end{array} \right).
$$

Dann gilt

$$
\frac{\partial \psi}{\partial x} = \left(\begin{array}{c} B \\ -A \end{array} \right) \qquad \frac{\partial \psi}{\partial y} = \left(\begin{array}{c} iB \\ iA \end{array} \right)
$$

und somit

$$
D(\psi) = \left(\begin{array}{cc} 0 & 1 \\ -1 & 0 \end{array} \right) \frac{\partial \psi}{\partial x} + \left(\begin{array}{cc} 0 & i \\ i & 0 \end{array} \right) \frac{\partial \psi}{\partial y} = -2 \left(\begin{array}{c} A \\ B \end{array} \right).
$$

Wir zeigen, daß ψ eine Lösung der Twistorgleichung ist. Dazu müssen wir

$$
\frac{\partial \psi}{\partial x} + \frac{1}{2} \left(\begin{array}{cc} 0 & 1 \\ -1 & 0 \end{array} \right) D(\psi) = 0
$$

$$
\frac{\partial \psi}{\partial y} + \frac{1}{2} \left(\begin{array}{cc} 0 & i \\ i & 0 \end{array} \right) D(\psi) = 0
$$

überprüfen. Dies ergibt sich jedoch direkt:

$$
\frac{\partial \psi}{\partial x} + \frac{1}{2} \left(\begin{array}{cc} 0 & 1 \\ -1 & 0 \end{array} \right) D(\psi) = \left(\begin{array}{c} B \\ -A \end{array} \right) - \left(\begin{array}{cc} 0 & 1 \\ -1 & 0 \end{array} \right) \left(\begin{array}{c} A \\ B \end{array} \right) = 0
$$

$$
\frac{\partial \psi}{\partial y} + \frac{1}{2} \left(\begin{array}{cc} 0 & i \\ i & 0 \end{array} \right) D(\psi) = \left(\begin{array}{c} iB \\ iA \end{array} \right) - \left(\begin{array}{cc} 0 & i \\ i & 0 \end{array} \right) \left(\begin{array}{c} A \\ B \end{array} \right) = 0.
$$

3.3 Die Lichnerowicz-Formel

Das Quadrat D_A^2 des Dirac-Operators und des Laplace-Operators Δ_A sind Differentialoperatoren zweiter Ordnung. Wir vergleichen diese Operatoren, indem wir die Differenz $D_A^2 - \Delta_A$ bestimmen:

$$D_A^2 \psi - \Delta_A \psi = \sum_{i,j} e_i \cdot \nabla_{e_i}^A (e_j \cdot \nabla_{e_j}^A \psi) + \sum_i \nabla_{e_i}^A \nabla_{e_i}^A \psi + \sum_i div\,(e_i)\nabla_{e_i}^A \psi$$

$$= \sum_{i,j} e_i \cdot \{(\nabla_{e_i} e_j) \cdot \nabla_{e_j}^A \psi + e_j \cdot \nabla_{e_i}^A \nabla_{e_j}^A \psi\} + \sum_i \nabla_{e_i}^A \nabla_{e_i}^A \psi + \sum div\,(e_i)\nabla_{e_i}^A \psi$$

$$= \sum_{i,j,k} g(\nabla_{e_i} e_j, e_k)e_i e_k \cdot \nabla_{e_j}^A \psi + \sum_{i,j} e_i e_j \cdot \nabla_{e_i}^A \nabla_{e_j}^A \psi + \sum_i \nabla_{e_i}^A \nabla_{e_i}^A \psi + \sum div\,(e_i)\nabla_{e_i}^A \psi$$

$$= \sum_j \sum_{i \neq k} g(\nabla_{e_i} e_j, e_k)e_i e_k \cdot \nabla_{e_j}^A \psi + \sum_{i \neq j} e_i e_j \cdot \nabla_{e_i}^A \nabla_{e_j}^A \psi.$$

Die letzte dieser Gleichungen ergibt sich aufgrund der Definition der Divergenz. Wir haben nämlich

$$\sum_j \sum_{i=k} g(\nabla_{e_i} e_j, e_k)e_i e_k \nabla_{e_j} \psi = - \sum_j div\,(e_j)\nabla_{e_j}\psi.$$

Jetzt rechnen wir folgenden Endomorphismus um:

$$\sum_{i \neq k} g(\nabla_{e_i} e_j, e_k)e_i e_k = - \sum_{i \neq k} g(e_j, \nabla_{e_i} e_k)e_i e_k = - \sum_{i<k} g(e_j, \nabla_{e_i} e_k - \nabla_{e_k} e_i)e_i e_k =$$

$$= \sum_{i<k} g(e_j, [e_k, e_i])e_i e_k.$$

Damit folgt

$$D_A^2 - \Delta_A \psi = \sum_j \sum_{i<k} g(e_j, [e_k, e_i])e_i e_k \nabla_{e_j} \psi + \sum_{i<j} e_i e_j (\nabla_{e_i}^A \nabla_{e_j}^A - \nabla_{e_j}^A \nabla_{e_i}^A)\psi$$

$$= \sum_{i<j} e_i e_j (\nabla_{e_i}^A \nabla_{e_j}^A - \nabla_{e_i}^A \nabla_{e_j}^A - \nabla_{[e_i e_j]}^A)\psi = \frac{1}{2} \sum_{i,j} e_i e_j R^S(e_i, e_j)\psi.$$

Die im Abschnitt 3.2 bewiesene Identität

$$\sum_j e_j \cdot R^S(e_i, e_j)\psi = -\frac{1}{2} Ric(e_i) \cdot \psi + \frac{1}{2}(e_i \lrcorner dA) \cdot \psi$$

multiplizieren wir mit e_i und summieren über den Index i:

$$\sum_{i,j} e_i e_j R^S(e_i, e_j)\psi = -\frac{1}{2} \sum_i e_i \cdot Ric(e_i) \cdot \psi + \frac{1}{2} \sum_i e_i \cdot (e_i \lrcorner dA) \cdot \psi.$$

Nun gilt jedoch in der Clifford-Algebra

$$\sum_i e_i Ric\,(e_i) = \sum_{i,j} R_{ij} e_i e_j = -\sum_i R_{ii} = -R.$$

Weiterhin prüft man für jede 2-Form η^2 leicht nach, daß

$$\sum_i e_i \cdot (e_i \lrcorner \eta^2) = 2\eta^2$$

in der Clifford-Algebra $\mathcal{C}_n$ gilt. Damit erhalten wir insgesamt

$$D_A^2 \psi - \Delta_A \psi = \frac{1}{2}\left(\frac{1}{2}R + dA\right)\psi = \frac{R}{4}\psi + \frac{1}{2}dA \cdot \psi.$$

Fassen wir dies zusammen, so gilt

Satz:
$$D_A^2 \psi = \Delta_A \psi + \tfrac{R}{4}\psi + \tfrac{1}{2}dA \cdot \psi.$$

Dabei ist R die Skalarkrümmung des Riemannschen Raumes und $dA = \Omega^A$ die imaginär-wertige 2-Krümmungsform des Zusammenhangs A in dem der $Spin^{\mathbb{C}}$-Struktur assoziierten $U(1)$-Bündel.

3.4 Hermitesche Mannigfaltigkeiten und Spinoren

Wir betrachten eine fast-komplexe Mannigfaltigkeit (M^{2k}, J) mit der fast-komplexen Struktur

$$J : T(M^{2k}) \to T(M^{2k}); \quad J^2 = -Id.$$

Auf den 1-Formen $w^1 \in T^*(M^{2k})$ wirkt J durch die Formel

$$(Jw^1)(X) = w^1(JX), \quad X \in T(M^{2k})$$

und die Komplexifizierung $T^*(M^{2k}) \otimes_R \mathbb{C}$ zerlegt sich in die $(\pm i)$-Eigenunterräume von J:

$$\Lambda^1 = T^*(M^{2k}) \otimes \mathbb{C} = \Lambda^{1,0} \oplus \Lambda^{0,1} \quad \text{mit}$$

$$\Lambda^{1,0} = \{w^1 \in T^*(M^{2k}) \otimes \mathbb{C}: \quad J(w^1) = iw^1\}$$
$$\Lambda^{0,1} = \{w^1 \in T^*(M^{2k}) \otimes \mathbb{C}: \quad J(w^1) = -iw^1\}.$$

Sei $\Lambda^{p,q}$ die lineare Hülle aller Elemente $u \wedge w$ mit $u \in \Lambda^p(\Lambda^{1,0})$ und $w \in \Lambda^q(\Lambda^{0,1})$. Dann gilt

$$\Lambda^r = \sum_{p+q=r} \Lambda^{p,q}.$$

Wir bezeichnen mit Ω^r bzw. mit $\Omega^{p,q}$ den Raum der Schnitte in den Bündeln Λ^r bzw. $\Lambda^{p,q}$ entsprechend. Das auf den r-Formen wirkende äußere Differential

$$d : \Omega^r \to \Omega^{r+1}$$

zerlegt sich gemäß dieser Aufspaltung. Insbesondere definieren wir die Operatoren

$$\partial : \Omega^{p,q} \to \Omega^{p+1,q} \quad , \quad \partial = \pi_{\Lambda^{p+1,q}} \circ d$$

$$\bar{\partial} : \Omega^{p,q} \to \Omega^{p,q+1} \quad , \quad \bar{\partial} = \pi_{\Lambda^{p,q+1}} \circ d.$$

Im allgemeinen stimmt $\partial + \bar{\partial}$ <u>nicht</u> mit d überein. Durch Induktion zeigt man jedoch folgendes

Lemma: *Das äußere Differential d bildet $\Omega^{p,q}$ in die Summe*

$$\Omega^{p-1,q+2} \oplus \Omega^{p,q+1} \oplus \Omega^{p+1,q} \oplus \Omega^{p+2,q-1}$$

ab.

Damit gilt

$$d_{|\Omega^{p,q}} = \partial + \bar{\partial} \bmod \Omega^{p-1,q+2} \oplus \Omega^{p+2,q-1}.$$

Die Formen aus $\Omega^{1,1}$ sind äußere Produkte $\alpha \wedge \beta$. Andererseits wirkt J auf den 2-Formen w^2 durch

$$(Jw^2)(X,Y) = w^2(JX,JY).$$

Dann gilt $J(\alpha \wedge \beta) = \alpha \wedge \beta$ und wir erhalten das

Lemma:
$$\Omega^{1,1} = \{w^2 \in \Omega^2 : \quad J(w^2) = w^2\}$$
$$\Omega^{2,0} \oplus \Omega^{0,2} = \{w^2 \in \Omega^2 : \quad J(w^2) = -w^2\}.$$

Wir fixieren weiterhin eine hermitesche Metrik g der fast-komplexen Mannigfaltigkeit (M^{2k}, J), d.h. eine Riemannsche Metrik g mit der Eigenschaft

$$g(JX, JY) = g(X,Y).$$

Dann ist $\Omega(X,Y) = g(JX,Y)$ eine 2-Form und wegen

$$\Omega(JX, JY) = g(J^2X, JY) = -g(X, JY) = -\Omega(Y, X) = \Omega(X,Y)$$

liegt die 2-Form Ω in $\Omega^{1,1}$. Lokal können wir ein orthonormales Reper von Vektorfeldern

$$e_1, e_2 = J(e_1), \ldots, e_{2k-1}, e_{2k} = J(e_{2k-1})$$

wählen. Dann läßt sich die 2-Form Ω schreiben als

$$\Omega = e_1 \wedge e_2 + \ldots + e_{2k-1} \wedge e_{2k}.$$

Wegen $J(e_1 + ie_2) = e_2 - ie_1 = -i(e_1 + ie_2)$ bilden die Formen

$$(e_1 + ie_2), \ \ldots \ , (e_{2k-1} + ie_{2k})$$

in jedem Punkte eine Basis der Faser $\Lambda^{0,1}$ und eine $\Lambda^{0,r}$-Form ist die Linearkombination von äußeren Produkten von r Formen dieses Types. Wir beweisen zunächst einige algebraische Identitäten. Es gilt

$$e_{2\alpha-1}\lrcorner(e_{2\alpha}\wedge(e_{2\beta-1}+ie_{2\beta}))+e_{2\alpha-1}\wedge(e_{2\alpha}\lrcorner(e_{2\beta-1}+ie_{2\beta})) = \begin{cases} 0 & \text{falls } \alpha \neq \beta \\ i(e_{2\beta-1} + ie_{2\beta}) & \text{falls } \alpha = \beta \end{cases}$$

und

$$e_{2\alpha}\lrcorner(e_{2\alpha-1}\wedge(e_{2\beta-1}+ie_{2\beta}))+ e_{2\alpha}\wedge(e_{2\alpha-1}\lrcorner(e_{2\beta-1}+ie_{2\beta})) = \begin{cases} 0 & \text{falls } \alpha \neq \\ -i(e_{2\beta-1} + ie_{2\beta}) & \text{falls } \alpha = \end{cases}$$

Daraus folgt das

Lemma: *Ist $\eta^{0,r} \in \Lambda^{0,r}$ eine $(0,r)$-Form, so gilt*

$$\sum_{\alpha=1}^{k} e_{2\alpha-1}\lrcorner(e_{2\alpha} \wedge \eta^{0,r}) + \sum_{\alpha=1}^{k} e_{2\alpha-1} \wedge (e_{2\alpha}\lrcorner\eta^{0,r}) = ir\eta^{0,r}$$

$$\sum_{\alpha=1}^{k} e_{2\alpha}\lrcorner(e_{2\alpha-1} \wedge \eta^{0,r}) + \sum_{\alpha=1}^{k} e_{2\alpha} \wedge (e_{2\alpha-1}\lrcorner\eta^{0,r}) = -ir\eta^{0,r}.$$

Sei nun (P, Λ) eine Spin$^{\mathbb{C}}$-Struktur des $SO(n)$-Reperbündels der hermiteschen Mannigfaltigkeit (M^{2k}, J, g) und bezeichne S das assoziierte Spinorbündel. Die 2-Form Ω wirkt als Endomorphismus im Bündel S,

$$\Omega : S \to S.$$

Wir berechnen die Eigenwerte dieses Endomorphismus. Es gilt der

Satz: $\Omega : S \to S$ *hat die Eigenwerte $i(k - 2r)$ $(0 \leq r \leq k)$ und der entsprechende Eigenunterraum hat die Dimension $\binom{k}{r}$. Das Spinorbündel zerlegt sich in*

$$S = S_0 \oplus S_1 \oplus \ldots \oplus S_k \qquad mit \qquad S_r = \{\psi \in S : \quad \Omega\psi = i(k - 2r)\psi\}.$$

Beweis: Wir benutzen die im Abschnitt 1.3 explizit beschriebene Spin-Darstellung. Im Raum der Dirac-Spinoren $\Delta_{2k} = \mathbb{C}^2 \otimes \ldots \otimes \mathbb{C}^2$ (k-mal) ist der Operator $e_{2\alpha-1}e_{2\alpha}(1 \leq \alpha \leq k)$ gegeben durch die Matrix

$$e_{2\alpha-1}e_{2\alpha} = E \otimes \ldots \otimes E \otimes g_1 g_2 \otimes E \otimes \ldots \otimes E$$

mit $g_1 g_2 = \begin{pmatrix} 0 & -1 \\ 1 & 0 \end{pmatrix}$. Damit wird $\Omega = e_1 \wedge e_2 + \ldots + e_{2k-1} \wedge e_{2k}$ als Endomorphismus in Δ_{2k} repräsentiert durch

$$\Omega = (g_1 g_2) \otimes E \otimes \ldots \otimes E + \ldots + E \otimes \ldots \otimes (g_1 g_2).$$

Die Matrix $g_1 g_2$ hat die Eigenwerte $\pm i$. Sei $v(+1)$ und $v(-1)$ eine Basis von $\mathbb{C}^2$ bestehend aus den entsprechenden Eigenvektoren. Dann ist $v(\varepsilon_1) \otimes \ldots \otimes v(\varepsilon_k)$ $(\varepsilon_\alpha = \pm 1)$ eine Basis von $\Delta_{2k} = \mathbb{C}^2 \otimes \ldots \otimes \mathbb{C}^2$ und Ω wirkt auf diesen Basiselementen durch

$$\Omega(v(\varepsilon_1) \otimes \ldots \otimes v(\varepsilon_k)) = i \left(\sum_{\alpha=1}^{k} \varepsilon_\alpha \right) v(\varepsilon_1) \otimes \ldots \otimes v(\varepsilon_k).$$

Daraus erhalten wir die Behauptung. ∎

Wir geben jetzt einen expliziten Isomorphismus zwischen den $(0,r)$-Formen mit Werten im S_0 und dem Bündel S_r

$$\overline{\Lambda^{0,r}} \otimes S_0 \simeq S_r \qquad (0 \leq r \leq k)$$

an.

Satz: *Die Abbildung* $\alpha_r : \overline{\Lambda^{0,r}} \otimes S_0 \to S_r$ *definiert durch*

$$\eta^{0,r} \otimes \psi_0 \longmapsto \frac{1}{2^{\frac{r}{2}}} \eta^{0,r} \cdot \psi_0$$

induziert eine die inneren Produkte erhaltende Isomorphie zwischen den Bündeln $\overline{\Lambda^{0,r}} \otimes S_0$ *und* S_r.

Beweis: Zunächst müssen wir beweisen, daß das Produkt $\eta^{0,r} \cdot \psi_0$ in S_r liegt. Dazu verwenden wir die Formel

$$(x \wedge w^k)\psi = x \cdot (w^k \cdot \psi) + (x \lrcorner w^k) \cdot \psi$$

für $x \in \mathbb{R}^n, w^k \in \Lambda^k$ und $\psi \in \Delta_n$. Wir erhalten danach

$$e_{2\alpha-1}e_{2\alpha}(\eta^{0,r} \cdot \psi_0) = e_{2\alpha-1} \cdot \{(e_{2\alpha} \wedge \eta^{0,r}) \cdot \psi_0 - (e_{2\alpha} \lrcorner \eta^{0,r}) \cdot \psi_0\}$$

$$= (\eta^{0,r} \wedge e_{2\alpha-1} \wedge e_{2\alpha}) \cdot \psi_0 - (e_{2\alpha-1} \lrcorner (e_{2\alpha} \wedge \eta^{0,r})) \cdot \psi_0 - (e_{2\alpha-1} \wedge (e_{2\alpha} \lrcorner \eta^{0,r})) \cdot \psi_0 + 0$$

weil für jede Form $\eta^{0,r} \in \Lambda^{0,r}$　$e_{2\alpha-1} \lrcorner e_{2\alpha} \lrcorner \eta^{0,r} = 0$ gilt. Jetzt formen wir analog $(\eta^{0,r} \wedge e_{2\alpha-1} \wedge e_{2\alpha}) \cdot \psi_0$ um:

$$(\eta^{0,r} \wedge e_{2\alpha-1} \wedge e_{2\alpha}) \cdot \psi_0 = (\eta^{0,r} \wedge e_{2\alpha-1}) \cdot e_{2\alpha} \cdot \psi_0 - (-1)^{r+1}(e_{2\alpha} \lrcorner (\eta^{0,r} \wedge e_{2\alpha-1})) \cdot \psi_0$$

$$= \eta^{0,r} \cdot e_{2\alpha-1} \cdot e_{2\alpha} \cdot \psi_0 - (-1)^r (e_{2\alpha-1} \lrcorner \eta^{0,r}) \cdot e_{2\alpha}\psi_0 + (e_{2\alpha} \lrcorner (e_{2\alpha-1} \wedge \eta^{0,r})) \cdot \psi_0$$

$$= \eta^{0,r} \cdot e_{2\alpha-1} e_{2\alpha} \psi_0 + e_{2\alpha} \wedge (e_{2\alpha-1} \lrcorner \eta^{0,r}) \cdot \psi_0) + e_{2\alpha} \lrcorner (e_{2\alpha-1} \wedge \eta^{0,r}) \cdot \psi_0.$$

Aus dieser Rechnung ergibt sich

$$\begin{aligned}
\Omega(\eta^{0,r} \cdot \psi_0) &= \eta^{0,r} \cdot (\Omega\psi_0) - \sum_{\alpha=1}^{k} e_{2\alpha-1} \lrcorner (e_{2\alpha} \wedge \eta^{0,r}) \cdot \psi_0 - \sum_{\alpha=1}^{k} e_{2\alpha-1} \wedge (e_{2\alpha} \lrcorner \eta^{0,r})\psi_0 \\
&\quad + \sum_{\alpha=1}^{k} e_{2\alpha} \lrcorner (e_{2\alpha-1} \wedge \eta^{0,r})\psi_0 + \sum_{\alpha=1}^{k} e_{2\alpha} \wedge (e_{2\alpha-1} \lrcorner \eta^{0,r})\psi_0 = \\
&= \eta^{0,r}(\Omega\psi_0) - 2ir\eta^{0,r} \cdot \psi_0 = \\
&= i\eta^{0,r}(k - 2r)\psi_0 = i(k - 2r)\eta^{0,r} \cdot \psi_0.
\end{aligned}$$

Dies zeigt, daß der Spinor $\eta^{0,r} \cdot \psi_0$ in S_r liegt. Die restlichen Behauptungen ergeben sich direkt durch algebraische Rechnungen. ∎

Bemerkung: Der Faktor $\frac{1}{2^{r/2}}$ ist aus folgendem Grunde notwendig: Ist $\eta^{0,1} = e_1 + ie_2$ eine $(0,1)$-Form, so gilt $|\eta^{0,1}|^2 = 2$. Aus $e_1 e_2 \psi_0 = i\psi_0$ erhalten wir andererseits $|(e_1 + ie_2)\psi_0|^2 = 4|\psi_0|^2$.

Bemerkung: In dem anführten Isomorphismus müssen wir das komplex-konjugierte Bündel $\overline{\Lambda^{0,r}}$ betrachten, weil bei der Clifford-Multiplikation von der r-Form zunächst zum r-Vektor übergegangen werden muß und danach multipliziert wird. Eine hermitesche Metrik induziert jedoch eine komplex-antilineare Identifikation von Vektoren mit Kovektoren.

Eine analoge Rechnung zeigt den folgenden

Satz: *Die Abbildung* $\beta_r : \overline{\Lambda^{0,r}} \otimes S_k \to S_{k-r}$ *definiert durch* $\eta^{r,0} \otimes \psi_k \to \frac{1}{2^{r/2}}\eta^{r,0} \cdot \psi_k$ *ist eine Isometrie.*

Folgerung: *Das Spinorbündel S einer hermiteschen Mannigfaltigkeit (bezüglich einer beliebigen $\mathrm{Spin}^{\mathbb{C}}$-Struktur) ist isomorph zu*

$$S = (\overline{\Lambda^{0,0}} + \ldots + \overline{\Lambda^{0,k}}) \otimes S_0 = (\overline{\Lambda^{0,0}} + \ldots + \overline{\Lambda^{k,0}}) \otimes S_k$$

mit

$$S_0 = \{\psi \in S : \Omega\psi = ik\psi\} \qquad S_k = \{\psi \in S : \Omega\psi = -ik\psi\}.$$

Insbesondere gilt $S_0 = \overline{\Lambda^{k,0}} \otimes S_k$ und $S_k = \overline{\Lambda^{0,k}} \otimes S_0$.

Wir betrachten jetzt den Fall der kanonischen $\mathrm{Spin}^{\mathbb{C}}$-Struktur der hermiteschen Mannigfaltigkeit (M^{2k}, J, g). Diese ergibt sich aus dem Lift des Gruppenhomomorphismus

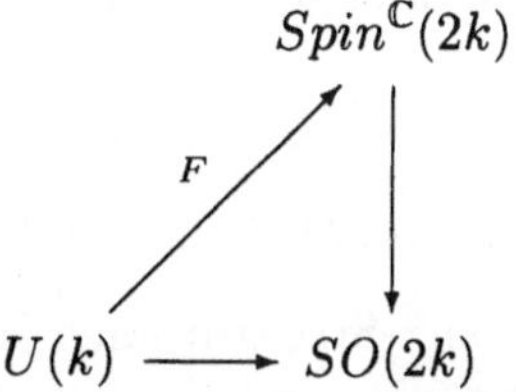

Die Teilbündel $S_0, S_1, \ldots$entsprechen genau den irreduziblen $U(k)$-Komponenten der Darstellung Δ_{2k}. Ist $A \in U(k)$ in Diagonalform

$$A = \begin{pmatrix} e^{i\Theta_1} & & 0 \\ & \ddots & \\ 0 & & e^{i\Theta_k} \end{pmatrix}$$

so gilt

$$F(A) = e^{\frac{i}{2}\sum_{j=1}^{k}\Theta_j} \prod_{j=1}^{k}\left(\cos\left(\frac{\Theta_j}{2}\right) + \sin\left(\frac{\Theta_j}{2}\right)e_{2j-1}e_{2j}\right).$$

S_0 entspricht dem Basisvektor $v(1)\otimes\ldots\otimes v(1)$ und S_k dem Basisvektor $v(-1)\otimes\ldots\otimes v(-1)$. Daher wirkt der Endomorphismus $e_{2j-1}e_{2j}$ auf S_0 durch die Multiplikation mit $(+i)$ und auf S_k durch die Multiplikation mit $(-i)$. Das Bündel S_0 stimmt also mit der höchsten Potenz des komplexen Tangentialbündels (TM^{2k}, J) überein, während S_k trivial ist. Andererseits ist das Determinantenbündel $\mathcal{L}$ der $\mathrm{Spin}^{\mathbb{C}}$-Struktur auch $\Lambda^k(TM^{2k}, J)$, also gilt

$$S_0 = \mathcal{L} = \Lambda^k(T), \quad S_k = \Theta^1$$

im Fall der kanonischen $\mathrm{Spin}^{\mathbb{C}}$-Struktur. Wir führen jetzt folgende Rechnung mit den ersten Chern-Klassen durch. Allgemein gilt für jede $\mathrm{Spin}^{\mathbb{C}}$-Struktur

$$\mathcal{L}^{\dim(S)/2} = \Lambda^{\dim(S)}(S).$$

Daraus folgt

$$2^{k-1}c_1(\mathcal{L}) = c_1(S) = c_1((\overline{\Lambda^{0,0}} + \ldots + \overline{\Lambda^{0,k}}) \otimes S_0) = 2^k c_1(S_0) + c_1(\overline{\Lambda^{0,0}} + \ldots + \overline{\Lambda^{0,k}}).$$

Für die kanonische $\text{Spin}^{\mathbb{C}}$-Struktur ergibt sich wegen $S_0 = \mathcal{L} = \Lambda^k(T)$

$$-2^{k-1}c_1(M^{2k}) = c_1(\overline{\Lambda^{0,0}} + \ldots + \overline{\Lambda^{0,k}}).$$

Setzen wir dies ein, so folgt der

Satz: *Ist (P, Λ) eine beliebige $\text{Spin}^{\mathbb{C}}$-Struktur einer hermiteschen Mannigfaltigkeit, $\mathcal{L}$ das Deteminantenbündel dieser $\text{Spin}^{\mathbb{C}}$-Struktur und S_0 das entsprechende Teilbündel des Spinorbündels. Dann gelten für die Chern-Klassen die Formeln*

$$c_1(\mathcal{L}) + c_1(M^{2k}) = 2c_1(S_0),$$

$$c_1(\mathcal{L}) - c_1(M^{2k}) = 2c_1(S_k).$$

Bemerkung: Die kanonische $\text{Spin}^{\mathbb{C}}$-Struktur einer hermiteschen Mannigfaltigkeit (M^{2k}, J, g) war durch die Hebung

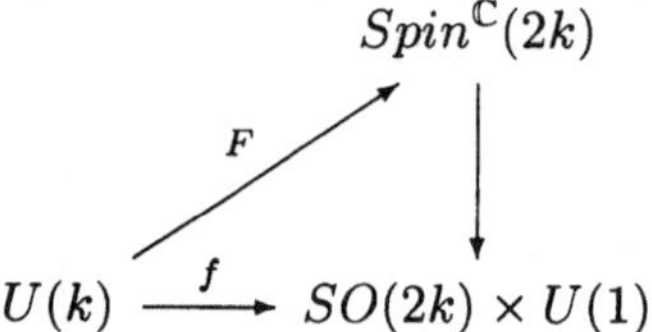

mit $f(A) = (A, det\, A)$ definiert worden. In diesem Fall gilt $\mathcal{L} = S_0 = \Lambda^k(T)$.

Es gibt jedoch eine zweite Hebung von $U(k)$ nach $\text{Spin}^{\mathbb{C}}(2k)$, welche mit dem Homomorphismus

$$f_1 : U(k) \to SO(2k) \times U(1), f_1(A) = (A, \frac{1}{det\, A})$$

verbunden ist.

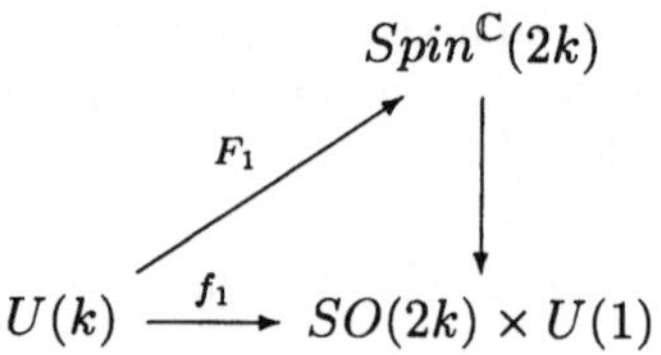

Die dazugehörende $\text{Spin}^{\mathbb{C}}$-Struktur nennen wir die antikanonische $\text{Spin}^{\mathbb{C}}$-Struktur. Hier gilt $\mathcal{L} = \Lambda^k(T^*)$, $\quad S_0 = \Theta^1$.

Wir diskutieren noch den Fall, daß die vorgegebene $\text{Spin}^{\mathbb{C}}$-Struktur von (M^{2k}, J, g) von einer Spin-Struktur (P, Λ) kommt. Ist diese gegeben, so erhält man durch $P^c = P \times_{\text{Spin}(2k)} \text{Spin}^{\mathbb{C}}(2k)$ eine $\text{Spin}^{\mathbb{C}}$-Struktur. Das Determinantenbündel $\mathcal{L}$ ist dann trivial, $\mathcal{L} = \Theta^1$ und das Spinorbündel spaltet wiederum auf in

$$S = (\overline{\Lambda^{0,0}} + \ldots + \overline{\Lambda^{0,k}}) \otimes S_0$$

Jetzt gilt jedoch

$$(S_0)^2 = \Lambda^k(T).$$

Tatsächlich, das Spinor-Bündel ist in unserem Fall ein zur Gruppe Spin(2k) assoziiertes Vektorbündel. Andererseits besitzt Δ_{2k} eine reelle (quaternionische) Struktur $j : \Delta_{2k} \to \Delta_{2k}$, welche Spin-äquivariant ist und mit der Clifford-Multiplikation kommutiert bzw. antikommutiert (siehe Abschnitt 1.7). j induziert einen Bündelmorphismus in Spinorbündel, welcher komplex-antilinear ist und wegen

$$\Omega j(\psi) = j\Omega(\psi) = j(i(k - 2r)\psi) = -(k - 2r)ij(\psi) = (k - 2(k - r))ij(\psi)$$

das Teilbündel S_r in S_{k-r} abbildet. Gehen wir zum konjugierten Bündel $\bar{S}_{k-r}$ über, so können wir j als komplex-linearen Morphismus

$$j : S_r \to \bar{S}_{k-r}$$

auffassen. Setzen wir jetzt $j : S_0 \to \bar{S}_k$ mit $\beta_k : \overline{\Lambda^{k,0}} \otimes S_k \to S_0$ zusammen, so ergibt sich ein Isomorphismus

$$S_0 \otimes S_0 \xrightarrow{1 \otimes j} S_0 \otimes \bar{S}_k \xrightarrow{\beta_k^{-1} \otimes 1} \overline{\Lambda^{k,0}} \otimes S_k \otimes \bar{S}_k = \overline{\Lambda^{k,0}}.$$

Somit gilt

$$S_0^2 = \overline{\Lambda^{k,0}} = \Lambda^k(\Lambda^{0,1}) = \Lambda^{0,k}$$

Insgesamt erhalten wir folgende Tabelle

	$\mathcal{L}$	S_0	S_k
kanonische Spin$^{\mathbb{C}}$-Struktur	$\Lambda^k(T)$	$\Lambda^k(T)$	Θ^1
antikanonische Spin$^{\mathbb{C}}$-Struktur	$\Lambda^k(T^*)$	Θ^1	$\Lambda^k(T^*)$
Spin-Struktur	Θ^1	$S_0^2 = \Lambda^{0,k}$	$S_k^2 = \Lambda^{k,0}$

Wir fixieren jetzt einen Zusammenhang A im $U(1)$-Hauptfaserbündel P_1 der Spin$^{\mathbb{C}}$-Struktur (oder äquivalent: in $\mathcal{L}$) sowie einen Zusammenhang A_0 im hermiteschen Vektorbündel S_0. Dann erhalten wir einerseits den Dirac-Operator

$$D_A : \Gamma(S) \to \Gamma(S)$$

und andererseits $\bar{\partial}_{A_0}$- und $\bar{\partial}^*_{A_0}$-Operatoren im Bündel $(\sum_{i=0}^{k} \Lambda^{0,i}) \otimes S_0$. Dabei sind $\bar{\partial}_{A_0}$ und $\bar{\partial}^*_{A_0}$ definiert durch

$$\bar{\partial}_{A_0}(\eta^{0,r} \otimes \psi_0) = (\bar{\partial}\eta^{0,r}) \otimes \psi_0 + \left(\sum_{i=1}^{2k} e_i \wedge \eta^{0,r} \right)^{0,r+1} \otimes \nabla^{A_0}_{e_i}\psi_0$$

$$\bar{\partial}^*_{A_0}(\eta^{0,r} \otimes \psi_0) = (\bar{\partial}^*\eta^{0,r}) \otimes \psi_0 - \left(\sum_{i=1}^{2k} e_i \lrcorner \eta^{0,r} \right) \otimes \nabla^{A_0}_{e_i}\psi_0$$

Wir bemerken dabei, daß für jeden Vektor $X \in T(M^{2k})$ und jede $(0,r)$-Form $\eta^{0,r}$ die Form $X \lrcorner \eta^{0,r}$ eine $(0, r-1)$-Form ist. Daher ist in der Formel für $\bar{\partial}^*_{A_0}$ eine Projektion auf die $(0, r-1)$-Komponente nicht nötig. Die bereits definierten Isomorphismen

$$\alpha_r : \overline{\Lambda^{0,r}} \otimes S_0 \to S_r$$

ergeben zusammen einen Isomorphismus $\alpha = \sum_{r=0}^{k} \alpha_r$ zwischen dem Bündel $\left(\sum_{r=0}^{k} \overline{\Lambda^{0,r}} \right) \otimes S_0$ und S. Daher können wir D_A mit $\bar{\partial}_{A_0} + \bar{\partial}^*_{A_0}$ vergleichen. Wir bemerken dazu, daß $\alpha^{-1}D_A\alpha$ ein komplex-linearer Operator im Bündel $\left(\sum_{r=0}^{k} \Lambda^{0,r} \right) \otimes S$ wird.

Satz: *Es existiert ein Endomorphismus*

$$E : \left(\sum_{r=0}^{k} \Lambda^{0,r} \right) \otimes S_0 \to \left(\sum_{r=0}^{k} \Lambda^{0,r} \right) \otimes S_0$$

derart daß

$$\alpha^{-1}D_A\alpha = \sqrt{2}(\bar{\partial}_{A_0} + \bar{\partial}^*_{A_0}) + E$$

gilt. E hängt von der fast-komplexen Struktur J, der hermiteschen Metrik g und den Zusammenhängen A, A_0 ab.

Beweis: $\alpha^{-1}D_A\alpha$ und $\sqrt{2}(\bar{\partial}_{A_0} + \bar{\partial}^*_{A_0})$ sind Differentialoperatoren erster Ordnung. Daher genügt es zu zeigen, daß ihre Symbole übereinstimmen. Wir fixieren einen Vektor (Kovektor) X. Dann ist das Symbol $\sigma(D_A)(X) : S \to S$ die Clifford-Multiplikation mit dem Vektor X. Ohne Beschränkung der Allgemeinheit wählen wir die hermitesche Basis $e_1, J(e_1), \ldots e_{2k-1}, J(e_{2k-1})$ so, daß $X = e_1$ gilt. Wir berechnen nun

$$\sigma(\alpha^{-1}D_A\alpha)(X) : \left(\sum_{r=0}^{k} \Lambda^{0,r}\right) \otimes S_0 \to \left(\sum_{r=0}^{k} \Lambda^{0,r}\right) \otimes S_0.$$

Dazu zerlegen wir eine gegebene $(0,r)$-Form $\eta^{0,r}$ zunächst in

$$\eta^{0,r} = (e_1 + ie_2) \wedge \eta^{0,r-1} + \eta^{*0,r} \quad \text{mit} \quad e_1\lrcorner\eta^{*0,r} = e_2\lrcorner\eta^{*0,r} = 0.$$

Dann gilt

$$
\begin{aligned}
\sigma(D_A)(X)\alpha(\eta^{0,r}\otimes\psi_0) &= \frac{1}{2^{r/2}}e_1\cdot\eta^{0,r}\cdot\psi_0 \\
&= \frac{1}{2^{r/2}}e_1\cdot(e_1+ie_2)\cdot\eta^{0,r-1}\cdot\psi_0 + \frac{1}{2^{r/2}}e_1\cdot\eta^{*0,r}\cdot\psi_0 \\
&= \frac{1}{2^{r/2}}(-1+ie_1e_2)\cdot\eta^{0,r-1}\cdot\psi_0 + \frac{1}{2^{r/2}}(e_1\wedge\eta^{*0,r})\cdot\psi_0 - 0.
\end{aligned}
$$

Die Clifford-Multiplikation e_1e_2 ist mit $\eta^{0,r-1}$ vertauschbar und $e_1e_2\psi_0 = i\psi_0$. Weiterhin gilt $e_1\lrcorner\eta^{*0,r} = 0$. Somit erhalten wir

$$\sigma(D_A)(X)\alpha(\eta^{0,r}\otimes\psi_0) = -\frac{2}{2^{r/2}}\eta^{0,r-1}\cdot\psi_0 + \frac{1}{2}\frac{1}{2^{r/2}}\{(e_1+ie_2)\wedge\eta^{*0,r}\}\cdot\psi_0.$$

Wenden wir α^{-1} an, so folgt

$$
\begin{aligned}
\alpha^{-1}\sigma(D_A)(X)\alpha(\eta^{0,r}\otimes\psi_0) &= \left(-\sqrt{2}\eta^{0,r-1} + \sqrt{2}\left(\frac{e_1+ie_2}{2}\right)\wedge\eta^{*0,r}\right)\otimes\psi_0 \\
&= \left(-\sqrt{2}X\lrcorner\eta^{0,r} + \sqrt{2}\frac{(X+iJX)}{2}\wedge\eta^{0,r}\right)\otimes\psi_0
\end{aligned}
$$

Damit ist das Symbol von $\alpha^{-1}D_A\alpha$ berechnet. Die Symbole von $\bar\partial_{A_0}$ und $\bar\partial^*_{A_0}$ sind

$$\sigma(\bar\partial_{A_0})(X) = \sigma(\bar\partial)(X)\otimes Id_{S_0}$$

$$\sigma(\bar\partial^*_{A_0})(X) = \sigma(\bar\partial^*)(X)\otimes Id_{S_0}$$

und $\sigma(\bar\partial)(X) : \Lambda^{0,r} \to \Lambda^{0,r+1}$ bzw. $\sigma(\bar\partial)^*(X) : \Lambda^{0,r} \to \Lambda^{0,r-1}$ sind gegeben durch

$$\sigma(\bar\partial)(X)(\eta^{0,r}) = \frac{X+iJX}{2}\wedge\eta^{0,r} \quad , \quad \sigma(\bar\partial)^*(X)(\eta^{0,r}) = -X\lrcorner\eta^{0,r}.$$

$\blacksquare$

Betrachten wir den Spezialfall einer Kählerschen Mannigfaltigkeit (M^{2k}, J, g). Ist Q das $SO(2k)$-Reper-Bündel und R die $U(k)$-Reduktion, so reduziert der

Levi-Civita-Zusammenhang sich auf das $U(k)$-Hauptfaserbündel R. Wählen wir zudem die antikanonische Spin$^{\mathbb{C}}$-Struktur, dann gilt $S_0 = \Theta^1$, $\mathcal{L} = \Lambda^k(T^*) = R \times_{(det)^{-1}} \mathbb{C}$. Somit induziert der Levi-Civita-Zusammenhang einen Zusammenhang A in $\mathcal{L}$. Den Zusammenhang A_0 in $S_0 = \Theta^1$ wählen wir trivial. In diesem Fall stimmt der entsprechende Dirac-Operator D direkt mit $\sqrt{2}(\bar{\partial} + \bar{\partial}^*)$ überein:

Satz: *Sei (M^{2k}, J, g) eine Kählersche Mannigfaltigkeit mit der antikanonischen Spin$^{\mathbb{C}}$-Struktur. Dann gilt*

> *1. $S \approx \overline{\Lambda^{0,0}} + \ldots + \overline{\Lambda^{0,k}}$.*

> *2. Der mittels des Levi-Civita-Zusammenhangs definierte Dirac-Operator fällt mit $\sqrt{2}(\bar{\partial} + \bar{\partial}^*)$ zusammen.*

Folgerung: *Der Raum der harmonischen Spinoren $\{\psi \in \Gamma(S) : D\psi = 0\}$ einer kompakten Kählerschen Mannigfaltigkeit (bezüglich der antikanonischen Spin$^{\mathbb{C}}$-Struktur) ist isomorph zu*

$$\sum_{r=0}^{k} H^r(M^{2k}; \mathcal{O}).$$

Wir diskutieren abschließend noch den Fall einer Kählerschen Mannigfaltigkeit (M^{2k}, J, g) mit fixierter *Spin*-Struktur. Dann gilt

$$\mathcal{L} = \Theta^1, \quad S_0^2 = \Lambda^{0,k}, \quad S_k^2 = \Lambda^{k,0}.$$

Somit ist S_k eine Wurzel aus dem kanonischen Bündel $K = \Lambda^k(T^*) = \Lambda^{k,0}$ der Kählerschen Mannigfaltigkeit und das Spinorbündel ist isomorph zu

$$S = (\Lambda^{0,0} + \Lambda^{0,1} + \ldots + \Lambda^{0,k}) \otimes S_k.$$

In $\mathcal{L} = \Theta^1$ wählen wir den trivialen Zusammenhang A und der Zusammenhang in S_k wird wegen $S_k^2 = \Lambda^{k,0}$ von dem Levi-Civita-Zusammenhang induziert. Für den entsprechenden Dirac-Operator D gilt dann zusammenfassend

Satz: *Sei (M^{2k}, J, g) eine Kählersche Mannigfaltigkeit mit fixierter Spin-Struktur. Dann ist*

> *1. S_k eine Wurzel aus dem kanonischen Bündel, $S_k^2 = K = \Lambda^{k,0}$.*

> *2. das Spinorbündel isomorph zu $S = \left(\sum_{r=0}^{k} \Lambda^{0,r} \right) \otimes S_k$.*

> *3. Der Dirac-Operator stimmt mit $\sqrt{2}(\bar{\partial} + \bar{\partial}^*)$ überein.*

Folgerung: *Der Raum der harmonischen Spinoren* $\{\psi \in \Gamma(S) : D\psi = 0\}$ *einer kompakten Kählerschen Mannigfaltigkeit mit Spin-Struktur ist isomorph zu* $\sum_{r=0}^{k} H^r(M^{2k}, \mathcal{O}(S_k))$, *wobei* S_k *ein Linienbündel mit* $S_k^2 = K = \Lambda^{k,0}$ *ist (welches die Spin-Struktur beschreibt).* ∎

3.5 Der Dirac-Operator eines Riemannsch-symmetrischen Raumes

Wir betrachten einen Riemannsch-symmetrischen Raum M^m mit der Isometriegruppe G. Ist K die Isotropiegruppe eines fixierten Punktes $m_0 \in M^m$, so kann M^m mit dem homogenen Raum G/K identifiziert werden. Die Lie-Algebra $\mathfrak{g}$ der Gruppe G zerlegt sich in

$$\mathfrak{g} = \mathfrak{k} + \mathfrak{m}$$

und es gelten die Kommutatorbeziehungen

$$[\mathfrak{k}, \mathfrak{k}] \subset \mathfrak{k}, \qquad [\mathfrak{k}, \mathfrak{m}] \subset \mathfrak{m}, \qquad [\mathfrak{m}, \mathfrak{m}] \subset \mathfrak{k}.$$

Weiterhin ist $\mathfrak{m}$ ein $Ad(K)$-invarianter Unterraum der Lie-Algebra $\mathfrak{g}$,

$$Ad(k)(\mathfrak{m}) \subset \mathfrak{m} \qquad \text{für} \quad k \in K.$$

Sei $\langle , \rangle$ ein Skalarprodukt im Vektorraum $\mathfrak{g}$, welches positiv-definit auf $\mathfrak{m}$ ist und die Invarianzeigenschaft

$$\langle [X, Y], Z \rangle + \langle Y, [X, Z] \rangle = 0$$

für alle $X, Y, Z \in \mathfrak{g}$ besitzt. Dieses Skalarprodukt definiert eine Riemannsche Metrik auf M^n, die wir gleichfalls mit $\langle , \rangle$ bezeichnen wollen. Die Rechts- und die Linkstranslationen in der Gruppe G bezeichnen wir mit R_g bzw. L_g,

$$R_g(g_1) = g_1 g \quad , \quad L_g(g_1) = g g_1.$$

Die Projektion $\pi : G \to G/K = M^m$ ist ein K-Hauptfaserbündel. Dieses Hauptfaserbündel besitzt einen kanonischen Zusammenhang Z. Die Gruppe K wirkt von rechts auf G. Ist somit $X \in \mathfrak{k}$, so wird das fundamentale Vektorfeld der K-Wirkung an der Stelle $g \in G$ gegeben durch

$$\tilde{X}(g) = \frac{d}{dt}(g \cdot e^{tX})_{t=0}$$

Dies ist jedoch genau das linksinvariante Vektorfeld X bestimmt durch den Vektor $X \in \mathfrak{k}$. Somit stimmt der vertikale Tangentialraum des K-Hauptfaserbündels $\pi : G \to G/K$ an der Stelle $g \in G$ überein mit dem Raum $dL_g(\mathfrak{k})$,

$$T_g^v(G) = dL_g(\mathfrak{k}).$$

Wir definieren jetzt den Zusammenhang im K-Hauptfaserbündel als Aufspaltung

$$T_g(G) = T_g^v(G) + T_g^h(G)$$

mit $T_g^h(G) = dL_g(\mathfrak{m})$. Wir müssen prüfen, daß diese Distribution $\{T_g^h(G) = dL_g(\mathfrak{m})\}$ rechtsinvariant unter der K-Wirkung ist. Es gilt jedoch

$$T_{gk}^h(G) = dL_g dL_k(\mathfrak{m}) = dR_k dR_{k^{-1}} dL_g dL_k(\mathfrak{m}).$$

Nun kommutiert jede Rechtstranslation mit jeder Linkstranslation und wir erhalten

$$T_{gk}^h(G) = dR_k dL_g dR_{k^{-1}} dL_k(\mathfrak{m}) = dR_k dL_g Ad(k)(\mathfrak{m}) = dR_k dL_g(\mathfrak{m}) = dR_k(T_g^h(G)).$$

Es ist einfach, diesen kanonischen Zusammenhang im Hauptfaserbündel $(G, \pi, G/K; K)$ als 1-Form $Z : TG \to \mathfrak{k}$ zu beschreiben. Sei Θ die Maurer-Cartan-Form der Lieschen Gruppe G,

$$\Theta : T(G) \to \mathfrak{g} \quad , \quad \Theta(\vec{t}) = dL_{g^{-1}}(\vec{t_g}).$$

Dann gilt $$Z = pr_{\mathfrak{k}} \circ \Theta.$$

Tatsächlich, ist $X \in \mathfrak{k}$, so wird das fundamentale Vektorfeld $\tilde{X}$ der K-Wirkung durch das linksinvariante Vektorfeld X beschrieben und es folgt $\Theta(\tilde{X}) = X$, d.h. $Z(\tilde{X}) = X$. Andererseits besteht der Kern von Z genau aus $T^h(G)$. Wir berechnen die Krümmungsform dieses kanonischen Zusammenhanges. Es gilt

$$\Omega^Z = dZ + \frac{1}{2}[Z, Z] = pr_{\mathfrak{k}}(d\Theta) + \frac{1}{2}[pr_{\mathfrak{k}}\Theta, pr_{\mathfrak{k}}\Theta]$$

Ist jedoch $\Theta = \Theta_{\mathfrak{k}} + \Theta_{\mathfrak{m}}$ die Aufspaltung der Maurer-Cartan-Form, so gilt

$$[\Theta, \Theta] = [\Theta_{\mathfrak{k}}, \Theta_{\mathfrak{k}}] + [\Theta_{\mathfrak{k}}, \Theta_{\mathfrak{m}}] + [\Theta_{\mathfrak{m}}, \Theta_{\mathfrak{k}}] + [\Theta_{\mathfrak{m}}, \Theta_{\mathfrak{m}}]$$

und aus den Kommutatorrelationen folgt

$$pr_{\mathfrak{k}}[\Theta, \Theta] = [\Theta_{\mathfrak{k}}, \Theta_{\mathfrak{k}}] + [\Theta_{\mathfrak{m}}, \Theta_{\mathfrak{m}}].$$

Daher erhalten wir

$$\Omega^Z = pr_{\mathfrak{k}}(d\Theta + \frac{1}{2}[\Theta, \Theta]) - \frac{1}{2}[\Theta_{\mathfrak{m}}, \Theta_{\mathfrak{m}}].$$

und die Strukturgleichung $d\Theta + \frac{1}{2}[\Theta, \Theta] = 0$ der Lieschen Gruppe G führt zu dem Resultat

$$\Omega^Z = -\frac{1}{2}[pr_{\mathfrak{m}}\Theta, pr_{\mathfrak{m}}\Theta].$$

Sei Q das Reperbündel der orthonormalen Repere von M^m. Dann existiert eine Inklusion $i : G \to Q$ derart, daß

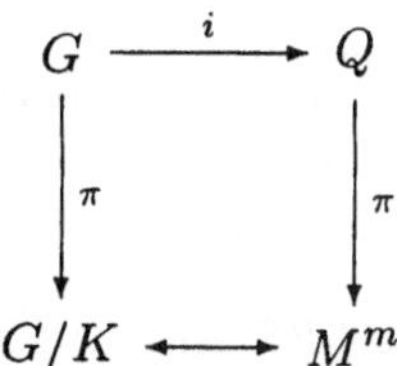

kommutiert. Dazu müssen wir nur eine orthonormale Basis $e_1, \ldots, e_m$ im Punkte m_0 fixieren und $i(g) = (dl_g(e_1), \ldots, dl_g(e_m))$ definieren, wobei $l_g : M^m \to M^m$ die Wirkung von $g \in G$ auf M^m ist. Wir wollen nun einsehen, daß der Levi-Civita-Zusammenhang sich auf das K-Hauptfaserbündel $(G, \pi, G/K; K)$ reduziert und dort mit dem konstruierten Zusammenhang Z übereinstimmt. Dazu bemerken wir, daß das Tangentialbündel $T(M^m)$ von $M^m = G/K$ das assoziierte Bündel

$$T(M^m) = G \times_{Ad(K)} \mathfrak{m}$$

ist mit der Darstellung $Ad : K \to \mathfrak{O}(\mathfrak{m})$. Ein Vektorfeld T auf der Mannigfaltigkeit M^m ist somit eine Abbildung $T : G \to \mathfrak{m}$ mit der Invarianzeigenschaft $T(gk) = Ad(k^{-1})T(g)$. Z induziert in $T(M^m) = G \times_{Ad(K)} \mathfrak{m}$ eine kovariante Ableitung ∇^Z und es gilt

$$\nabla^Z T = dT + [pr_{\mathfrak{k}}\Theta, T].$$

Damit ergibt sich aufgrund der Invarianzeigenschaft von $\langle, \rangle$

$$
\begin{aligned}
\langle \nabla^Z T, T_1 \rangle + \langle T, \nabla^Z T_1 \rangle &= \langle dT, T_1 \rangle + \langle T, dT_1 \rangle + \langle [pr_{\mathfrak{k}}\Theta, T], T_1 \rangle + \langle T, [pr_{\mathfrak{k}}\Theta, T_1] \rangle \\
&= \langle dT, T_1 \rangle + \langle T, dT_1 \rangle = d\langle T, T_1 \rangle
\end{aligned}
$$

d.h. ∇^Z erhält die Riemannsche Metrik. Analog zeigt man, daß ∇^Z torsionsfrei ist. Durch diese beiden Bedingungen ist jedoch der Levi-Civita-Zusammenhang von M^m eindeutig bestimmt.

Wir fixieren jetzt eine homogene *Spin*-Struktur des symmetrischen Raumes G/K, d.h. einen Homomorphismus $\widetilde{Ad} : K \to Spin(\mathfrak{m})$ derart, daß

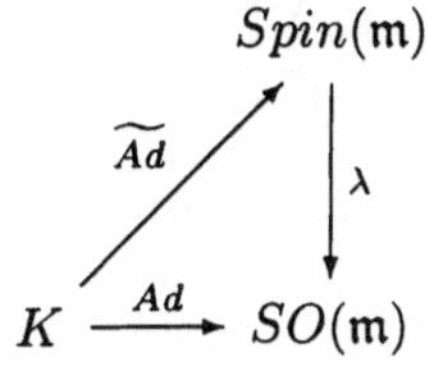

kommutiert. Sei $\kappa : Spin(\mathfrak{m}) \to GL(\Delta)$ die *Spin*-Darstellung. Ein Spinorfeld ψ wird dann mit einer Funktion $\psi : G \to \Delta$ identifiziert, welche die Invarianzeigenschaft

$$\psi(gk) = \kappa\widetilde{Ad}(k^{-1})\psi(g)$$

hat. Sei X ein linksinvariantes Vektorfeld auf der Gruppe G mit $X \in \mathfrak{k}$. Dann gilt

$$X\psi(g) = \frac{d}{dt}\psi(ge^{tX}) = \frac{d}{dt}\kappa\widetilde{Ad}(e^{-tX})\psi(g) = -\kappa_*\widetilde{Ad}_*(X)\psi(g)$$

also

$$X\psi = -\kappa_*\widetilde{Ad}(X)\psi = -\widetilde{Ad}_*(X) \cdot \psi$$

wobei $\widetilde{Ad}(X) \cdot \psi$ die Clifford-Multiplikation des Spinors $\psi \in \Delta = \Delta(\mathfrak{m})$ mit dem Element $\widetilde{Ad}_*(X) \in \mathfrak{spin}(\mathfrak{m}) \subset \mathfrak{Cliff}\,(\mathfrak{m})$ der Clifford-Algebra ist.

Wir betrachten die 1-Form $D^Z\psi$ mit Werten in Δ. Dann gilt

$$(D^Z\psi)(X) = D\psi(X) + \kappa_*\widetilde{Ad}_*(Z(X))\psi.$$

Ist $X \in \mathfrak{k}$, so zeigt die letzte Rechnung $(Z(X) = X!)$ sofort $D^Z\psi(X) = 0$. Ist $X \in \mathfrak{m}$, dann erhalten wir $Z(X) = 0$ und daher $D^Z\psi(X) = X(\psi)$. Wählen wir also eine orthonormale Basis $X_1, \ldots, X_m$ in $\mathfrak{m}$, so gilt

$$D^Z\psi = \sum_{i=1}^{m} X_i \otimes X_i(\psi)$$

und für den Dirac-Operator erhalten wir die einfache Formel $\quad D\psi = \sum_{i=1}^{m} X_i \cdot X_i(\psi)$. Wir berechnen D^2.

$$D^2\psi = \sum_{i,j=1}^{m} X_i \cdot X_j \cdot (X_iX_j(\psi)) = -\sum_{i=1}^{m} X_i^2(\psi) + \frac{1}{2}\sum_{i,j=1}^{m} X_i \cdot X_j \cdot ([X_i, X_j]\psi).$$

Das Vektorfeld $[X_i, X_j]$ liegt jedoch in $\mathfrak{k}$ und dann zeigt die obige Rechnung

$$[X_i, X_j](\psi) = -\widetilde{Ad}_*([X_i, X_j]) \cdot \psi.$$

Wir setzen dies ein und erhalten

$$D^2\psi = -\sum_{i=1}^{m} X_i^2(\psi) - \frac{1}{2}\sum_{i,j=1}^{m} X_i \cdot X_j \cdot \widetilde{Ad}_*([X_i, X_j]) \cdot \psi.$$

In der Lie-Algebra $\mathfrak{k}$ wählen wir eine orthonormale Basis $Y_1, \ldots, Y_k$. Dann folgt aus

$$Y_\alpha(\psi) = -\widetilde{Ad}_*(Y_\alpha) \cdot \psi$$

sofort

$$Y_\alpha^2(\psi) = \widetilde{Ad}_*(Y_\alpha) \cdot \widetilde{Ad}_*(Y_\alpha) \cdot \psi$$

und letztlich mit dem Casimir-Operator $\Omega_G = -\sum_{i=1}^{m} X_i^2 - \sum_{\alpha=1}^{k} Y_\alpha^2$ der Gruppe G die Formel

$$D^2\psi = \Omega_G(\psi) + \sum_{\alpha=1}^{k} \widetilde{Ad}_*(Y_\alpha) \cdot \widetilde{Ad}_*(Y_\alpha) \cdot \psi - \frac{1}{2} \sum_{i,j=1}^{m} X_i \cdot X_j \cdot \widetilde{Ad}_*([X_i, X_j]) \cdot \psi.$$

Zur Behandlung des Restgliedes führen wir nachstehende Rechnung in der Clifford-Algebra $\mathfrak{Cliff}(\mathfrak{m})$ durch. Sei $\widetilde{Ad}_*(Y_\alpha) \in \mathfrak{spin}(\mathfrak{m})$ und $X_1, \ldots, X_m$ eine orthonormale Basis in $\mathfrak{m}$. Dann gilt

$$\begin{aligned}
\widetilde{Ad}_*(Y_\alpha) &= \frac{1}{4} \sum_{i,j=1}^{m} \langle \lambda_* \widetilde{Ad}_*(Y_\alpha)(X_i), X_j \rangle X_i X_j = \\
&= \frac{1}{4} \sum_{i,j=1}^{m} \langle Ad_*(Y_\alpha)(X_i), X_j \rangle X_i \cdot X_j = \\
&= \frac{1}{4} \sum_{i,j=1}^{m} \langle [Y_\alpha, X_i], X_j \rangle X_i \cdot X_j
\end{aligned}$$

und analog

$$\widetilde{Ad}_*([X_i, X_j]) = \frac{1}{4} \sum_{p,q=1}^{m} \langle [[X_i, X_j], X_p], X_q \rangle X_p \cdot X_q.$$

Der Restterm fällt somit zusammen mit

$$\frac{1}{16} \sum_{\alpha=1}^{k} \sum_{i,j=1}^{m} \sum_{p,q=1}^{m} \langle [Y_\alpha, X_i], X_j \rangle \langle [Y_\alpha, X_p], X_q \rangle X_i X_j X_p X_q -$$

$$-\frac{1}{8} \sum_{i,j=1}^{m} \sum_{p,q=1}^{m} \langle [[X_i, X_j], X_p], X_q \rangle X_i X_j X_p X_q.$$

Nun gilt aufgrund der Invarianzeigenschaft des Skalarproduktes $\langle , \rangle$ in $\mathfrak{g}$:

$$\sum_{\alpha=1}^{k} \langle [Y_\alpha, X_i], X_j \rangle \langle [Y_\alpha, X_p], X_q \rangle = \sum_{\alpha=1}^{k} \langle Y_\alpha, [X_i, X_j] \rangle \langle Y_\alpha, [X_p, X_q] \rangle = \langle [X_i, X_j], [X_p, X_q] \rangle.$$

Damit vereinfacht sich das Restglied zu dem Ausdruck

$$-\frac{1}{16} \sum_{i,j,p,q} \langle [X_i, X_j], [X_p, X_q] \rangle X_i X_j X_p X_q.$$

Der Levi-Civita-Zusammenhang ist induziert von dem Zusammenhang Z im K-Hauptfaserbündel. Somit gilt für den Krümmungstensor R des Riemannschen Raumes die Formel

$$R(X_i, X_j) = [\Omega^Z(X_i, X_j), \cdot \,],$$

d.h.

$$\langle R(X_i, X_j) X_p, X_q \rangle = \langle [\Omega^Z(X_i, X_j), X_p], X_q \rangle = -\langle [[X_i, X_j], X_p], X_q \rangle = -\langle [X_i, X_j], [X_p, X_q] \rangle$$

In der Clifford-Algebra $\mathfrak{Cliff}(\mathfrak{m}) = \mathcal{C}_m$ hat das Restglied $\mathcal{C}_m^0$-, $\mathcal{C}_m^2$- und $\mathcal{C}_m^4$-Bestandteile. Die $\mathcal{C}_m^2$- und $\mathcal{C}_m^4$-Bestandteile verschwinden und für den $\mathcal{C}_m^0$-Bestandteil gilt

$$-\frac{1}{4} \sum_{i<j} \langle [X_i, X_j], [X_i, X_j] \rangle X_i X_j X_i X_j = \frac{1}{4} \sum_{i<j} \| [X_i, X_j] \|^2 = \frac{1}{8} \sum_{i,j} \| [X_i, X_j] \|^2 = \frac{1}{8} R$$

wobei R die Skalarkrümmung des Raumes G/K ist. Zusammenfassend ergibt sich

Satz: *Sei $M^m = G/K$ ein kompakter, Riemannsch-symmetrischer Raum mit einer homogenen Spin-Struktur. Sei Ω_G der Casimir-Operator der Lieschen Gruppe G. Dann gilt*

$$D^2 = \Omega_G + \frac{1}{8} R.$$

Bemerkung: Der Sinn dieser Formel besteht darin, daß man mit ihrer Hilfe rein darstellungstheoretisch die Eigenwerte von D^2 berechnen kann. Sei $\lambda : G \to GL(V_\lambda)$ eine irreduzible komplexe Darstellung und $\lambda_* : \mathfrak{g} \to \mathfrak{gl}(V_\lambda)$ ihr Differential. Dann ist

$$\lambda_*(\Omega_G) = -\sum_{i=1}^{m} \lambda_*(X_i)^2 - \sum_{\alpha=1}^{k} \lambda_*(Y_\alpha)^2$$

ein Operator in V_λ. Man zeigt leicht. daß dieser Operator mit allen Automorphismen $\lambda(g) : V_\lambda \to V_\lambda$ $(g \in G)$ vertauschbar ist. Dies ergibt sich aus der leicht nachrechenbaren Formel

$$\lambda(g) \lambda_*(X) \lambda(g^{-1}) = \lambda_*(Ad(g)X)$$

$X \in \mathfrak{g}, g \in G$ sowie aus der Tatsache, daß $Ad(g) : \mathfrak{g} \to \mathfrak{g}$ die orthonormale Basis $\{X_1, \ldots, X_m, Y_1, \ldots, Y_k\}$ wiederum in eine orthonormale Basis von $\mathfrak{g}$ abbildet.

Sei μ ein Eigenwert von $\lambda_*(\Omega_G)$ und $W_\mu \subset V_\lambda$ der Eigenunterraum. Dann ist W_μ invariant unter allen $\lambda(g), g \in G$. Weil V_λ irreduzibel ist, folgt $W_\mu = 0$ oder V_λ. $W_\mu = 0$ ist ausgeschlossen, weil über $\mathbb{C}$ $\lambda_*(\Omega_G)$ tatsächliche Eigenwerte hat. Also gilt $W_\mu = V_\lambda$, d.h. $\lambda_*(\Omega_G)$ ist ein Vielfaches der Identität.

Wir betrachten nun den Hilbertraum $L^2(S) = L^2(G/K; S)$ aller quadratisch-integrierbaren Schnitte im Spinorbündel über dem kompakten Riemannsch-symmetrischen Raum. Dann wirkt G als Gruppe unitärer Transformationen auf L^2. Wir zerlegen L^2 in die direkte Summe

$$L^2(S) = \oplus_{\lambda \in \Lambda} V_\lambda$$

endlich-dimensionaler, irreduzibler G-Darstellungen V_λ und berechnen jeweils die Zahl $c(\lambda)$ mit $\lambda_*(\Omega_G) = c(\lambda) Id_{V_\lambda}$. Das Spektrum von D^2 ist dann gegeben durch

$$Spec\,(D^2) = \{c(\lambda) + \frac{1}{8}R : \quad \lambda \in \Lambda\}.$$

Diese Rechnungen wurden zum Beispiel für die Sphäre $S^n = SO(n+1)/SO(n)$, gewisse Graßmannsche Mannigfaltigkeiten $G_{n,k} = SO(n+k)/(SO(n) \times SO(k))$ oder für komplex-projektiven Räume $\mathbb{CP}^{2k+1}$ durchgeführt (siehe Literatur).

3.6 Literatur und Aufgaben

M. Cahen, A. Franc et S. Gutt. Spectrum of the Dirac Operator on Complex Projective Space $\mathbb{CP}^{2q-1}$, Letters in Math. Phys., 18, 1989, p. 165-176.

Th. Friedrich. Der erste Eigenwert des Dirac-Operators einer kompakten Riemannschen Mannigfaltigkeit nichtnegativer Skalarkrümmung, Math. Nachr. 97 (1980), 117-146.

Th. Friedrich. Zur Existenz paralleler Spinorfelder über Riemannschen Mannigfaltigkeiten, Coll. Math. vol. XLIV (1981), 277-290.

N. Hitchin. Harmonic Spinors, Adv. in Math. 14 (1974), 1-55.

K.-D. Kirchberg. Compact Six-Dimensional Kähler Spin Manifolds of positive scalar curvature with the smallest possible first eigenvalue of the Dirac operator, Math. Ann. 282 (1988), 157-176.

A. Lichnerowicz. Spineurs harmoniques, C.R. Acad. Sci. Paris Ser. A-B 257 (1963), 7-9.

J.-L. Milhorat. Spectre de l'opérateur de Dirac sur les espaces projectifs quaternioniens, C.R. Acad. Sci. Paris, t. 314, Série I, p. 69-72, 1992.

S. Seifarth, U. Semmelmann. The spectrum of the Dirac operator on the odd-dimensional complex projective space $\mathbb{CP}^{2m-1}$, Preprint des SFB 288 "Differentialgeometrie und Quantenphysik" No. 95 (1993).

H. Strese. Über den Dirac-Operator auf Graßmannschen Mannigfaltigkeiten, Math. Nachr. 98 (1980), 53-58.

S. Sulanke. Berechnung des Spektrums des Quadrates des Dirac-Operators D^2 auf der Sphäre und Untersuchungen zum ersten Eigenwert von D auf 5-dimensionalen Räumen konstanter positiver Schnittkrümmung, Dissertation, Humboldt-Universität zu Berlin 1981.

Aufgabe 1:

Sei (M^4, g) eine 4-dimensionale Riemannsche Spin-Mannigfaltigkeit mit nichttrivialen parallelen Spinoren ψ^+, ψ^- in den Bündeln S^+ bzw. S^-. Beweisen Sie, daß (M^4, g) flach ist.

Aufgabe 2:

Beweisen Sie, daß jeder parallele Spinor ψ^+ im Bündel S^+ einer 4-dimensionalen Riemannschen Mannigfaltigkeit (M^4, g) eine komplexe Struktur $J \; : \; TM^4 \; \to \; TM^4$ derart induziert, daß (M^4, g, J) eine Kählersche Mannigfaltigkeit ist.

Aufgabe 3:

Beweisen Sie, daß im 2-dimensionalen Euklidischen Raum $\mathbb{R}^2$ die allgemeine Lösung der Twistorgleichung $T(\psi) = 0$ gegeben ist durch

$$\psi(x,y) = \begin{pmatrix} C \\ D \end{pmatrix} - \begin{pmatrix} 0 & x+iy \\ -x+iy & 0 \end{pmatrix} \begin{pmatrix} A \\ B \end{pmatrix}$$

mit beliebigen Vektoren $\begin{pmatrix} A \\ B \end{pmatrix}, \begin{pmatrix} C \\ D \end{pmatrix} \in \mathbb{C}^2 = \Delta_2$.

Aufgabe 4:

Die auf der Teilmenge $M^4 \subset \mathbb{R}^4$,

$$M^4 = \{(x_1, \ldots, x_4) \in \mathbb{R}^4 : \quad x_1 > 0 \;\;, \quad 0 < x_2 < \pi\}$$

definierte Metrik

$$ds^2 = \frac{x_1}{x_1 + c}(dx_1)^2 + x_1^2(dx_2)^2 + x_1 \sin^2(x_2)(dx_3)^2 + \frac{x_1 + c}{x_1}(dx_4)^2$$

$(c > 0)$ ist Ricci-flach, besitzt jedoch keine parallelen Spinoren.

Aufgabe 5:

(M^4, g) sei eine Riemannsche Spin-Mannigfaltigkeit und $\psi \in \Gamma(S)$ ein Spinorfeld. Gilt

$$\nabla_X \psi = w(X) \cdot \psi$$

mit einer reell-wertigen 1-Form w, so folgt

a) $Ric \equiv 0$.

b) $dw = 0$.

Zeigen Sie an Beispielen, daß dies für allgemeine komplexwertige Formen nicht gilt.

4   Analytische Eigenschaften der Dirac-Operatoren

4.1   Die wesentliche Selbstadjungiertheit von Dirac-Operatoren in L^2

Wir erinnern zunächst an einige Begriffe der Spektraltheorie linearer Operatoren in komplexen Hilbert-Räumen H. Sei A ein (i.A. unbeschränkter) Operator mit dichtem Definitionsbereich $\mathcal{D}(A)$. Den Wertebereich von A bezeichnen wir mit $R(A)$. Der Graph $\Gamma(A) \subset H \times H$ besteht aus allen Paaren (x, Ax), $x \in \mathcal{D}(A)$. Wir wollen im folgenden voraussetzen, daß seine abgeschlossene Hülle $\overline{\Gamma(A)} \subset H \times H$ wiederum der Graph eines Operators $\bar{A}$ ist, den man die Abschließung von A nennt. $\bar{A}$ wirkt dann durch die Formel

$$\bar{A}(x) = \lim_{n \to \infty} A(x_n)$$

und sein Definitionsbereich $\mathcal{D}(\bar{A})$ besthet aus allen Vektoren $x \in H$, für die eine Folge $x_n \in \mathcal{D}(A)$ mit $\lim_{n \to \infty} x_n = x$ existiert und $A(x_n)$ gleichzeitig konvergent in H ist. Differentialoperatoren sind in diesem Sinne stets abschließbare Operatoren. Das Spektrum eines Operators besteht aus drei Bestandteilen. Zunächst sind dies die Eigenwerte von A, welche zusammengefaßt das sogenannte Punktspektrum $\sigma_p(A)$ bilden:

$$\sigma_p(A) = \{\lambda \in \mathbb{C} : \; ker \; (A - \lambda) \neq \{0\}\}.$$

Weiterhin hat man das residuale Spektrum $\sigma_r(A)$ und das stetige Spektrum $\sigma_c(A)$:

$$\sigma_r(A) = \{\lambda \in \mathbb{C} : \; ker \; (A - \lambda) = 0, \quad \overline{R(A - \lambda)} \neq H\}$$

$$\sigma_c(A) = \{\lambda \in \mathbb{C} : \; ker \; (A - \lambda) = 0, \; \overline{R(A - \lambda)} = H, \; (A - \lambda)^{-1} \text{ ist unbeschränkt}\}$$

Die verbleibenden komplexen Zahlen bilden die Resolventenmenge $\rho(A)$:

$$\rho(A) = \{\lambda \in \mathbb{C} : (A - \lambda)^{-1} \text{ ist ein beschränkter Operator definiert auf } H\}.$$

Zu jedem Operator A gehört der adjungierte Operator A^* mit dem Definitionsbereich

$$\mathcal{D}(A^*) = \{x \in H : \exists \, y \in H \; \forall \, z \in \mathcal{D}(A) : \langle Az, x \rangle = \langle z, y \rangle\}$$

und $A^*(x) = y$. Daraus folgt die Beziehung

$$\langle Az, x \rangle = \langle z, A^*(x) \rangle$$

für alle Vektoren $z \in \mathcal{D}(A), x \in \mathcal{D}(A^*)$. Sei A ein symmetrischer Operator, d.h. gelte

$$\langle Ax, y \rangle = \langle x, Ay \rangle, \quad x, y \in \mathcal{D}(A).$$

Dann ist $\mathcal{D}(A)$ in $\mathcal{D}(A^*)$ enthalten und $A^*_{|\mathcal{D}(A)} = A$. (Wir schreiben dafür kurz: $A \subset A^*$). Der zweifach adjungierte Opeerator A^{**} stimmt mit der Abschließung $\bar{A}$ überein (Satz von Neumann):

$$\bar{A} = A^{**} \subset A^*.$$

Definition: *Ein Operator A heißt selbstadjungiert, falls $A = A^*$ gilt.*

Insbesondere sind selbstadjungierte Operatoren abgeschlossen, $A = \bar{A}$.

Definition: *Ein Operator A heißt wesentlich selbstadjungiert, falls seine Abschließung $\bar{A}$ selbstadjungiert ist, d.h $\bar{A} = A^*$ gilt.*

Das Spektrum wesentlich selbstadjungierter Operatoren ist reell,

$$\sigma(A) = \sigma(\bar{A}) = \sigma(A^*) \subset \mathbb{R}^1.$$

Wir erinnern abschließend an den Begriff eines Spektralmaßes. Ist $S \subset \mathbb{C}$ eine Menge komplexer Zahlen, $\mathcal{B}(S)$ die σ-Algebra aller Borel-Mengen, so ist ein Spektralmaß F eine Abbildung

$$F : \mathcal{B}(S) \to Proj\ (H)$$

der σ-Algebra $\mathcal{B}(S)$ in die Menge *Proj* (H) aller Projektoren des Hilbert-Raumes mit folgenden Eigenschaften:

a) $F(S) = Id_H$

b) Ist $x \in H$, so wird durch $\mu_x(B) = \langle F(B)x, x \rangle, B \in \mathcal{B}(S)$, ein Maß auf der σ-Algebra $\mathcal{B}(S)$ definiert.

Für je zwei Vektoren $x, y \in H$ ist dann

$$\mu_{x,y}(B) = (F(B)x, y)$$

ein komplex-wertiges Maß. Man kann meßbare Funktionen $f : S \to \mathbb{C}$ nach Spektralmaßen integrieren:

$$\int_S f(s)dF(s).$$

Das Ergebnis ist ein Operator im Hilbert-Raum H, der für beschränkte Funktionen beschränkt ist. Weiterhin gilt die Formel

$$\langle (\int_S f(s)dF(s))x, y \rangle = \int_S f(s)d\mu_{x,y}(s).$$

Der Spektralsatz für selbstadjungierte Operatoren kann nun wie folgt formuliert werden:

Satz: *Sei A ein selbstadjungierter Operator in H mit dem Spektrum $\sigma(A) \subset \mathbb{R}^1$. Dann existiert genau ein Spektralmaß F der σ-Algebra $\mathcal{B}(\sigma(A))$ mit*

$$A = \int\limits_{\sigma(A)} \lambda dF(\lambda).$$

Wir wenden uns jetzt der Situation des Dirac-Operators D_A einer Riemannschen Mannigfaltigkeit (M^n, g) mit fixierter $Spin^{\mathbb{C}}$-Struktur und fixiertem Zusammenhang A im Determinantenbündel der $Spin^{\mathbb{C}}$-Struktur zu. Der Raum $\Gamma_c(S)$ aller Schnitte des Spinorbündels mit kompaktem Träger hat das Skalarprodukt

$$(\psi_1, \psi_2) = \int\limits_{M^n} (\psi_1(x), \psi_2(x)) dM^n.$$

Sei $L^2(S)$ die Vervollständigung dieses Raumes. D_A ist ein symmetrischer Operator in $L^2(S)$ mit dem Definitionsbereich $\mathcal{D}(D_A) = \Gamma_c(S)$ (siehe Abschnitt 3.2.). In diesem Abschnitt werden wir beweisen, daß im Fall einer vollständigen Riemannschen Mannigfaltigkeit (M^n, g) der Operator D_A wesentlich selbstadjungiert ist. Zunächst führen wir folgende Formel für D_A an:

Satz: *Ist f eine glatte Funktion definiert auf der Mannigfaltigkeit M^n, $grad\,(f)$ deren Gradientenvektorfeld und ψ ein Spinorfeld, so gilt*

$$D_A(f \cdot \psi) = f D_A(\psi) + grad\,(f) \cdot D_A(\psi).$$

Beweis: Wir erhalten diese Formel durch eine direkte Rechnung:

$$D_A(f \cdot \psi) = \sum_{i=1}^n e_i \cdot \nabla_{e_i}^A(f \cdot \psi) = \sum_{i=1}^n e_i \cdot (e_i(f)\psi + f\nabla_{e_i}^A \psi) = grad\,(f) \cdot \psi + f D_A(\psi)$$

$$\blacksquare$$

Wir beginnen jetzt den Beweis der wesentlichen Selbstadjungiertheit des Dirac-Operators D_A. Dabei folgen wir der Arbeit von J. Wolf (siehe Literatur am Ende des Kapitels) und gliedern diesen Beweis in mehrere Schritte. Sei D_A^* der zu D_A adjungierte Operator. Im Definitionsbereich $\mathcal{D}(D_A^*)$ führen wir die Norm

$$N(\psi) = \sqrt{||\psi||^2 + ||D_A^* \psi||^2}$$

ein, wobei $|| \cdot ||$ die Norm im Hilbertraum L^2 bezeichne.

Lemma 1: *Sei $\Gamma_c(S) \subset \mathcal{D}(D_A^*)$ dicht bezüglich der N-Norm, so ist D_A wesentlich selbstadjungiert.*

Beweis: Unter der genannten Voraussetzung ist $\mathcal{D}(D_A^*) \subset \mathcal{D}(\bar{D}_A)$ zu zeigen. Sei $\psi \in \mathcal{D}(D_A^*)$. Nach Voraussetzung existiert eine Folge $\psi_n \in \Gamma_c(S)$ mit $\lim\limits_{n \to \infty} N(\psi - \psi_n) = 0$. Daraus folgt $\lim\limits_{n \to \infty} \psi_n = \psi$ in $L^2(S)$ und $\lim\limits_{n \to \infty} D_A^*(\psi_n)$ konvergiert gegen $D_A^*(\psi)$ in L^2. ψ_n sind jedoch glatte Spinorfelder mit kompaktem Träger und somit gilt $D_A^*(\psi_n) = D_A(\psi_n)$. Daher konvergiert die Folge $D_A(\psi_n)$ in L^2. Letzteres bedeutet $\psi \in \mathcal{D}(\bar{D}_A)$. ∎

Wir führen weiterhin den linearen Teilraum

$$\mathcal{D}_c(D_A^*) = \{\psi \in \mathcal{D}(D_A^*) : \psi \quad \text{hat kompakten Träger}\}$$

ein.

Lemma 2: $\Gamma_c(S)$ *ist dicht in $\mathcal{D}_c(D_A^*)$ bezüglich der N-Norm.*

Beweis: Wir wählen eine lokal-endliche Überdeckung der Mannigfaltigkeit M^n mit Karten $\{(U_i, h_i)\}_{i \in I}$ so, daß $\bar{U}_i \subset M^n$ kompakte Teilmengen sind. Sei weiterhin $\{f_i\}_{i \in I}$ eine dieser Überdeckung untergeordnete Zerlegung der Eins mit

$$supp(f_i) \subset U_i.$$

Für gegebenen Spinor $\psi \in \mathcal{D}_c(D_A^*)$ existieren nur endlich viele Indizes $i \in I$ derart, daß

$$supp(f_i) \cap supp(\psi) \neq \emptyset.$$

Seien dies $i_1, ..., i_l \in I$. Dann gilt

$$\psi = \psi_1 + ... + \psi_e$$

mit $\psi_j = f_j \cdot \psi$ $(1 \leq j \leq l)$. Die Spinorfelder ψ_j können als $2^{[n/2]}$-Tupel von Funktionen mit kompakten Trägern definiert auf dem Raum $\mathbb{R}^n$ aufgefaßt werden. Wir approximieren ψ_j durch die Faltung mit einer Approximation der Delta-Distribution. Sei $h : \mathbb{R}^n \to \mathbb{R}^1$ gegeben durch

$$h(x) = \begin{cases} 0 & \text{für } |x| \geq 1 \\ e^{-\frac{1}{1-|x|^2}} & \text{für } |x| < 1 \end{cases}$$

und $h_\varepsilon : \mathbb{R}^n \to \mathbb{R}^1$ definiert durch $h_\varepsilon = \frac{1}{\varepsilon^n} h\left(\frac{x}{\varepsilon}\right)$. Dann sind $\psi_j * h_\varepsilon$ glatte Funktionen mit kompaktem Träger, welche in L^2 gegen ψ_j konvergieren. Weil $D_A^*(\psi_j)$ in L^2 liegt, konvergiert auch die Folge $D_A^*(\psi_j * h_\varepsilon)$ gegen $D_A^*(\psi_j)$. Unter nochmaliger Verwendung der Kartenabbildung erhalten wir glatte Spinorfelder mit kompaktem Träger $\psi_{j,1}, \psi_{j,2}, ...$ definiert im Riemannschen Raum mit

$$\lim_{k \to \infty} N(\psi_j - \psi_{j,k}) = 0.$$

Bilden wir jetzt $\psi_k = \psi_{1,k} + ... + \psi_{l,k}$, so liegt ψ_k in $\Gamma_c(S)$ und es gilt
$$\lim_{k \to \infty} N(\psi - \psi_k) = 0.$$

$\blacksquare$

Lemma 3: *Ist (M^n, g) eine vollständige Riemannsche Mannigfaltigkeit, so ist $\mathcal{D}_c(D_A^*)$ dicht in $\mathcal{D}(D_A^*)$ bezüglich der N-Norm.*

Beweis: Den inneren Abstand zwischen zwei Punkten der Riemannschen Mannigfaltigkeit bezeichnen wir mit $d(m_1, m_2)$. Sei $m_0 \in M^n$ ein fixierter Punkt und $\rho(m) = d(m_0, m)$ der Abstand von m zu m_0. Aus der Dreiecksungleichung folgt

$$|\rho(m_1) - \rho(m_2)| \leq d(m_1, m_2),$$

d.h. ρ ist eine Lipschitz-stetige Funktion. Folglich ist $\rho(m)$ fast-überall differenzierbar und der Gradient $grad\,(\rho)$ existiert fast-überall. Außerdem gilt in jedem dieser Punkte

$$\| grad\,(\rho)\| \leq 1.$$

Wir betrachten die geodätische Kugel

$$\mathcal{K}(r) = \{m \in M^n : \quad \rho(m) < r\}.$$

Weil (M^n, g) eine vollständige Riemannsche Mannigfaltigkeit ist, sind die abgeschlossenen Hüllen $\bar{\mathcal{K}}_r$ kompakte Teilmengen von M^n. Wir wählen eine C^∞-Funktion $\alpha : \mathbb{R}^1 \to [0, 1]$ mit folgenden Eigenschaften:

(i) $$\alpha(t) \equiv 1 \quad \text{für} \quad -\infty < t \leq 1$$

(ii) $$\alpha(t) \equiv 0 \quad \text{für} \quad 2 \leq t < \infty.$$

Die Konstante M sei das Maximum der Ableitung $|\alpha'(t)|$:

$$M = \sup_{1 \leq t \leq 2} |\alpha'(t)|.$$

Die Funktion $b_r : M^n \to [0, 1]$ definieren wir durch

$$b_r(m) = \alpha\left(\frac{\rho(m)}{r}\right).$$

Dann gilt $b_r \equiv 1$ auf $\mathcal{K}(r)$ und $supp\,(b_r) \subset \mathcal{K}(2r)$. Weiterhin ist b_r Lipschitz-stetig und fast-überall ergibt sich die Ungleichung

$$\|grad\ (b_r)\|^2 = \frac{1}{r^2}|\alpha'\left(\frac{\rho}{r}\right)|^2|grad\ (\rho)|^2 \le \frac{M^2}{r^2}.$$

Sei $\psi \in \mathcal{D}_c(D_A)$ gegeben. Dann liegt $\psi_r = b_r \cdot \psi$ in $\mathcal{D}(D_A)$. Weiterhin gilt

$$D_A^*(\psi_r) = grad\ (b_r) \cdot \psi + b_r D_A^*(\psi)$$

und für die L^2-Normen folgt

$$\|D_A^*(\psi-\psi_r)\|^2 = \|(1-b_r)D_A^*\psi-grad\ (b_r)\psi\|^2 \le \int\limits_{M^n\backslash\mathcal{K}(r)} 2\|D_A^*(\psi)\|^2 + \frac{2M^2}{r^2}\int\limits_{M^n}\|\psi\|^2.$$

Wir erhalten folgende Abschätzung für die N-Norm

$$N^2(\psi - \psi_r) = \|\psi - \psi_r\|^2 + \|D_A^*(\psi - \psi_r)\|^2 \le$$

$$\le \int\limits_{M^n\backslash\mathcal{K}(r)}\|\psi\|^2 + \int\limits_{M^n\backslash\mathcal{K}(r)} 2\|D_A^*(\psi)\|^2 + \frac{2M^2}{r^2}\int\limits_{M^n}\|\psi\|^2.$$

Aus $\int\limits_{M^n}\|\psi\|^2 < \infty$ und $\int\limits_{M^n}\|D_A^*(\psi)\|^2 < \infty$ ergibt sich dann sofort

$$\lim_{r\to\infty} N^2(\psi - \psi_r) = 0.$$

Insbesondere haben wir den folgenden Satz bewiesen:

Satz: *Sei (M^n, g) eine vollständige Riemannsche Mannigfaltigkeit mit Spin^C-Struktur. Der Dirac-Operator D_A ist wesentlich-selbstadjungiert in $L^2(S)$.*

Wir zeigen weiterhin, daß die Kerne von D_A und D_A^2 in L^2 übereinstimmen. Dies wird sich aus einer allgemeineren Ungleichung ergeben, die wir zunächst beweisen.

Satz: *Sei (M^n, g) eine vollständige Riemannsche Mannigfaltigkeit und ψ ein Spinorfeld der Klasse C^2. Dann gilt für die L^2-Normen $\|\cdot\|$ und jede Zahl $t > 0$ die Ungleichung*

$$\|D_A(\psi)\|^2 \le t\|D_A^2(\psi)\|^2 + \frac{1}{t}\|\psi\|^2.$$

Beweis: Wir benutzen die gleichen Kugeln $\mathcal{K}(r)$ und die gleichen Funktionen b_r wie im Beweis des letzten Satzes. Aus

$$D_A(b_r^2\psi) = 2b_r\, grad\,(b_r)\cdot\psi + b_r^2 D_A(\psi)$$

folgt für jede positive Zahl $\varepsilon > 0$

$$\int\limits_{\mathcal{K}(2r+\varepsilon)} ||b_r D_A(\psi)||^2 \;=\; \int\limits_{\mathcal{K}(2r+\varepsilon)} (b_r^2 D_A(\psi), D_A(\psi)) \;=\; \int\limits_{\mathcal{K}(2r+\varepsilon)} (D_A(b_r^2 D_A(\psi)), \psi) \;=$$

$$=\; 2\int\limits_{\mathcal{K}(2r+\varepsilon)} (b_r\, grad\,(b_r)\cdot D_A(\psi), \psi) \;+\; \int\limits_{\mathcal{K}(2r+\varepsilon)} (b_r^2 D_A^2(\psi), \psi).$$

Dabei haben wir benutzt, daß der Träger des Spinors $b_r^2 D_A(\psi)$ in $\mathcal{K}(2r)$ enthalten
ist.

Für $\varepsilon \to 0$ ergibt sich demnach

$$\int\limits_{\mathcal{K}(2r)} ||b_r D_A(\psi)||^2 \;=\; \int\limits_{\mathcal{K}(2r)} (D_A^2(\psi), b_r^2\psi) \;-\; \int\limits_{\mathcal{K}(2r)} (b_r D_A(\psi), 2grad\,(b_r)\cdot\psi).$$

Wir benutzen jetzt die Schwarz-Ungleichung

$$|\langle x, y\rangle| \leq |x||y| \leq \frac{t}{2}|x|^2 + \frac{1}{2t}|y|^2$$

für alle $t > 0$. Damit schätzen wir den letzten Term der Gleichung (mit $t = 1$) ab:

$$|\int\limits_{\mathcal{K}(2r)} (b_r D_A(\psi), 2grad\,(b_r)\cdot\psi)| \;\leq\; \frac{1}{2}\int\limits_{\mathcal{K}(2r)} ||b_r D_A(\psi)||^2 + 2\int\limits_{\mathcal{K}(2r)} ||grad\,(b_r)\cdot\psi||^2 \;\leq$$

$$\leq\; \frac{1}{2}\int\limits_{\mathcal{K}(2r)} ||b_r D_A(\psi)||^2 + \frac{2M^2}{r^2}\int\limits_{\mathcal{K}(2r)} ||\psi||^2.$$

Aus $0 \leq b_r \leq 1$ und nochmaliger Anwendung der Schwarz-Ungleichung auf den
ersten Term erhalten wir

$$|\int\limits_{\mathcal{K}(2r)} (D_A^2(\psi), b_r^2\psi)| \leq \frac{t}{2}\int\limits_{\mathcal{K}(2r)} ||D_A^2(\psi)||^2 + \frac{1}{2t}\int\limits_{\mathcal{K}(2r)} ||\psi||^2.$$

Fassen wir beide Ungleichungen zusammen, folgt

$$\int\limits_{\mathcal{K}(r)} ||D_A(\psi)||^2 \leq \int\limits_{\mathcal{K}(2r)} ||b_r D_A(\psi)||^2 = \int\limits_{\mathcal{K}(2r)} 2||b_r D_A(\psi)||^2 - \int\limits_{\mathcal{K}(2r)} ||b_r D_A(\psi)||^2 \;\leq$$

$$\leq 2 \int\limits_{\mathcal{K}(2r)} \left\{ \frac{1}{2}||b_r D_A(\psi)||^2 + \frac{2M^2}{r^2}||\psi||^2 + \frac{t}{2}||D_A^2(\psi)||^2 + \frac{1}{2t}||\psi||^2 \right\} - \int\limits_{\mathcal{K}(2r)} ||b_r D_A(\psi)||^2$$

$$= \int\limits_{\mathcal{K}(2r)} \left\{ t||D_A^2(\psi)||^2 + \left(\frac{1}{t} + \frac{4M^2}{r^2} \right) ||\psi||^2 \right\}.$$

Im Falle $\int_{M^n} ||\psi||^2 = \infty$ ist die zu beweisende Ungleichung trivial. Ist jedoch das Integral $\int_{M^n} ||\psi||^2 < \infty$ endlich, so erhalten wir für $r \to \infty$ die gewünschte Ungleichung

$$||D_A(\psi)||^2 \leq t||D_A^2(\psi)||^2 + \frac{1}{t}||\psi||^2.$$

$\blacksquare$

Folgerung: *Ist (M^n, g) eine vollständige Riemannsche Mannigfaltigkeit, so stimmen in $L^2(S)$ die Kerne der Operatoren D_A und D_A^2 überein,*

$$\ker(D_A) = \ker(D_A^2).$$

Beweis: Sei $\psi \in L^2(S)$ und gelte $D_A^2\psi = 0$. Unter Verwendung des Regularitätssatzes für Lösungen elliptischer Differentialgleichungen schließen wir zunächst, daß ψ glatt ist. Somit können wir die Ungleichung des letzten Satzes anwenden und erhalten

$$||D_A(\psi)||^2 \leq t||D_A^2(\psi)||^2 + \frac{1}{t}||\psi||^2 = \frac{1}{t}||\psi||^2.$$

Aus $||\psi||^2 < \infty$ folgt dann $(t \to \infty)$ $D_A(\psi) \equiv 0$.

$\blacksquare$

4.2 Das Spektrum von Dirac-Operatoren über kompakten Mannigfaltigkeiten

Das Spektrum $\sigma(A) = \sigma_p(A) \cup \sigma_r(A) \cup \sigma_c(A)$ eines Operators A ändert sich beim Übergang zur Abschließung $\bar{A}$ nicht:

$$\sigma(A) = \sigma(\bar{A}).$$

Für Dirac-Operatoren bedeutet dies speziell $\sigma(D_A) = \sigma(\bar{D}_A)$. Im Fall einer vollständigen Riemannschen Mannigfaltigkeit ist $\bar{D}_A$ ein selbstadjungierter Operator, hat also kein Restspektrum:

$$\sigma_r(\bar{D}_A) = \emptyset.$$

Damit besteht $\sigma(\bar{D}_A)$ nur aus dem Punktspektrum $\sigma_p(\bar{D}_A)$ und dem stetigen Spektrum $\sigma_c(\bar{D}_A)$:

$$\sigma(D_A) = \sigma(\bar{D}_A) = \sigma_p(\bar{D}_A) \cup \sigma_c(\bar{D}_A).$$

Im Fall einer kompakten Riemannschen Mannigfaltigkeit stimmt der Definitionsbereich des Operators D_A mit $\Gamma(S)$ überein. Ist $\lambda \in \sigma_p(\bar{D}_A)$ ein Eigenwert der Abschließung, so existiert ein Spinorfeld $\psi \in L^2(S)$ mit

$$D_A(\psi) = \lambda\psi \quad , \quad \psi \in L^2.$$

Der Regularitätssatz für elliptische Differentialoperatoren zeigt dann, daß ψ glatt ist. Dann gilt $\psi \in \Gamma(S) = \mathcal{D}(D_A)$, d.h. das Punktspektrum von D_A fällt mit dem Punktspektrum der Abschließung zusammen:

$$\sigma_p(D_A) = \sigma_p(\bar{D}_A).$$

Ein kontinuierliches Spektrum tritt im Fall eines kompakten Basisraumes nicht auf. Es gilt der

Satz: *Sei $(M^n,)$ eine kompakte Riemannsche Mannigfaltigkeit mit $Spin^{\mathbb{C}}$-Struktur. Für das Spektrum des Dirac-Operators gilt*

(i) $$\sigma_p(D_A) = \sigma(\bar{D}_A)$$

(ii) $$\sigma_c(\bar{D}_A) = \emptyset = \sigma_r(\bar{D}_A).$$

Daraus folgt insgesamt

(iii) $$\sigma(D_A) = \sigma(\bar{D}_A) = \sigma_p(D_A) = \sigma_p(\bar{D}_A).$$

Wir skizzieren hier einen Beweis. Zunächst zeigt man leicht, daß das Restspektrum von D_A selbst leer ist. Tatsächlich, ist $\lambda \in \sigma_r(D_A)$, so existiert ein Spinorfeld $\varphi \in L^2(S)$ derart, daß

$$(D_A(\psi) - \lambda\psi, \varphi)_{L^2} = 0$$

für alle $\psi \in \Gamma(S)$ gilt. Wählen wir ψ mit Träger in einer Karte und schreiben wir diese Gleichung im Euklidischen Raum aus, so erhalten wir einen elliptischen Differentialoperator $P(= D_A - \lambda)$ und eine Funktion $\varphi \in L^2(\mathbb{R}^n)$ derart, daß

$$(P(\psi), \varphi)_{L^2} = 0$$

für alle $\psi \in C_c^\infty(\mathbb{R}^n)$ gilt. Damit ist nach dem Regularitätssatz für elliptische Operatoren φ glatt. In diesem Fall können wir jedoch die Gleichung

$(D_A(\psi) - \lambda\psi, \varphi)_{L^2} = 0$ schreiben als $(\psi, (D_A - \lambda)\varphi)_{L^2} = 0$. Daher folgt $D_A\varphi = \lambda\varphi$ und $\varphi \in \Gamma(S) = \mathcal{D}(D_A)$, d.h. λ ist Eigenwert von D_A. Ist nun aber $\sigma_r(D_A)$ leer, so erhalten wir

$$\sigma_p(D_A) \cup \sigma_c(D_A) = \sigma(D_A) = \sigma(\bar{D}_A) = \sigma_p(\bar{D}_A) \cup \sigma_c(\bar{D}_A).$$

Das Approximationsspektrum $\sigma_\alpha(A)$ eines beliebigen Operators $A : \mathcal{D}(A) \to R(A)$ in einem Hilbert-Raum wird definiert durch

$$\{\lambda \in \mathbb{C} : \text{es existiert eine Folge } x_n \in \mathcal{D}(A) \text{ mit } ||x_n|| = 1,\ ||A(x_n) - \lambda x_n|| \to 0\}.$$

Allgemein gilt

$$\sigma_p(A) \cup \sigma_c(A) \subset \sigma_\alpha(A) \subset \sigma(A).$$

Wenden wir diese Inklusion auf den Fall eines Dirac-Operators über einer kompakten Mannigfaltigkeit an, so folgt aus den bereits bewiesenen Tatsachen

$$\sigma_\alpha(D_A) = \sigma_\alpha(\bar{D}_A) = \sigma(D_A) = \sigma(\bar{D}_A)$$

sofort. Letztlich verbleibt $\sigma_\alpha(D_A) = \sigma_p(D_A)$ zu zeigen. Sei $\lambda \in \sigma_\alpha(D_A)$. Dann existiert eine Folge von Spinorfeldern $\psi_n \in \Gamma(S)$ mit

$$||\psi_n||_{L^2} = 1 \qquad ||D_A(\psi_n) - \lambda\psi_n||_{L^2} \to 0.$$

ψ_n sind glatt und wir können daher die Lichnerowicz-Formel anwenden.

$$\frac{1}{2} \cdot ||D_A(\psi_n) - \lambda\psi_n||^2_{L^2} \leq ||D_A(\psi_n)||^2 + \lambda^2||\psi_n||^2$$

$$= ||\nabla^A\psi_n||^2_{L^2} + \int_{M^n} \frac{R}{4}||\psi_n||^2 + \frac{1}{2}\int_{M^n} (dA \cdot \psi_n, \psi_n) + \lambda^2||\psi_n||^2_{L^2}$$

Weil M^n kompakt ist und $||\psi_n||^2_{L^2} \equiv 1$ sowie $||D_A(\psi_n) - \lambda\psi_n||^2_{L^2} \to 0$ gilt, sind die L^2-Längen $||\nabla^A\psi_n||^2_{L^2}$ der 1-Formen $\nabla^A\psi_n$

$$||\nabla^A\psi_n||^2_{L^2} = \int_{M^n} \sum_{i=1}^{n} (\nabla^A_{e_i}\psi_n, \nabla^A_{e_i}\psi_n) dM^n$$

beschränkt. Damit ist ψ_n eine beschränkte Folge im Sobolev-Raum $H^1(S)$. Die Einbettung $H^1(S) \to L^2(S)$ ist nach Rellich-Lemma kompakt. Wir können also annehmen, daß ψ_n in L^2 gegen ein Spinorfeld ψ_0 konvergiert und dann schließt man $D_A(\psi_0) = \lambda\psi_0$ sofort. λ ist also Eigenwert von D_A und $\sigma_\alpha(D_A) = \sigma_p(D_A)$ ist bewiesen.

Nach wie vor setzen wir voraus, daß (M^n, g) eine kompakte Riemannsche Mannigfaltigkeit mit fixierter $Spin^{\mathbb{C}}$-Struktur ist. Die erste Sobolev-Norm eines glatten Spinorfeldes $\psi \in \Gamma(S)$ ist gegeben durch

$$||\psi||^2_{H^1} = ||\psi||^2_{L^2} + ||\nabla^A \psi||^2_{L^2}$$

und der entsprechende Sobolev-Raum $H^1(S)$ ist die Vervollständigung von $\Gamma(S)$ bezüglich dieser Norm. Weil M^n kompakt ist, induzieren verschiedene Zusammenhänge A im Determinantenbündel der $Spin^{\mathbb{C}}$-Struktur äquivalente Normen. Weiterhin ist die Einbettung

$$H^1(S) \to L^2(S)$$

ein kompakter Operator (Rellich-Lemma). Der Dirac-Operator D_A ist ein stetiger Operator $D_A : H^1(S) \to L^2(S)$. Dies ergibt sich zum Beispiel aus nachstehender Abschätzung für die Norm von $D_A(\psi)$:

$$||D_A(\psi)||^2_{L^2} = \sum_{i,j=1}^{n} \int_{M^n} (e_i \nabla^A_{e_i} \psi, e_j \nabla^A_{e_j} \psi) \le \sum_{i,j=1}^{n} \int_{M^n} |\nabla^A_{e_i} \psi| \, |\nabla^A_{e_j} \psi| \le$$

$$\le \frac{1}{2} \sum_{i,j} \int_{M^n} (|\nabla^A_{e_i} \psi|^2 + |\nabla^A_{e_j} \psi|^2) = n||\nabla^A \psi||^2_{L^2} \le n||\psi||^2_{H^1}$$

Verwenden wir die Lichnerowicz-Formel für $D_A^2(\psi)$, so können wir $||D_A(\psi)||^2_{L^2}$ andererseits wie folgt umformen:

$$||D_A(\psi)||^2_{L^2} = (D_A^2(\psi), \psi)_{L^2} = ||\nabla^A \psi||^2_{L^2} + \int_{M^n} \frac{R}{4}||\psi||^2 + \int_{M^n} \frac{1}{2}(dA \cdot \psi, \psi)$$

Der Endomorphismus $\frac{1}{2}dA : S \to S$ ist beschränkt, d.h. es existiert eine Konstante $c > 0$ derart, daß für alle Punkte der Mannigfaltigkeit M^n und alle Spinoren ψ in diesem Punkte die Ungleichung

$$-c||\psi||^2 \le \left| \left(\frac{1}{2}dA \cdot \psi, \psi \right) \right| \le c||\psi||^2$$

gilt. Setzen wir dies ein, erhalten wir die Ungleichung $(*)$:

$$||\psi||^2_{H^1} + \left(\frac{R_{min}}{4} - c - 1 \right) ||\psi||^2_{L^2} \le ||D_A \psi||^2_{L^2} \le ||\psi||^2_{H^1} + \left(\frac{R_{max}}{4} + c - 1 \right) ||\psi||^2_{L^2}$$

mit $R_{max} = max \, \{R(m) : \quad m \in M^n\}$ gleich dem Maximum der Skalarkrümmung und R_{min} deren Minimum. Diese Ungleichung benutzen wir für den Beweis des folgenden Satzes:

Satz: *Sei D_A ein Dirac-Operator über einer kompakten Mannigfaltigkeit. Die Abschließung $\bar{D}_A = D_A^*$ des Dirac-Operators D_A ist auf dem Unterraum $H^1(S) \subset L^2(S)$ definiert.*

Beweis: Ist $\psi \in \mathcal{D}(\bar{D}_A)$ im Definitionsbereich von $\bar{D}_A$, so existiert eine Folge $\psi_n \in \Gamma(S)$ mit $\psi_n \to \psi$ in $L^2(S)$ und $D_A(\psi_n)$ konvergieren in L^2. Aus der Ungleichung $(*)$ sieht man sofort, daß ψ_n eine Cauchy-Folge in $H^1(S)$ ist. Daraus folgt, daß ψ_n gegen ψ^* in $H^1(S)$ konvergiert. Die Einbettung $H^1(S) \to L^2(S)$ ist stetig, also stimmt ψ^* mit ψ überein. Damit liegt ψ in $H^1(S)$. Die Umkehrung ist trivial. $\blacksquare$

Satz: *Sei $\lambda \notin \sigma(\bar{D}_A)$ eine Zahl, die nicht im Spektrum des Operators $\bar{D}_A$ liegt. Dann ist*

$$(D_A - \lambda)^{-1} : L^2(S) \to L^2(S)$$

ein kompakter Operator.

Beweis: Die Ungleichung $(*)$ kann geschrieben werden als

$$\|(D_A - \lambda)^{-1}(D_A - \lambda)\psi\|_{H^1}^2 \leq \|(D_A - \lambda)\psi\|_{L^2}^2 + \left(c + 1 + \lambda^2 - \frac{R_{min}}{4}\right)\|\psi\|_{L^2}^2.$$

Setzen wir $\varphi = (D_A - \lambda)\psi \in Im\ (D_A - \lambda)$, so gilt

$$\|(D_A - \lambda)^{-1}\varphi\|_{H^1}^2 \leq \|\varphi\|_{L^2}^2 + C\|(D_A - \lambda)^{-1}\varphi\|_{L^2}^2.$$

Der Operator $(D_A - \lambda)^{-1}$ ist jedoch stetig in L^2. Damit erhalten wir für eine geeignete Konstante C^* die Abschätzung

$$\|(D_A - \lambda)^{-1}\varphi\|_{H^1} \leq C^*\|\varphi\|_{L^2}.$$

Daher ist das Bild des Operators $(D_A - \lambda)^{-1}$ $(\lambda \notin \sigma(\bar{D}_A))$ im Sobolev-Raum $H^1(S)$ enthalten. Die Behauptung ergibt sich aus der Kompaktheit der Einbettung $H^1(S) \to L^2(S)$. $\blacksquare$

Satz: *Es existiert eine vollständige orthonormale Basis $\psi_1, \psi_2, \ldots$ des Hilbert-Raumes $L^2(S)$ bestehend aus Eigenspinoren des Dirac-Operators D_A:*

$$D_A(\psi_n) = \lambda_n \psi_n.$$

Weiterhin gilt $\lim_{n \to \infty} |\lambda_n| = \infty$.

Beweis: Wir wählen die reelle Zahl $\lambda \notin \sigma(\bar{D}_A)$ so, daß λ nicht im Spektrum von $\bar{D}_A$ liegt. Der Operator $(D_A - \lambda)^{-1} : L^2(S) \to L^2(S)$ ist kompakt und selbstadjungiert. Die Spektraltheorie dieser Operatoren führt uns zu einer vollständigen orthonormalen Basis $\psi_1, \psi_2, \ldots$ in $L^2(S)$ mit

$$(D_A - \lambda)^{-1}\psi_n = \mu_n\psi_n$$

und $\lim\limits_{n\to\infty} \mu_n = 0$. Dann gilt $(\mu_n \neq 0)$

$$D_A(\psi_n) = \left(\frac{1}{\mu_n} + \lambda\right)\psi_n,$$

d.h. die Spinorfelder ψ_n sind Eigenspinoren des Dirac-Operators zum Eigenwert $\lambda_n = \frac{1}{\mu_n} + \lambda$.

$\blacksquare$

Folgerung: *Es existiert eine positive Konstante $C > 0$ derart, daß für alle Spinorfelder $\varphi \in H^1(S)$ orthogonal zum Kern* $\ker(D_A)$ *die Ungleichung*

$$|(D_A(\varphi), \varphi)_{L^2}| \geq C\|\varphi\|^2_{L^2}$$

gilt.

Die Ungleichung $(*)$ läßt noch eine weitere Interpretation zu. Wegen $\|\nabla^A\psi\|^2_{L^2} \geq \frac{1}{n}\|D_A\psi\|^2_{L^2}$ erhalten wir

$$\frac{1}{n}\left\{\|\psi\|^2_{L^2} + \|D_A\psi\|^2_{L^2}\right\} \leq \|\psi\|^2_{H^1} \leq \|D_A\psi\|^2_{L^2} + \left(c + 1 - \frac{R_{min}}{4}\right)\|\psi\|^2_{L^2}.$$

Damit sind $\|\psi\|^2_{H^1}$ und $\|\psi\|^2_{L^2} + \|D_A\psi\|^2_{L^2}$ äquivalente Normen. Mit anderen Worten, der Sobolev-Raum $H^1(S)$ kann definiert werden als die Vervollständigung des Raumes $\Gamma(S)$ bezüglich der Norm

$$\|\psi\|^2_* = \|\psi\|^2_{L^2} + \|D_A\psi\|^2_{L^2}.$$

Der k-te Sobolev-Raum $H^k(S)$ ist dann die Vervollständigung von $\Gamma(S)$ in der Norm

$$\|\psi\|^2_{H^k} = \sum_{i=0}^{k} \|D_A^i(\psi)\|^2_{L^2}.$$

Ist $\psi \in \Gamma(S)$ ein glattes Spinorfeld und $\psi = \sum\limits_{n=1}^{\infty} A_n\psi_n$ die Zerlegung in L^2 bezüglich des aus Eigenspinoren von D_A bestehenden vollständigen orthonormalen Systems $\psi_1, \psi_2, \ldots$ so errechnet man leicht

$$\|D_A^k(\psi)\|^2_{L^2} = \sum_{n=1}^{\infty} |A_n|^2 \lambda_n^{2k}.$$

Wir erhalten daher den

Satz: *Sei* $\psi_1, \psi_2, \ldots$ *die aus Eigenspinoren bestehende vollständige Basis des Hilbert-Raumes* $L^2(S)$. *Ist*

$$\psi = \sum_{n=1}^{\infty} A_n \psi_n$$

die L^2-*Darstellung eines Spinorfeldes* $\psi \in L^2(S)$, *so liegt* ψ *genau dann im Sobolev-Raum* $H^k(S)$ *falls die Summe*

$$\sum_{n=1}^{\infty} |A_n|^2 \lambda_n^{2k} < \infty$$

endlich ist.

Wir benutzen den letzten Satz für die Definition der ζ- und der η-Funktion des Dirac-Operators. Zuvor beweisen wir, daß die Einbettung $H^k \to L^2$ für $k > \frac{1}{2} \dim(M^n)$ ein Hilbert-Schmidt-Operator ist.

Lemma: *Sei* E *ein komplexes Vektorbündel mit hermitescher Metrik und metrischem Zusammenhang über einer kompakten Riemannschen Mannigfaltigkeit* (M^n, g) *und bezeichne* $H^k(E)$ *den k-ten Sobolev-Raum. Ist* $k > \frac{1}{2} \dim(M^n)$, *so ist die Einbettung*

$$H^k(E) \to L^2(E)$$

ein Hilbert-Schmidt-Operator.

Beweis: Der Sobolev'sche Einbettungssatz besagt, daß $H^k(E)$ in $C^0(E)$ enthalten ist und diese Einbettung ist stetig ($k > \frac{1}{2}n$). Wir fixieren einen Punkt $m_0 \in M^n$ und eine orthonormale Basis $e_1(m_0), \ldots, e_l(m_0)$ in der Faser E_{m_0}. Sei $\varphi : H^k(E) \to E_{m_0}$ die lineare Abbildung $\varphi(s) = s(m_0)$. φ ist stetig und die Norm von φ kann wie folgt abgeschätzt werden:

$$\|\varphi\| = \sup_{s \in H^k} \frac{\|s(m_0)\|}{\|s\|_{H^k}} \leq \sup_{s \in H^k} \frac{\|s\|_{C^0}}{\|s\|_{H^k}} := C.$$

Nach dem Riesz-Lemma existieren Elemente $s_1, \ldots, s_l \in H^k$ mit

$$s(m_0) = \varphi(s) = (s, s_1)_{H^k} e_1(m_0) + \ldots + (s, s_l)_{H^k} e_l(m_0).$$

Die Norm $\|\varphi\|^2$ berechnet sich dann durch

$$\|\varphi\|^2 = \sup_{s \in H^k} \frac{\|s(m_0)\|^2}{\|s\|_{H^k}^2} = \sup_{s \in H^k} \sum_{i=1}^{l} \frac{|(s, s_i)_{H^k}|^2}{\|s\|_{H^k}^2}$$

und damit folgt für jeden Index $1 \leq i \leq l$

$$||\varphi||^2 \geq \sup_{s \in H^k} \frac{|(s, s_i)_{H^k}|^2}{||s||_{H^k}^2} = ||s_i||_{H^k}^2.$$

Sei nun $f_1, f_2, \ldots$ eine orthonormale Basis in $H^k(E)$. Dann gilt

$$\sum_{j=1}^{\infty} |f_j(m_0)|^2 \;=\; \sum_{j=1}^{\infty} |\varphi(f_j)|^2 = \sum_{j=1}^{\infty} \sum_{i=1}^{l} |(f_j, s_i)_{H^k}|^2 =$$

$$= \sum_{i=1}^{l} ||s_i||_{H^k}^2 \leq l ||\varphi||^2 \leq l C^2.$$

Integrieren wir diese Ungleichung über die kompakte Mannigfaltigkeit M^n, so folgt

$$\sum_{j=1}^{\infty} ||f_j||_{L^2}^2 \leq l \cdot C^2 \; vol \; (M^n).$$

$\blacksquare$

Das Spektrum $\sigma(D_A)$ eines Dirac-Operators besteht nur aus den Eigenwerten und die auf $H^1(S)$ definierte Abschließung $\bar{D}_A$ ist selbstadjungiert. Sei $F : \mathcal{B}(\sigma) \to Proj\,(L^2(S))$ das Spektralmaß. Dann gilt

$$\bar{D}_A = \int_{\sigma} dF(\lambda).$$

Für festes $t > 0$ ist $e^{-t\lambda^2}$ eine beschränkte Funktion. Daher wird

$$S_t = \int_{\sigma} e^{-t\lambda^2} dF(\lambda)$$

ein beschränkter Operator in $L^2(S)$.

Satz:

(i) *Die Operatoren $S_t(t \geq 0)$ bilden eine Halbgruppe, $S_{t_1+t_2} = S_{t_1} S_{t_2}$, beschränkter Operatoren mit der Norm $||S_t|| \leq 1$.*

(ii) *Der Generator dieser Halbgruppe ist D_A^2.*

(iii) *Für $t > 0$ ist $S_t : L^2(S) \to L^2(S)$ ein Hilbert-Schmidt-Operator.*

Beweis: Nur der letzte Punkt (iii) bedarf eines Beweises. Zunächst bemerken wir, daß für alle $\varphi \in L^2(S)$ die H^k-Norm $||S_t(\varphi)||_{H^k}$ endlich ist. Tatsächlich, wegen

$$\|\psi\|_{H^k}^2 = \sum_{i=0}^{k} \|D_A^i(\psi)\|_{H^k}^2$$

genügt es zu beweisen, daß $\|D_A^k(S_t(\varphi))\|_{L^2}^2$ endlich ist. Der Operator $D_A^k \circ S_t$ ist durch das Integral

$$\left(\int_\sigma \lambda^k dF(\lambda) \right) \cdot \left(\int_\sigma e^{-t\lambda^2} dF(\lambda) \right) = \int_\sigma \lambda^k e^{-t\lambda^2} dF(\lambda)$$

gegeben und $\lambda^k e^{-t\lambda^2}$ ist eine beschränkte Funktion in λ $\quad (t > 0)$. Damit ist $D_A^k \circ S_t$ stetig in L^2. Das angeführte Argument beweist nun, daß das Bild eines jeden Operators S_t in $\Gamma(S)$ enthalten ist:

$$S_t(L^2(S)) \subset \bigcap_{k=0}^{\infty} H^k(S) = \Gamma(S).$$

Weiterhin, fassen wir S_t als Operator von L^2 nach $H^k(S)$ auf, so ist S_t stetig. Wählen wir $k > \frac{1}{2} \dim M^n$, so erhalten wir

$$L^2(S) \overset{S_t}{\to} H^k(S) \to L^2(S)$$

wobei $H^k(S) \to L^2(S)$ ein Hilbert-Schmidt-Operator ist. Dann aber ist $S_t : L^2(S) \to L^2(S)$ auch ein Hilbert-Schmidt-Operator.

∎

Folgerung: *Die Funktion* $\displaystyle\sum_{\lambda \in \sigma(D_A)} e^{-t\lambda^2} := \zeta_{D_A^2}(t)$ *ist für* $t > 0$ *endlich.*

Beweis: Die Hilbert-Schmidt-Norm des Operators $S_t : L^2(S) \to L^2(S)$ ist

$$\|S_t\|_{H-S}^2 = \sum_{\lambda \in \sigma(D_A)} \|S_t(\psi_\lambda)\|_{L^2}^2 = \sum_{\lambda \in \sigma(D_A)} e^{-2t\lambda^2} = \zeta_{D_A^2}(2t)$$

wobei ψ_λ eine vollständige orthonormale Basis von $L^2(S)$ bestehend aus Eigenspinoren von D_A ist.

∎

Mit der gleichen Methode können wir weitere Spektralfunktionen des Operators D_A definieren. Besonders wichtig ist hierbei die sogenannte η-Funktion . Wir nehmen dazu an, daß der Kern von D_A trivial ist. Null hat daher einen positiven Abstand zum Spektrum $\sigma(D_A)$. Sei $z \in \mathbb{C}$ eine komplexe Zahl mit positivem Realteil, $Re\,(z) > 0$. Dann ist die Funktion

$$sgn\,(\lambda) \frac{1}{|\lambda|^z}$$

auf der Menge $\sigma(D_A)$ beschränkt. Der entsprechende Operator

$$T(z) = \int_\sigma sgn \ \frac{1}{|\lambda|^z} dF(\lambda)$$

ist in $L^2(S)$ ein beschränkter Operator. Die Superposition $D_A^k \circ T(z)$ wird durch die Funktion $sgn \ (\lambda)\frac{\lambda^k}{|\lambda|^z}$ gegeben und diese ist beschränkt, falls $k \leq Re\,(z)$ gilt. Sei nun $Re\,(z) > \frac{\dim(M)}{2}$. Wähle k mit $Re\,(z) > k > \frac{\dim(M)}{2}$. Dann sind die Operatoren $D_A \circ T(z), ..., D_A^k \circ T(z)$ beschränkt in L^2. Somit bildet $T(z)$ den Raum $L^2(S)$ in den Raum $H^k(S)$ ab. Die Einbettung $H^k(S) \to L^2(S)$ ist ein Hilbert-Schmidt-Operator. Letztlich erhalten wir den

Satz: *Ist $Re(z) > \frac{1}{2} \dim(M^n)$ und $\ker(D_A) = 0$, so ist der Operator*

$$T(z) = \int_\sigma sgn \ (\lambda)\frac{1}{|\lambda|^z} dF(\lambda)$$

ein Hilbert-Schmidt-Operator in $L^2(S)$.

Die Hilbert-Schmidt-Norm berechnet sich nun durch

$$\|T(z)\|_{H-S}^2 = \sum_{\lambda \in \sigma} |\lambda|^{-2Re\,(z)}.$$

Wir definieren dann die sogenannte η-Funktion des Dirac-Operators D_A durch

$$\eta_{D_A}(z) = \sum_{0 \neq \lambda \in \sigma} sgn \ (\lambda)|\lambda|^{-z}$$

und erhalten folgendes Resultat:

Satz: *Gelte $\ker(D_A) = 0$. Dann ist die Funktion $\eta_{D_A}(z)$ analytisch in der Halbebene $Re(z) > \dim(M^n)$.*

Bemerkung: $\eta_{D_A}(z)$ besitzt eine meromorphe Fortsetzung in die komplexe Ebene und ist insbesondere im Punkte $z = 0$ analytisch. Die η-Invariante von D_A ist dann $\eta_{D_A}(0)$.

Wir diskutieren noch den Grenzfall $z = \dim(M^n)$. Der Operator

$$T^* = \int_\sigma \frac{1}{|\lambda|^{n/2}} dF(\lambda)$$

bildet wegen

$$D_A^{n/2} \circ T^* = \int_\sigma \frac{\lambda^{n/2}}{|\lambda|^{n/2}} dF(\lambda) = \int_\sigma (sgn(\lambda))^{n/2} dF(\lambda)$$

den Raum $L^2(S)$ in den Raum $H^{n/2}(S)$ ab und $D_A^{n/2} \circ T^* : L^2 \to H^{n/2} \to L^2$ ist invertierbar, $(D_A^{n/2} \circ T^*)^2 = Id_{L^2}$. Der Kern von D_A ist trivial und daher wird $D_A^{n/2} : H^{n/2}(S) \to L^2(S)$ bijektiv, weil der Index von D_A gleich Null ist (siehe nächsten Abschnitt). Somit ist $T^* : L^2 \to H^{n/2}$ bijektiv und seine Hilbert-Schmidt-Norm als Operator in L^2 stimmt mit der Hilbert-Schmidt-Norm der Einbettung $H^{n/2} \to L^2$ überein. Letztere ist unendlich und wir erhalten den

Satz: *Die η-Funktion $\eta_{D_A}(z)$ eines Dirac-Operators hat an der Stelle $z = \dim(M^n)$ eine Singularität.*

4.3 Dirac-Operatoren sind Fredholm-Operatoren

Satz: *Der Dirac-Operator $D_A : H^1(S) \to L^2(S)$ über einer kompakten Riemannschen Mannigfaltigkeit ist ein Fredholm-Operator vom Index Null.*

Beweis: Es ist zu zeigen, daß $\ker(D_A)$ und $L^2/Im\,(D_A)$ endlich-dimensionale Vektorräume gleicher Dimension sind. Im Vektorraum $\ker(D_A)$ betrachten wir die Kugeln

$$K^1 = \{\psi \in H^1(S) : D_A(\psi) = 0, \quad ||\psi||_{H^1}^2 = ||\psi||_{L^2}^2 + ||D_A\psi||_{L^2}^2 \leq 1\}$$

$$K^0 = \{\psi \in H^1(S) : D_A(\psi) = 0, \quad ||\psi||_{L^2} \leq 1\}.$$

Offensichtlich gilt $K^0 = K^1$. Andererseits ist $H^1(S) \to L^2(S)$ ein kompakter Operator und daher ist $K^0 = K^1 \subset L^2(S)$ kompakt. Fassen wir also $\ker(D_A)$ als Teilraum von L^2 auf, so sind die Kugeln in der L^2-Norm kompakt. Damit ist $\ker(D_A)$ ein endlich-dimensionaler Vektorraum. Wir bestimmen das orthogonale Komplement von $D_A(H^1)$ in L^2. Ein Spinor φ aus diesem Raum erfüllt die Bedingung

$$(D_A(\psi), \varphi)_{L^2} = 0$$

für alle $\psi \in H^1(S)$. Analog zum Beweis der Tatsache, daß das Restspektrum $\sigma_r(D_A)$ von D_A in L^2 leer ist, schließen wir zunächst die Glattheit und φ und dann $D_A(\varphi) = 0$. Wir erhalten also

$$(D_A(H^1))^\perp = \ker(D_A)$$

und letztlich verbleibt für den vollständigen Beweis noch einzusehen, daß $D_A(H^1) \subset L^2$ ein abgeschlossener Teilraum ist. Konvergiere die Folge $D_A(\psi_n)$ in L^2 gegen $\psi \in L^2(S)$. Ohne Beschränkung der Allgemeinheit können wir annehmen, daß ψ_n orthogonal zum Kern $\ker(D_A)$ ist. Dann aber gilt

$$||D_A(\psi_n)||_{L^2} \geq C||\psi_n||_{L^2}$$

(siehe die Folgerung in Abschnitt 4.2.) und ψ_n ist in L^2 eine Cauchy-Folge. Aus der Ungleichung (*) folgt, daß ψ_n auch in $H^1(S)$ eine Cauchy-Folge ist. Damit existiert der Grenzwert $\lim\limits_{n\to\infty} \psi_n = \psi^*$ in $H^1(S)$. Der Operator $D_A : H^1(S) \to L^2(S)$ ist stetig und wir erhalten

$$\psi = \lim_{n\to\infty} D_A(\psi_n) = D_A(\lim_{n\to\infty} \psi_n) = D_A(\psi^*)$$

mit $\psi^* \in H^1(S)$. Dies bedeutet, daß ψ im Bild $D_A(H^1)$ liegt. ∎

Im Fall einer Mannigfaltigkeit M^{2k} gerader Dimension $n = 2k$ haben wir die Dirac-Operatoren

$$D_A^{\pm} : \Gamma(S^{\pm}) \to \Gamma(S^{\mp})$$

welche Fredholm-Operatoren

$$D_A^{\pm} : H^1(S^{\pm}) \to L^2(S^{\mp})$$

sind. Den Index von D_A^+ bezeichnen wir mit Index (D_A^+). Weil D_A ein selbstadjungierter Operator ist, gilt

$$Index\ (D_A^+) = \dim \ker(D_A^+) - \dim \ker(D_A^-).$$

Der Index von D_A^+ hängt von den charakteristischen Klassen der Mannigfaltigkeit M^{2k} sowie von der ersten Chern-Klasse des Determinantenbündels L der $Spin^{\mathbb{C}}$-Struktur ab. Wir geben diese Formel ohne Beweis an.

Die Potenzreihe

$$\frac{t/2}{sinh\ (t/2)} = \frac{t}{e^{t/2} - e^{-t/2}}$$

ist eine gerade Funktion und wir können sie in der Form

$$\frac{t}{e^{t/2} - e^{-t/2}} = 1 + A_2 t^2 + A_4 t^4 + ...$$

darstellen. Eine leichte Rechnung zeigt zum Beispiel

$$A_2 = -\frac{1}{24} \qquad A_4 = \frac{7}{10 \cdot 24 \cdot 24} = \frac{7}{5760}.$$

Die Pontrjagin-Klassen einer $4k$-dimensionalen kompakten Mannigfaltigkeit M^{4k} bezeichnen wir mit $p_1, p_2, ..., p_k$. Die Klasse $p_j (1 \le j \le k)$ ist ein Element der $4j$-ten Kohomologiegruppe $H^{4j}(M^{4k})$. Wir führen k formale Variablen $x_1, ..., x_k$ ein und stellen $p_1, ..., p_k$ als die elementarsymmetrischen Funktionen der Quadrate dieser Variablen dar:

$$x_1^2 + ... + x_k^2 = p_1 \quad , \quad ... \quad , \quad x_1^2 \cdot ... \cdot x_k^2 = p_k.$$

Dann ist $\displaystyle\prod_{i=1}^{k} \frac{x_i}{e^{x_i/2} - e^{-x_i/2}}$ eine in den Variablen $x_1^2, \ldots, x_k^2$ symmetrische Potenzreihe und definiert somit ein Polynom der Pontrjagin-Klassen. Diese Kohomologieklasse bezeichnen wir mit $\hat{A}(M^{4k})$:

$$\hat{A}(M^{4k}) = \prod_{i=1}^{k} \frac{x_i/2}{sinh\,(x_i/2)}.$$

Zum Beispiel erhalten wir für $k = 1, 2$ die Formeln:

$$\hat{A}(M^4) = 1 - \frac{1}{24}p_1 \qquad (k = 1)$$

$$\hat{A}(M^8) = 1 - \frac{1}{24}p_1 + \frac{7}{5760}p_1^2 - \frac{1}{1740}p_2 \qquad (k = 2).$$

Eine Mannigfaltigkeit der Dimension $4k + 2$ besitzt gleichfalls k Pontrjagin-Klassen und wir definieren $\hat{A}(M^{4k+2})$ durch die gleichen Formeln. Der Indexsatz für Dirac-Operatoren lautet nun:

Satz: *Sei (M^{2k}, g) eine kompakte, orientierte Riemannsche Mannigfaltigkeit mit $Spin^{\mathbb{C}}$-Struktur und bezeichne $c = c_1(L)$ die erste Chern-Klasse des Determinantenbündels der $Spin^{\mathbb{C}}$-Struktur. Der Index Index (D_A^+) des zu einem Zusammenhang A im $U(1)$-Bündel der $Spin^{\mathbb{C}}$-Struktur assoziierten Dirac-Operators D_A ist gleich*

$$Index\,(D_A^+) = \int_{M^{2k}} e^{\frac{1}{2}c}\,\hat{A}(M^{2k}).$$

Als Folgerung ergibt sich hieraus sofort die Ganzzahligkeit gewisser charakteristischer Zahlen.

Folgerung: *Sei M^{2k} eine orientierte, kompakte glatte Mannigfaltigkeit und sei $c \in H^2(M^{2k}; \mathbb{Z})$ eine Kohomologieklasse, deren $\mathbb{Z}_2$-Reduktion mit der zweiten Stiefel-Whitney-Klasse von M^{2k} übereinstimmt.*

$$c \equiv w_2(M^{2k}) \qquad mod\ 2.$$

Dann ist $\int_{M^{2k}} e^{\frac{1}{2}c}\hat{A}(M^{2k})$ ganzzahlig.

Wir diskutieren beispielsweise den Fall 4-dimensionaler Mannigfaltigkeiten M^4 näher. Die Schnittform von M^4 ist das Cup-Produkt in H^2:

$$H^2(M^4; \mathbb{Z}) \times H^2(M^4; \mathbb{Z}) \to \mathbb{Z} \quad , \quad (\alpha, \beta) \to (\alpha \cup \beta)[M^4].$$

Fassen wir diese quadratische Form über dem Ring der ganzen Zahlen Z als eine reelle quadratische Form auf, so hat die entstehende Form eine gewisse Signatur (p, q). Aufgrund der Poincare-Dualität gilt $p + q = \dim H^2(M^4; \mathbb{R})$. Die Zahl $\sigma(M^4) = p - q$ nennt man die Signatur der 4-dimensionalen Mannigfaltigkeit M^4. Diese Signatur ist eng mit den Pontrjagin-Zahlen verbunden, es gilt der Hirzebruch'sche Signatursatz:

$$\sigma(M^4) = \frac{1}{3} \int\limits_{M^4} p_1.$$

Die $\hat{A}(M^4)$-Klasse kann damit geschrieben werden als $\hat{A}(M^4) = 1 - \frac{1}{8}\sigma$ und das Polynom $e^{\frac{1}{2}c}\hat{A} = (1 + \frac{1}{2}c + \frac{1}{8}c^2)(1 - \frac{1}{8}\sigma)$ ergibt die Formel

$$Index \ (D_A^+) = \frac{1}{8}(c^2 - \sigma).$$

Als Anwendung der letzten Formel beweisen wir folgenden, auf Rochlin zurückgehenden

Satz: *Sei M^4 eine glatte, kompakte, orientierbare 4-dimensionale Mannigfaltigkeit mit Spin-Struktur ($w_2(M^4) = 0$). Dann ist die Signatur $\sigma(M^4)$ durch 16 teilbar.*

Beweis: Wegen $w_2 = 0$ läßt M^4 eine $Spin(4)$-Struktur zu. Wir betrachten den entsprechenden Dirac-Operator im Spinorbündel S. Dann gilt

$$Index \ (D^+) = -\frac{1}{8}\sigma(M^4).$$

S ist jetzt aber ein zur Gruppe $Spin(4)$ assoziiertes Vektorbündel. Aus den Betrachtungen des Abschnittes 1.7. wissen wir, daß die Spin-Darstellungen $\Delta_4^{\pm}$ äquivariante quaternionische Strukturen besitzen. Diese induzieren parallele quaternionische Strukturen in den Spinorbündeln $S^{\pm}$ und daher haben die komplexen Vektorräume $\ker(D^+), \ker(D^-)$ gleichfalls quaternionische Strukturen. Es gilt also

$$\dim_{\mathbb{C}} \ker(D^{\pm}) \equiv 0 \qquad mod \ 2$$

woraus sofort $Index \ (D^+) \equiv 0 \quad mod \ 2$ folgt. Dies bedeutet $\sigma(M^4) \equiv 0 \quad mod \ 16$. ∎

Bemerkung: Die Bedingung $w_2(M^4) = 0$ ist äquivalent dazu, daß die ganzzahlige Schnittform in $H^2(M^4; \mathbb{Z})$ eine gerade $\mathbb{Z}$-Form ist:

$$\alpha^2 \equiv 0 \qquad mod \ 2 \qquad \forall \alpha \in H^2(M^4; \mathbb{Z}).$$

Algebraisch weiß man jedoch für gerade Formen über dem Ring $\mathbb{Z}$, daß σ durch 8 teilbar ist. Der Satz von Rochlin besagt also eine zusätzliche Teilbarkeit der Signatur durch 2 im Fall <u>glatter</u> Mannigfaltigkeiten mit gerader Schnittform! Die Glattheit von M^4 ist hier tatsächlich notwendig, man kann die Existenz von topologischen, einfach-zusammenhängenden Mannigfaltigkeiten M_{top}^4 mit $w_2(M_{top}^4) = 0$ und $\sigma(M_{top}^4) = 8$ beweisen.

∎

Bemerkung: Die im Beweis des Rochlin-Satzes benutzte parallele quaternionische Struktur im Spinorbündel $S^\pm$ liegt in allen Dimensionen $n = 8k+4 \equiv 4 \;\; mod\; 8$ vor, falls $S^\pm$ zur *Spin*-Gruppe assoziiert ist (triviale *Spin*$^\mathbb{C}$-Struktur). Damit ergibt sich zum Beispiel: Sei M^{8k+4} eine orientierte, kompakte, glatte *Spin*-Mannigfaltigkeit. Dann ist

$$\frac{1}{2} \int\limits_{M^{8k+4}} \hat{A}$$

ganzzahlig.

Neben den Ganzzahligkeitssätzen für spezielle charakteristische Zahlen beruht eine weitere Anwendung der Indexformel für Dirac-Operatoren darauf, topologische Hindernisse für Riemannsche Metriken positiver Skalarkrümmung zu erhalten. Die Lichnerowicz-Formel

$$D_A^2 = \Delta_A + \frac{1}{4}R + \frac{1}{2}dA$$

impliziert sofort $\ker(D_A) = 0$ und damit auch $Index\;(D_A^+) = 0$, falls alle Eigenwerte des selbstadjungierten Endomorphismus $\frac{1}{4}R + \frac{1}{2}dA : S \to S$ positiv sind. Damit gilt

Satz: *Sei (M^{2k}, g) eine kompakte, orientierte Riemannsche Mannigfaltigkeit mit Spin$^\mathbb{C}$-Struktur und bezeichne $c = c_1(L)$ die erste Chern-Klasse des Determinantenbündels L der Spin$^\mathbb{C}$-Struktur. Besitzt L einen hermiteschen Zusammenhang A derart, daß alle Eigenwerte des Endomorphismus*

$$\frac{1}{4}R + \frac{1}{2}dA = \frac{1}{4}R + \frac{1}{2}\Omega^A : S \to S$$

positiv sind, dann gilt

$$\int\limits_{M^{2k}} e^{\frac{1}{2}c}\hat{A}(M^{2k}) = 0.$$

Folgerung: *Sei M^{4k} eine kompakte, orientierte Spin-Mannigfaltigkeit $(w_2(M^{4k}) = 0)$ und gelte*

$$\int\limits_{M^{4k}} \hat{A} \neq 0.$$

Dann besitzt M^{4k} keine Riemannsche Metrik positiver Skalarkrümmung.

Beispiel: In der letzten Folgerung ist die Voraussetzung $w_2(M^{4k}) = 0$ notwendig. Die komplex-projektive Ebene $M^4 = \mathbb{CP}^2$ hat mit der Fubini-Study-Metrik eine Riemannsche Metrik positiver Skalarkrümmung und es gilt

$$\hat{A}(\mathbb{CP}^2) = -\frac{1}{8}\sigma(\mathbb{CP}^2) = -\frac{1}{8} \neq 0.$$

Allerdings ist $\mathbb{CP}^2$ keine Spin-Mannigfaltigkeit.

4.4　Literatur und Aufgaben

M.F. Atiyah, V.K. Patodi, I.M. Singer. Spectral asymmetry and Riemannian geometry Part I, Math. Proc. Cambridge Phil. Soc. 77 (1975) 43-69; Part II No. 78 (1975), 405-432, Part III No. 79 (1976), 71-79.

M.F. Atiyah, I.M. Singer. The index of elliptic operators III, Ann. of Math. 87 (1968), 546-604.

M.H. Freedman. The topology of four-dimensional manifolds, Journ. Diff. Geom. 17 (1982), 357-453.

K.H. Mayer. Elliptische Differentialoperatoren und Ganzzahligkeitssätze für charakteristische Klassen, Topology 4 (1965), 295-313.

P.B. Gilkey. Invariance Theory, The heat equation and the Atiyah-Singer Index Theorem, Publish or Perish 1984.

K. Maurin. Methods of Hilbert Spaces, Warschau 1965.

J. Wolf. Essential self-adjointness for the Dirac operator and its square, Indiana Univ. Math. J. 22 (1972/73), 611-640.

Aufgabe 1:

Sei (M^4, g) eine kompakte Riemannsche Mannigfaltigkeit mit $Spin^C$-Struktur und D_A der Dirac-Operator. Wir betrachten die Wärmeleitungsgleichung

$$\frac{\partial}{\partial t}\psi(t, m) = -D_A^2\psi(t, m) \qquad t \geq 0$$

mit der Cauchy-Anfangsbedingung $\psi(0, m) = \psi_0(m)$. Beweisen Sie:

  (i) dieses Cauchy-Problem hat höchstens eine Lösung.

  (ii) Ist $S_t : L^2(S) \to L^2(S)$ definiert durch

$$S_t = \int_\sigma e^{-t\lambda^2} dF(\lambda)$$

so wird durch $\psi(t, m) = S_t(\psi_0(m))$ die einzige Lösung des Cauchy-Problems gegeben.

Aufgabe 2:

Sei $\psi_\lambda(\lambda \in \sigma(D_A))$ eine vollständige Basis von $L^2(S)$ bestehend aus Eigenspinoren des Dirac-Operators. Beweisen Sie, daß der Schnitt $E(t, m_1, m_2)$ im Bündel $S \times S$ über $M^n \times M^n$ definiert durch

$$E(t, m_1, m_2) = \sum_{\lambda \in \sigma} e^{-t\lambda^2} \psi_\lambda(m_1) \otimes \psi_\lambda(m_2)$$

für $t > 0$ glatt ist. Zeigen Sie weiterhin folgende Eigenschaften:

  (i) $\frac{\partial}{\partial t}E(t, m_1, m_2) = -D_A^2(E(t, m_1, m_2))$

  (ii) $\psi(m) = \lim_{t \to 0} \int_{M^n} E(t, m_1, m_2)\psi(m_2)dm_2$ für $\psi \in L^2(S)$.

Aufgabe 3:

Der Operator $S_t : L^2(S) \to L^2(S)$ ist ein Integraloperator mit $\ker E(t, m_1, m_2)$, d.h. es gilt

$$(S_t\psi)(m) = \int_{M^n} E(t, m, m_2)\psi(m_2)dm_2.$$

Aufgabe 4:

Seien $0 \leq \lambda_1^2 \leq \lambda_2^2 \leq \ldots$ die Eigenwerte von D_A^2. Beweisen Sie für $k \to \infty$ die asymptotische Formel

$$\lambda_k^2 \sim C k^{2/n}.$$

<u>Hinweis:</u> Wir wissen, daß $\sum\limits_{i=1}^{\infty} \frac{1}{(\lambda_i^2)^z}$ für $Re(z) > n/2$ konvergiert und an der Stelle $z = n/2$ eine Singularität besitzt.

Aufgabe 5:

Sei D der Dirac-Operator einer kompakten Riemannschen *Spin*-Mannigfaltigkeit (M^n, g). Beweisen Sie, daß in den Fällen $n \not\equiv 3, 7 \ mod \ 8$ die η-Funktion von D identisch verschwindet.

5 Abschätzungen der Eigenwerte des Dirac-Operators und Lösungen der Twistorgleichung

5.1 Abschätzungen von unten der Eigenwerte des Dirac-Operators

In diesem Kapitel betrachten wir eine kompakte Riemannsche Mannigfaltigkeit (M^n, g) mit fixierter *Spin*-Struktur und deren Dirac-Operator D, welcher in diesem Fall ausschließlich durch den Levi-Civita-Zusammenhang bestimmt ist. Aus der Lichnerowicz-Formel

$$D^2 = \Delta + \frac{1}{4}R$$

folgt durch Integration sofort die Ungleichung $\lambda^2 \geq \frac{1}{4}R_0$ für alle Eigenwerte λ des Dirac-Operators, wobei $R_0 = \min\{R(m) : m \in M^n\}$ des Minimum der Skalarkrümmung ist. Diese Abschätzung ist jedoch nicht optimal. Es gilt der

Satz: *Sei (M^n, g) eine kompakte Riemannsche Mannigfaltigkeit mit Spin-Struktur und λ ein Eigenwert des Dirac-Operators D. Dann ist*

$$\lambda^2 \geq \frac{1}{4}\frac{n}{n-1}R_0$$

mit $R_0 = \min\{R(m) : m \in M^n\}$. Weiterhin, ist $\lambda = \pm\frac{1}{2}\sqrt{\frac{n}{n-1}R_0}$ Eigenwert des Dirac-Operators und ψ ein entsprechender Eigenspinor, so ist ψ Lösung der Feldgleichung

$$\nabla_X \psi = \mp\frac{1}{2}\sqrt{\frac{R_0}{n(n-1)}}X \cdot \psi$$

und die Skalarkrümmung R ist konstant.

Beweis: Die Idee des Beweises beruht darauf, nicht den Levi-Civita-Zusammenhang, sondern eine geeignet modifizierte kovariante Ableitung im Spinorbündel zu betrachten. Zu diesem Ziel fixieren wir eine reellwertige Funktion $f : M^n \to \mathbb{R}^1$ und führen im Spinorbündel S die kovariante Ableitung ∇^f durch die Formel

$$\nabla^f_X \psi = \nabla_X \psi + fX \cdot \psi$$

ein. Aus den algebraischen Eigenschaften der Clifford-Multiplikation folgt, daß ∇^f eine metrische kovariante Ableitung im Spinorbündel S ist:

$$X(\psi, \psi_1) = (\nabla^f_X \psi, \psi_1) + (\psi, \nabla^f_X \psi_1).$$

Sei $\Delta^f = -\sum_{i=1}^{n} \nabla^f_{e_i}\nabla^f_{e_i} - \sum_{i=1}^{n} div\,(e_i)\nabla^f_{e_i}$ der entsprechende Laplace-Operator und

$$|\nabla^f \psi|^2 = \sum_{i=1}^{n} |\nabla^f_{e_i} \psi|^2 = \sum_{i=1}^{n} |\nabla_{e_i} \psi + f e_i \cdot \psi|^2$$

die Länge der 1-Form $\nabla^f \psi$. Wir berechnen den Operator $(D - f)^2$. Zunächst gilt

$$(D - f)^2 = (D - f)(D - f) = D^2 - 2fD - grad\ (f) + f^2$$

und aus der Lichnerowicz-Formel folgt

$$(D - f)^2 = \Delta + \frac{1}{4}R - 2fD - grad\ (f) + f^2.$$

Andererseits erhalten wir

$$\begin{aligned}
\Delta^f &= -\sum_{i=1}^{n}(\nabla_{e_i} + f e_i)(\nabla_{e_i} + f e_i) - \sum_{i=1}^{n} div\ (e_i)(\nabla_{e_i} + f e_i) \\
&= \Delta - 2fD - grad\ (f) + nf^2.
\end{aligned}$$

Insgesamt folgt daraus

$$(D - f)^2 = \Delta^f + \frac{1}{4}R + (1 - n)f^2$$

und nach Integration über M^n erhalten wir die Formel

$$\int_{M^n} ((D - f)^2 \psi, \psi) = \int_{M^n} \{|\nabla^f \psi|^2 + \frac{1}{4}R|\psi|^2 + (1 - n)f^2|\psi|^2\}.$$

Gelte nun $D\psi = \lambda\psi$. Dann setzen wir in die letzte Formel die konkrete Funktion $f = \frac{\lambda}{n}$ ein und erhalten

$$\lambda^2 \left(\frac{n - 1}{n}\right)^2 ||\psi||^2_{L^2} = ||\nabla^{\frac{\lambda}{n}}\psi||^2_{L^2} + \lambda^2 \frac{1 - n}{n^2}||\psi||^2_{L^2} + \frac{1}{4}\int_{M^n} R|\psi|^2.$$

Nach algebraischer Umformung ergibt sich daraus

$$\lambda^2 \frac{n - 1}{n}||\psi||^2_{L^2} = ||\nabla^{\frac{\lambda}{n}}\psi||^2_{L^2} + \frac{1}{4}\int_{M^n} R|\psi|^2 \geq \frac{1}{4}R_0||\psi||^2_{L^2}$$

d.h. $\lambda^2 \geq \frac{1}{4}\frac{n}{n - 1}R_0$. Diskutieren wir den Grenzfall in dieser Abschätzung, so erhalten wir die restlichen Behauptungen des Satzes unmittelbar. ∎

Die verwendete Beweistechnik kann auf vielfältige Weise verfeinert werden. Betrachtet man für eine festgelegte glatte, reellwertige Funktion $f : M^n \to \mathbb{R}^1$ zum Beispiel die (nicht-metrische) kovariante Ableitung

$$\tilde{\nabla}_X \psi = \nabla_X \psi + \frac{\lambda}{n} X \cdot \psi + \mu X \cdot grad\ (f) \cdot \psi + \nu df(X)\psi$$

mit den "optimalen" Parametern $\mu = -\dfrac{1}{n-1}$ und $\nu = -\dfrac{n}{n-1}$, so erhält man durch eine Rechnung mit der Länge $||e^{\mu f}\tilde{\nabla}\psi||^2_{L^2}$ analog zum ausgeführten Beweis die Ungleichung

$$\lambda^2 \geq \frac{n}{n-1} \min\{\frac{1}{4}R + \Delta(f) - \frac{n-2}{n-1}|\ grad\ f|^2\}.$$

Dabei ist λ ein Eigenwert des Dirac-Operators und f eine glatte Funktion. Speziell in der Dimension 2 ($n = 2$) fällt der Summand $|grad\ f|^2$ weg. Dann vereinfacht sich die Formel

$$\lambda^2 \geq \min\{\frac{1}{2}R + 2\Delta(f)\}.$$

Die Gauß'sche Krümmung K der Riemannschen Fläche (M^2, g) beträgt $K = \frac{1}{2}R$ und wir wählen f als Lösung der Differentialgleichung

$$2\Delta(f) = -K + \frac{1}{vol\ (M^2, g)} \int\limits_{M^2} K = -K + \frac{2\pi \mathcal{X}(M^2)}{vol\ (M^2)}.$$

Dann ist $\dfrac{1}{2}R + 2\Delta(f) = \dfrac{2\pi \mathcal{X}(M^2)}{vol\ (M^2)}$ konstant und wir erhalten

$$\lambda^2 \geq \frac{2\pi \mathcal{X}(M^2)}{vol\ (M^2)}.$$

Natürlich ist die letzte Ungleichung nur für solche 2-dimensionalen Riemannschen Mannigfaltigkeiten interessant, die topologisch die Sphäre sind. Zusammenfassend ergibt sich der von Lott/ Bär bewiesene

Satz: *Ist (S^2, g) eine Riemannsche Metrik auf S^2, so gilt für den ersten Eigenwert des Dirac-Operators die Ungleichung*

$$\lambda^2 \geq \frac{4\pi}{vol\ (S^2, g)}.$$

Eine weitere Situation, in der die geschilderte Methode zur Abschätzung der Eigenwerte des Dirac-Operators verfeinert werden kann, liegt dann vor, wenn die Riemannsche Mannigfaltigkeit zusätzliche geometrische Strukturen hat. Betrachten wir zum Beispiel den Fall einer Kählerschen Mannigfaltigkeit (M^{2k}, J, g) mit der komplexen Struktur $J : T(M^{2k}) \to T(M^{2k})$. In dieser Situation können wir kovariante Ableitungen

$$\tilde{\nabla}_X \psi = \nabla_X \psi + fX \cdot \psi + hJ(X) \cdot \psi$$

betrachten, die von zwei frei zu wählenden Parametern f und h abhängen. Arbeitet man dann die Weitzenböck-Formeln aus, so erhält man für Riemannsche Mannigfaltigkeiten mit zusätzlichen geometrischen Strukturen im allgemeinen bessere Abschätzungen als im allgemeinen Fall einer Riemannschen Mannigfaltigkeit. Zum Beispiel gilt die von K.-D. Kirchberg bewiesene Ungleichung für Kählersche Mannigfaltigkeiten:

Satz: *Sei (M^{2k}, J, g) eine kompakte Kählersche Spin-Mannigfaltigkeit und λ ein Eigenwert des Dirac-Operators. Dann gilt*

$$\lambda^2 \geq \left\{ \begin{array}{ll} \frac{1}{4}\frac{k+1}{k}R_0 & \text{falls } k = \dim_{\mathbb{C}} M \text{ ungerade} \\[2ex] \frac{1}{4}\frac{k}{k-1}R_0 & \text{falls } k = \dim_{\mathbb{C}} M \text{ gerade} \end{array} \right\}.$$

5.2 Riemannsche Mannigfaltigkeiten mit Killing-Spinoren

Ein Spinorfeld ψ, das Eigenspinor zum Eigenwert $\pm\frac{1}{2}\sqrt{\frac{n}{n-1}R_0}$ ist, löst nach dem im Abschnitt 5.1. bewiesenen Satz die stärkere Feldgleichung

$$\nabla_X \psi = \mp\frac{1}{2}\sqrt{\frac{R_0}{n(n-1)}}X \cdot \psi.$$

Dies führt allgemein auf den Begriff eines Killing-Spinors.

Definition: *Ein Spinorfeld ψ definiert auf einer Riemannschen Spin-Manngfaltigkeit (M^n, g) heißt Killing-Spinor, falls eine komplexe Zahl μ derart existiert, daß*

$$\nabla_X \psi = \mu X \cdot \psi$$

für alle Vektoren $X \in T$ gilt. μ selbst nennen wir die Killing-Zahl von ψ.

Zunächst stellen wir einige elementaren Eigenschaften von Killing-Spinoren zusammen.

Satz: *(M^n, g) sei eine zusammenhängende Riemannsche Mannigfaltigkeit.*

(i) Ein nicht identisch-verschwindender Killing-Spinor hat keine Nullstellen.

(ii) Jeder Killing-Spinor liegt im Kern des Twistor-Operators T: $T(\psi) = 0$. Weiterhin ist ψ ein Eigenspinor des Dirac-Operators, $D(\psi) = -n\mu\psi_0$.

(iii) Ist ψ ein Killing-Spinor zu reeller Killing-Zahl $\mu \in \mathbb{R}^1$, so ist das Vektorfeld

$$V^\psi = \sum_{i=1}^{n} (e_i \cdot \psi, \psi) e_i$$

ein Killing-Vektorfeld der Riemannschen Mannigfaltigkeit (M^n, g).

Beweis: Schränken wir einen Killing-Spinor auf eine Kurve $\gamma(t)$ ein, so erfüllt $\psi(t) = \psi(\gamma(t))$ entlang dieser Kurve die gewöhnliche Differentialgleichung erster Ordnung.

$$\frac{d}{dt}\psi(t) = \mu \dot{\gamma}(t) \cdot \psi(t).$$

Aus $\psi(0)$ folgt somit $\psi(\gamma(t)) \equiv 0$ und daraus folgt die Eigenschaft (i). Aus $\nabla_X \psi = \mu X \cdot \psi$ errechnen wir sofort

$$D\psi = \sum_{i=1}^{n} e_i \nabla_{e_i} \psi = \mu \sum_{i=1}^{n} e_i \cdot e_i \cdot \psi = -n\mu\psi$$

und dann folgt

$$T(\psi) = \sum_{i=1}^{n} e_i \otimes (\nabla_{e_i}\psi + \frac{1}{n} e_i \cdot D\psi) = \sum_{i=1}^{n} e_i \otimes (\mu e_i \psi - \mu e_i \cdot \psi) = 0.$$

Bei festem Punkt $m_0 \in M^n$ und lokalem orthonormalen Reper $e_1, \ldots, e_n$ mit $\nabla e_i(m_0) = 0$ berechnen wir die kovariante Ableitung $\nabla_X V^\psi$:

$$\begin{aligned}
\nabla_X V^\psi &= \sum_{i=1}^{n} (e_i \cdot \nabla_X \psi, \psi) e_i + \sum_{i=1}^{n} (e_i \cdot \psi, \nabla_X \psi) e_i \\
&= \mu \sum_{i=1}^{n} (e_i \cdot X \cdot \psi, \psi) e_i + \sum_{i=1}^{n} \mu(e_i \psi, X \cdot \psi) e_i \\
&= \mu \sum_{i=1}^{n} ((e_i \cdot X - X e_i) \cdot \psi, \psi) e_i.
\end{aligned}$$

Daraus folgt $g(\nabla_X V^\psi, Y) = \mu((YX - XY) \cdot \psi, \psi)$ und wir sehen, daß $g(\nabla_X V^\psi, Y)$ antisymmetrisch in X, Y ist. Diese Eigenschaft charakterisiert Killing-Vektorfelder einer Riemannschen Mannigfaltigkeit. ∎

Nicht jede Riemannsche Mannigfaltigkeit läßt Killing-Spinoren $\psi \neq 0$ zu und nicht jede Zahl $\mu \in \mathbb{C}$ kommt als Killing-Zahl in Frage. Wir leiten jetzt eine Reihe notwendiger Bedingungen her. Dazu erinnern wir zunächst an den Weyl-Tensor einer Riemannschen Mannigfaltigkeit. Sind

$$R_{ijkl} = g(\nabla_{e_i}\nabla_{e_j}e_k - \nabla_{e_j}\nabla_{e_i}e_k - \nabla_{[e_i,e_j]}e_k, e_l)$$

die Komponenten des Krümmungstensors und

$$R_{ij} = \sum_{\alpha=1}^{n} R_{\alpha ij\alpha}$$

diejenigen des Ricci-Tensors, so definieren wir zwei neue Tensoren K und W durch

$$K_{ij} = \frac{1}{n-2}\left\{\frac{R}{2(n-1)}g_{ij} - R_{ij}\right\}$$

$$W_{\alpha\beta\gamma\delta} = R_{\alpha\beta\gamma\delta} - g_{\beta\delta}K_{\alpha\gamma} - g_{\alpha\gamma}K_{\beta\delta} + g_{\beta\gamma}K_{\alpha\delta} + g_{\alpha\delta}K_{\beta\gamma}.$$

W heißt der Weyl-Tensor der Riemannschen Mannigfaltigkeit. Aufgrund der Symmetrieeigenschaften von W können wir den Weyl-Tensor als Bündelmorphismus definiert auf den 2-Formen von (M^n, g) auffassen:

$$W : \Lambda^2(M^n) \to \Lambda^2(M^n)$$

$$W(e_i \wedge e_j) = \sum_{k<l} W_{ijkl}e_k \wedge e_l.$$

Mit diesen Bezeichnungen gilt nun der

Satz: *Sei (M^n, g) eine zusammenhängende Riemannsche Spin-Mannigfaltigkeit mit nichttrivialem Killing-Spinor ψ zur Killing-Zahl μ. Dann gilt:*

(i) $\mu^2 = \dfrac{1}{4}\dfrac{1}{n(n-1)}R$ in jedem Punkte. Insbesondere ist die Skalarkrümmung von (M^n, g) konstant und μ ist entweder reell oder rein imaginär.

(ii) (M^n, g) ist ein Einstein-Raum.

(iii) $W(w^2) \cdot \psi = 0$ für jede 2-Form $w^2 \in \Lambda^2(M^n)$.

Beweis: Aus $\nabla_X\psi = \mu X \cdot \psi$ folgt $\nabla_X\nabla_Y\psi = \mu(\nabla_X Y) \cdot \psi + \mu^2 Y \cdot X \cdot \psi$

und damit $(\nabla_X\nabla_Y - \nabla_Y\nabla_X - \nabla_{[X,Y]})\psi = \mu^2(Y \cdot X - X \cdot Y)\psi.$

Die Berechnung von $\sum\limits_{\alpha=1}^{n} e_\alpha \cdot R(X, e_\alpha) \cdot \psi$ ergibt nun

$$\sum_{\alpha=1}^{n} e_\alpha \cdot R(X, e_\alpha)\psi = \mu^2 \sum_{\alpha=1}^{n} e_\alpha(e_\alpha X - X e_\alpha) \cdot \psi = 2(1-n)\mu^2\psi.$$

Andererseits gilt nach der im Abschnitt 3.1 bewiesenen Formel

$$\sum_{\alpha=1}^{n} e_\alpha \cdot R(X, e_\alpha)\psi = -\frac{1}{2} Ric(X) \cdot \psi.$$

Wir erhalten also $Ric(X) \cdot \psi = 4(n-1)\mu^2 X \cdot \psi$ und weil ψ in keinem Punkte verschwindet folgt

$$Ric(X) = 4(n-1)\mu^2 X.$$

Damit ist (M^n, g) ein Einstein-Raum der Skalarkrümmung $R = 4n(n-1)\mu^2$.

Der Krümmungstensor $R(X, Y)$ im Spinorbündel S steht durch die Formel

$$R(X, Y)\psi = \frac{1}{4} \sum_{\alpha=1}^{n} e_\alpha \cdot R(X, Y)e_\alpha \cdot \psi$$

in Beziehung zum Krümmungstensor $R(X, Y)Z$ der Riemannschen Mannigfaltigkeit (M^n, g). Die Gleichung

$$\nabla_X \nabla_Y \psi - \nabla_Y \nabla_X \psi - \nabla_{[X,Y]}\psi = \mu^2 (YX - XY) \cdot \psi$$

kann somit wegen $4\mu^2 = \frac{R}{n(n-1)}$ auch geschrieben werden als

$$\{\sum_{\alpha=1}^{n} e_\alpha \cdot R(X, Y)e_\alpha + \frac{R}{n(n-1)}(X \cdot Y - Y \cdot X)\}\psi = 0$$

und für einen Einstein-Raum fällt

$$\sum_{\alpha=1}^{n} e_\alpha \wedge R(X, Y)e_\alpha + \frac{R}{n(n-1)}(X \wedge Y - Y \wedge X)$$

mit $W(X \wedge Y)$ zusammen. Daraus erhalten wir

$$W(w^2) \cdot \psi = 0.$$

∎

Aus dem Beweis des letzten Satzes ergibt sich noch folgende geometrische Eigenschaft von Mannigfaltigkeiten mit Killing-Spinoren:

Satz: *Läßt eine Riemannsche Spin-Mannigfaltigkeit eine Killing-Spinor $\psi \neq 0$ mit Killing-Zahl $\mu \neq 0$ zu, so ist sie lokal-irreduzibel.*

Beweis: Wäre M^n lokal das Riemannsche Produkt $M^n = M_1^k \times M_2^{n-k}$, so könnten wir Vektoren X, Y tangential an M_1^k bzw. M_2^{n-k} betrachten. Dann gilt $R(X, Y)Z = 0$ und aus

$$\left\{ \sum_{\alpha=1}^{n} e_\alpha R(X,Y)e_\alpha + \frac{R}{n(n-1)}(XY - YX) \right\} \psi = 0$$

erhalten wir

$$R \cdot X \cdot Y \cdot \psi = 0.$$

Wegen $\mu \neq 0$ ist die Skalarkrümmung von Null verschieden. Weiterhin sind X und Y orthogonale Vektoren. Dann aber folgt $\psi = 0$, ein Widerspruch. ∎

Der letzte Satz zeigt, daß Killing-Spinoren in zwei Typen in Abhängigkeit davon zerfallen, ob die Killing-Zahl μ reell oder imaginär ist ($\mu \neq 0$):

reelle Killing-Spinoren	μ ist reell	M^n ist Einstein-Raum positiver Skalarkrümmung $R > 0$
imaginäre Killing-Spinoren	μ ist imaginär	M^n ist Einstein-Raum negativer Skalarkrümmung $R < 0$

Wegen $R = 4n(n-1)\mu^2$ korrespondieren reelle Killing-Spinoren genau zu den Eigenspinoren des Dirac-Operators zum Eigenwert $\pm\frac{1}{2}\sqrt{\frac{n}{n-1}R}$. Die Feldgleichung $\nabla_X \psi = \mu X \cdot \psi$ könnte man dahingehend verallgemeinern, daß man $\mu : M^n \to \mathbb{C}$ als komplexwertige Funktion zuläßt. Nach einem Satz von A. Lichnerowicz führt dies jedoch nicht zu einer tatsächlichen Verallgemeinerung:

Satz: *Sei (M^n, g) eine zusammenhängende Spin-Mannigfaltigkeit, $\mu : M^n \to \mathbb{C}$ eine glatte Funktion und ψ eine nichttriviale Lösung der Gleichung*

$$\nabla_X \psi = \mu X \cdot \psi.$$

Ist der Realteil $Re\,(\mu) \not\equiv 0$ nicht identisch Null, so ist μ konstant und reell. ψ ist somit ein reeller Killing-Spinor.

In kleinen Dimensionen $n = \dim(M^n)$ sind die geometrischen Bedingungen für die Existenz reeller bzw. imaginärer Killing-Spinoren sehr restruktiv und für $n \leq 4$ lassen nur Riemannsche Räume konstanter Schnittkrümmung derartige Spinorfelder zu. Betrachten wir etwa den Fall $n = 3$. Dann ist notwendigerweise (M^3, g) ein 3-dimensionaler Einsteinraum, also eine Raumform. Die gleichen Verhältnisse treffen wir in der Dimension $n = 4$ an.

Satz: *Sei (M^4, g) eine zusammenhängende Riemannsche Spin-Mannigfaltigkeit mit nichttrivialem Killing-Spinor ψ zur Killing-Zahl $\mu \neq 0$. Dann ist (M^4, g) ein Raum konstanter Schnittkrümmung.*

Beweis: Wir zerlegen den Killing-Spinor $\psi = \psi^+ + \psi^-$ entsprechend der Aufspaltung des Spinorbündels $S = S^+ \oplus S^-$. Die Gleichungen für den Killing-Spinor lauten dann

$$\nabla_X \psi^+ = \mu X \psi^- \quad , \quad \nabla_X \psi^- = \mu X \psi^+.$$

Wir betrachten die Menge

$$N = \{m \in M^4 : \; \psi^+(m) = 0 \quad \text{oder} \quad \psi^-(m) = 0\}.$$

$N \subset M^4$ ist eine abgeschlossene Teilmenge ohne innere Punkte. Tatsächlich, hätte N innere Punkte, so erhielten wir eine offene Teilmenge $U \subset N \subset M^n$ auf der zum Beispiel ψ^+ verschwindet, $\psi^+_{|U} = 0$. Dann folgt $\nabla \psi^+_{|U} \equiv 0$ und aus der Killing-Gleichung erhalten wir wegen $\mu \neq 0$ $\quad \psi^-_{|U} \equiv 0$. Damit verschwindet $\psi = \psi^+ + \psi^-$ auf der Teilmenge U identisch, ein Widerspruch zu der bereits bewiesenen Tatsache, daß nichttriviale Killing-Spinoren keine Nullstellen haben. Daher ist $U := M^4 \backslash N$ eine in M^4 dichte, offene Teilmenge. Die Bedingung an den Weyl-Tensor W von M^4 lautet jetzt

$$W(w^2)\psi^+ = 0 \quad \text{und} \quad W(w^2)\psi^- = 0.$$

Eine leichte algebraische Rechnung unter Ausnutzung der in den Abschnitten 1.3 und 1.5 explizit angegebenen Realisierung des C_4-Moduls $\Delta_4 = \Delta_4^+ \oplus \Delta_4^-$ zeigt jedoch folgende Eigenschaft.

Ist $\eta^2 \in \Lambda^2(R^4)$ eine 2-Form und sind $\psi^+ \in \Delta_4^+, \psi^- \in \Delta_4^-$ zwei nichttriviale Spinoren, so folgt aus $\eta^2 \cdot \psi^+ = 0 = \eta^2 \cdot \psi^-$, daß die 2-Form η^2 trivial ist: $\eta^2 = 0$.

Benutzen wir diesen algebraischen Fakt, so schließen wir sofort, daß der Weyl-Tensor W auf der Menge $M^4 \backslash N$ verschwindet. Diese Menge ist jedoch dicht. Also ist (M^4, g) ein 4-dimensionaler Einstein-Raum mit verschwindendem Weyl Tensor, d.h. ein Raum konstanter Schnittkrümmung. $\blacksquare$

Die Frage nach den notwendigen und hinreichenden Bedingungen an einen Riemannschen Raum dafür, daß dieser (reelle oder imaginäre) Killing-Spinoren zuläßt, ist mit Hinblick auf den zuletzt bewiesenen Satz erst für Dimensionen $n \geq 5$ interessant. Hier liegen umfangreiche Beispielserien und Untersuchungen vor, für die wir auf das Buch [BFGK] und den ergänzenden Artikel [Bä] verweisen. Abschließend ist diese Frage im Fall reeller Killing-Spinoren (zum Beispiel in der wichtigen Dimension $n = 7$) noch nicht geklärt (siehe die Arbeit [FKMS]).

5.3 Die Twistorgleichung auf Riemannschen Mannigfaltigkeiten

Ein Spinorfeld ψ liegt im Kern des Twistoroperators T genau dann, falls

$$\nabla_X \psi + \frac{1}{n} X \cdot D(\psi) = 0$$

für alle Vektoren $X \in T(M^n)$ gilt. Dabei bezeichnet $D(\psi)$ die Anwendung des Dirac-Operators auf ψ (siehe Abschnitt 3.2). Killing-Spinoren sind spezielle Lösungen dieser Twistorgleichung. Der wesentliche Unterschied zwischen der Feldgleichung für Killing-Spinoren und der Twistorgleichung besteht darin, daß die letzte Gleichung konform invariant ist. Mittels einer direkten und elementaren Rechnung beweist man leicht folgenden

Satz: *Sind g und g^* zwei konform äquivalente Riemannsche Metriken auf einer Mannigfaltigkeit M^n, so existiert (ein expliziter) Isomorphismus $\ker(T) \approx \ker(T^*)$ zwischen den Kernen der Twistoroperatoren T und T^*.*

Natürlich weist die Feldgleichung für Killing-Spinoren eine solche konforme Invarianz nicht auf, weil die (nicht-konform invariante) Einstein-Bedingung notwendig für die Existenz von Killing-Spinoren ist. Andererseits, ist (M^n, g) eine Riemannsche *Spin*-Mannigfaltigkeit mit Killing-Spinoren und g^* eine zu g konform äquivalente Riemannsche Metrik, so besitzt (M^n, g^*) i.A. keine Killing-Spinoren, aber Lösungen der Twistorgleichung. Im kompakten Fall ist dies der einzige Unterschied zwischen beiden Gleichungen.

Satz: *Sei (M^n, g) eine kompakte zusammenhängende Riemannsche Spin-Mannigfaltigkeit mit $\ker(T) \neq 0$. Dann existiert eine zu g konform äquivalente Einstein-Metrik g^* derart, daß der Raum*

$$\ker(T) \approx \ker(T^*)$$

mit dem Raum der reellen Killing-Spinoren von (M^n, g^*) zusammenfällt.

Beweis: Aus der Lösung des Yamabe-Problems für kompakte Riemannsche Mannigfaltigkeiten ergibt sich zunächst, daß die Metrik g durch eine konform äquivalente Metrik g^* konstanter Skalarkrümmung ersetzt werden kann. Wir können also ohne Beschränkung der Allgemeinheit annehmen, daß g selbst konstante Skalarkrümmung hat und $\ker(T) \neq 0$ gilt. Beweisen müssen wir, daß in diesem Fall jede Lösung der Twistorgleichung als Summe reeller Killing-Spinoren darstellbar ist. Aus

$$\nabla_X \psi + \frac{1}{n} X D(\psi) = 0$$

folgt

$$0 = \sum_{\alpha=1}^{n} \nabla_{e_\alpha} \nabla_{e_\alpha} \psi + \frac{1}{n} \sum_{\alpha=1}^{n} \nabla_{e_\alpha} (e_\alpha \cdot D(\psi)) = -\Delta(\psi) + \frac{1}{n} D^2(\psi).$$

Benutzen wir die Lichnerowicz-Formel $D^2 = \Delta + \frac{1}{4} R$, so erhalten wir

$$D^2(\psi) = \frac{1}{4} \frac{n}{n-1} R \psi.$$

Verschwindet die konstante Skalarkrümmung $R = 0$, dann gilt $D^2(\psi) = 0$ und daher ist wegen

$$0 = \int_{M^n} (D^2(\psi), \psi) = \int_{M^n} |\nabla \psi|^2$$

ψ ein paralleler Schnitt. Ist $R \neq 0$, so zerlegen wir ψ in

$$\psi = \sqrt{\frac{n-1}{nR}} (\varphi_+ + \varphi_-)$$

mit $\varphi_\pm = \frac{1}{2} \sqrt{\frac{nR}{n-1}} \psi \pm D\psi$. Die Skalarkrümmung ist im Fall $R \neq 0$ positiv, weil alle Eigenwerte von D^2 positiv sind. Weiterhin erhalten wir

$$D(\varphi_\pm) = \frac{1}{2} \sqrt{\frac{nR}{n-1}} D(\psi) \pm D^2(\psi) = \pm \frac{1}{2} \sqrt{\frac{nR}{n-1}} \varphi_\pm.$$

Die Spinorfelder $\varphi_\pm$ sind also Eigenspinoren zum kleinst-möglichen Eigenwert $\pm \frac{1}{2} \sqrt{\frac{nR}{n-1}}$. Aus dem im Abschnitt 5.1 bewiesenen Satz folgt dann, daß $\varphi_\pm$ Killing-Spinoren sind.

Wir möchten jetzt eine lokale Version des letzten Satzes beweisen. Dazu benötigen wir das

Lemma: *Sei ψ eine Lösung der Twistorgleichung. Dann gilt*

$$\nabla_X(D(\psi)) = \frac{n}{2(n-2)} \left(\frac{R}{2(n-1)} X - Ric\,(X) \right) \cdot \psi.$$

Beweis: Durch nochmaliges Differenzieren erhalten wir aus der Gleichung $\nabla_X \psi + \frac{1}{n} X \cdot D(\psi) = 0$ die Gleichungen

$$\nabla_{e_\alpha} \nabla_X \psi + \frac{1}{n}(\nabla_{e_\alpha} X) \cdot D(\psi) + \frac{1}{n} X \cdot \nabla_{e_\alpha}(D(\psi)) = 0.$$

$$\nabla_X \nabla_{e_\alpha} + \frac{1}{n}(\nabla_X e_\alpha) \cdot D(\psi) + \frac{1}{n} e_\alpha \cdot \nabla_X(D(\psi)) = 0.$$

Daraus folgt

$$R(X, e_\alpha)\psi + \frac{1}{n} e_\alpha \cdot \nabla_X(D(\psi)) - \frac{1}{n} X \cdot \nabla_{e_\alpha}(D(\psi)) = 0.$$

Multiplizieren wir mit e_α und addieren wir, so ergibt sich

$$\sum_{\alpha=1}^{n} e_\alpha \cdot R(X, e_\alpha)\psi = \nabla_X(D(\psi)) - \frac{1}{n} X \cdot D^2(\psi) - \frac{2}{n} \nabla_X(D(\psi)).$$

Setzen wir $D^2(\psi) = \frac{1}{4}\frac{Rn}{n-1}\psi$ und $\sum\limits_{\alpha=1}^{n} e_\alpha \cdot R(X, e_\alpha) \cdot \psi = -\frac{1}{2} Ric\,(X) \cdot \psi$ ein, so folgt die behauptete Formel direkt. ∎

Eine Konsequenz der bewiesenen Formel ist, daß

$$Re(\nabla_X(D\psi), \psi) = 0$$

für Lösungen ψ der Twistorgleichung gilt. Damit können wir folgende erste Integrale definieren:

Satz: *Sei ψ eine Lösung der Twistorgleichung definiert auf einer zusammenhängenden Riemannschen Mannigfaltigkeit. Dann sind die Funktionen*

$$C(\psi) = Re(\psi, D\psi)$$

$$Q(\psi) = |\psi|^2 |D\psi|^2 - C^2(\psi) - \sum_{\alpha=1}^{n}[Re(D\psi, e_i \cdot \psi)]^2$$

konstant.

Beweis: Wir differenzieren $C(\psi)$ und erhalten

$$X(C(\psi)) = Re\,(\nabla_X\psi, D\psi) + Re\,(\psi, \nabla_X(D\psi)) = Re\left(-\frac{1}{n} X \cdot D\psi, D\psi\right) + 0 = 0.$$

Die analoge - wenngleich etwas längere - Rechnung unter Benutzung der angegebenen Formel des letzten Lemmas zeigt auch

$$X(Q(\psi)) = 0.$$

■

Diese ersten Integrale einer Lösung ψ der Twistorgleichung treten in folgendem lokalen Satz auf, welcher zeigt, daß lokal außerhalb der Nullstellenmenge ein gegebener Twistor-Spinor ψ konform immer in die Summe zweier reeller Killing-Spinoren transformiert werden kann. Der Beweis beruht auf der Ausnutzung des konformen Gewichtes des Twistoroperators und ist in [F2] (siehe auch [BFGK]) angeführt.

Satz: *Sei (M^n, g) eine Riemannsche Spin-Mannigfaltigkeit mit nicht-trivialem Twistor-Spinor ψ und bezeichne $N = \{m \in M^n : \psi(m) = 0\}$ dessen Nullstellenmenge. Dann besteht N nur aus isolierten Punkten und die über $M^n \backslash N$ definierte Riemannsche Metrik $g^* = \dfrac{1}{|\psi|^4} g$ ist ein Einstein-Raum mit Skalarkrümmung*

$$R^* = \frac{4(n-1)}{n}(C^2(\psi) + Q(\psi)).$$

Das Spinorfeld $\dfrac{1}{|\psi(m)|}\psi(m)$ ist bezüglich der Metrik g^* die Summe zweier reeller Killing-Spinoren.

■

Wir bemerken abschließend, daß viele Beispiele Riemannscher Mannigfaltigkeiten mit solchen Lösungen ψ der Twistorgleichung bekannt sind, die Nullstellen zulassen. Daher ist die Klassifikation der Riemannschen Mannigfaltigkeiten mit Lösungen der Twistorgleichung noch nicht bis zum Ende verstanden.

5.4 Abschätzungen von oben der Eigenwerte des Dirac-Operators

Obere Abschätzungen für die Eigenwerte des Dirac-Operators in Abhängigkeit von der Geometrie des Basisraumes können auf vielfältige Weise erzielt werden. Durch die Konstruktion geeignet gewählter Testspinoren und die Betrachtung des entsprechenden Rayleigh-Quotienten erhält man die gwünschten Schranken in Abhängigkeit vom Injektivitätsradius und Krümmungsgrößen der Riemannschen Mannigfaltigkeit (siehe [Bä1]). Eine andere, auf einem Vergleich mit der Sphäre beruhende Methode wurde von Vafa und Witten 1984 vorgeschlagen und geometrisch von H. Baum (siehe [Ba]) ausgearbeitet. In diesem Abschnitt beschreiben wir die dabei zu erzielenden Resultate und verweisen für einige beweistechnische

Details auf die genannte Originalarbeit. Der Ausgangspunkt dieser Methode ist die Bemerkung, daß das Spinorbündel S_0 der Sphäre $S^{2m} \subset \mathbb{R}^{2m+1}$ trivial ist und eine globale Trivialisierung dieses Bündels über S^{2m} mit Spinoren $\psi_1, \ldots, \psi_{2^m}$ derart gewählt werden kann, daß deren kovariante Ableitungen $\nabla \psi_i$ $(1 \leq i \leq 2^m)$ bekannt sind (wähle zum Beispiel reelle Killing-Spinoren auf S^{2m}). Damit kann der Raum $\Gamma(S_0)$ aller Spinoren identifiziert werden mit dem Raum $C^\infty(S^{2m}; \Delta_{2m}) = C^\infty(S^{2m}; \mathbb{C}^{2^m})$ aller $\mathbb{C}^{2^m}$-wertigen Funktionen u und für die kovariante Ableitung des Spinorbündels gilt die Formel

$$\nabla_X(u) = X(u) + \frac{1}{2}(-1)^m i X \cdot (u^+ - u^-)$$

wobei $u = u^+ + u^-$ die Zerlegung von u gemäß der Aufspaltung $\Delta_{2m} = \Delta_{2m}^+ \oplus \Delta_{2m}^-$ ist.

Sei nun $f : M^{2m} \to S^{2m}$ eine glatte Abbildung einer kompakten, zusammenhängenden Riemannschen *Spin*-Mannigfaltigkeit M^{2m} in die Sphäre S^{2m}. Ist S das Spinorbündel von M^{2m} und $f^*(S_0)$ das durch die Abbildung f induzierte Bündel, so können wir im Bündel $S \otimes f^*(S_0)$ zwei Operatoren vom Dirac-Typ betrachten. Der Levi-Civita Zusammenhang der Sphäre S^{2m} definiert einen Zusammenhang ∇^f im induzierten Bündel $f^*(S_0)$ und daher wird

$$D_f = \sum_{i=1}^{2m} e_i \otimes (\nabla_{e_i} \otimes 1 + 1 \otimes \nabla_{e_i}^f)$$

ein Dirac-Operator in $S \otimes f^*(S_0)$. Andererseits hat S_0 - und damit auch $f^*(S_0)$ - einen flachen Zusammenhang ∇^0, welcher durch die Festlegung definiert wird, daß die konstanten Funktionen $u \in C^\infty(S^{2m}, \Delta_{2m})$ ∇^0-parallel sind. $f^*(S_0)$ ist dann ein flaches Bündel und wir können

$$D_0 = \sum_{i=1}^{2m} e_i \otimes (\nabla_{e_i} \otimes 1 + 1 \otimes \nabla_{e_i}^0)$$

betrachten. Natürlich ist D_0 unitär äquivalent zu 2^m Kopien des Dirac-Operators D der Riemannschen Mannigfaltigkeit M^{2m}. Die Differenz der Operatoren $L_f = D_f - D_0$ ist ein selbstadjungierter Bündelmorphismus im Vektorbündel $S \otimes f^*(S_0)$ und seine L^2-Norm als Operator im Hilbert-Raum $L^2(S \otimes f^*(S_0))$ kann kontrolliert werden:

$$\|L_f\| \leq 2^{m-1}\sqrt{m}\|df\|_\infty$$

mit $\|df\|_\infty = \max\{\|df_x\| : x \in M^{2m}\}$. Wegen $D_0 = D_f - L_f$ zeigt ein störungstheoretisches Argument, daß im Intervall $[-\|L_f\|, \|L_f\|]$ mindestens so viele Eigenwerte von D_0 liegen, wie die Dimensionen $\dim \ker(D_f)$ des Kerns des Operators D_f beträgt. Diese Dimension kann mit der Index-Theorie jedoch abgeschätzt werden. Es gilt

$$Index(D_f^{\pm}) \subset 2^{m-1}\hat{A}(M^{2m}) \pm \deg(f)$$

wobei $\deg(f)$ der Abbildungsgrad der Abbildung $f : M^{2m} \to S^{2m}$ ist. Daraus ergibt sich sofort die Ungleichung

$$\dim\ker(D_f) \geq |2^{m-1}\hat{A}(M^{2m}) + \deg(f)| + |2^{m-1}\hat{A}(M^{2m}) - \deg(f)| \geq 2|\deg(f)|.$$

Setzen wir jetzt voraus, daß der Abbildungsgrad $\deg(f)$ größer als $2^{m-1}(m_0 + \ldots + m_{k-1}) + 1$ ist, wobei $0 \leq \lambda_0^2 < \lambda_1^2 < \ldots$ die Eigenwerte von D^2 über M^{2m} und $m_0, m_1, \ldots$ die Dimensionen der entsprechenden Eigenunterräume sind, so hat der Operator $D_0 = 2^m \cdot D$ im Intervall

$$[-2^{m-1}\sqrt{m}||df||_\infty, 2^{m-1}\sqrt{m}||df||_\infty]$$

mindestens $2^m(m_0 + \ldots + m_{k-1}) + 2$ Eigenwerte. Der Dirac-Operator D der Riemannschen Mannigfaltigkeit M^{2m} besitzt also in diesem Intervall den k-ten Eigenwert. Zusammenfassend führt diese Beweismethode auf folgendes Resultat:

Satz: (siehe [Bau]) *Sei $f : M^{2m} \to S^{2m}$ eine glatte Abbildung einer kompakten, zusammenhängenden Riemannschen Spin-Mannigfaltigkeit M^{2m} in die Sphäre. Bezeichne $m_0, m_1, \ldots$ die Dimension des Raumes der Eigenspinoren von D^2 zum Eigenwert λ_j^2 $(0 \leq \lambda_0^2 < \lambda_1^2 < \ldots)$. Gilt*

$$\deg(f) \geq 2^{m-1}(m_0 + \ldots + m_{k-1}) + 1$$

so ist der k-te Eigenwert λ_k^2 beschränkt durch $\quad |\lambda_k| \leq 2^{m-1}\sqrt{m}||df||_\infty.$ ∎

Die Konstruktion spezieller Abbildungen $f : M^{2m} \to S^{2m}$ gestattet es nun, aus diesem bewiesenen Satz geometrische Schranken für die Eigenwerte des Dirac-Operators abzuleiten. Zum Beispiel erhält man die

Folgerung: *Sei (M^{2m}, g) eine komapkte, zusammenhängende Riemannsche Spin-Mannigfaltigkeit gerader Dimension und positiver Schnittkrümmung K. Bezeichne $K_{\max}$ das Maximum der Schnittkrümmung und λ den ersten Eigenwert des Dirac-Operators. Dann gilt*

$$|\lambda| \leq 2^{m-1}\sqrt{m}\sqrt{K_{\max}}.$$

∎

Ist M^{2m} eine Untermannigfaltigkeit des Euklidischen Raumes $\mathbb{R}^{2m+1}$, so können wir als Abbildung $f : M^{2m} \to S^{2m}$ speziell der Gauß-Abbildung wählen. Auf diese Weise kommt man für Flächen $M^2 \subset \mathbb{R}^3$ des 3-dimensionalen Euklidischen Raumes zu der Abschätzung

$$|\lambda| \leq C(M^2) \max\{|\mu(m)| : \quad m \in M^2\}$$

wobei

$$C(M^2) = \begin{cases} 1 & \text{falls das Geschlecht von } M^2 \ g = 0 \text{ ist} \\ 3 & \text{falls das Geschlecht von } M^2 \ g = 2,3 \text{ ist.} \\ 2 & \text{falls das Geschlecht von } M^2 \ g \geq 4 \text{ ist.} \end{cases}$$

und $\mu(m)$ die größere der beiden Hauptkrümmungen der Fläche im Punkte $m \in M^2$ ist.

5.5 Literatur und Aufgaben

H. Baum, Th. Friedrich, R. Grunewald, I. Kath. Twistors and Killing Spinors on Riemannian Manifolds, Teubner-Verlag Leipzig/Stuttgart 1991.

H. Baum. An upper bound for the first eigenvalue of the Dirac operator on compact spin manifolds, Math. Zeitschrift 206 (1991), 409-422.

Chr. Bär. Upper eigenvalue estimations for Dirac operators, Ann. Glob. Anal. Geom. 10 (1992), 171-177.

Chr. Bär. Real Killing spinors and holonomy, Comm. Math. Phys. 154 (1993), 509-521.

Th. Friedrich. Der erste Eigenwert des Dirac-Operators einer kompakten Riemannschen Mannigfaltigkeit nichtnegativer Skalarkrümmung, Mathematische Nachrichten 97 (1980), 117-146.

Th. Friedrich. On the conformal relation between twistors and Killing spinors, Supplemento de Rendiconti des Circole Mathematico de Palermo, Serie II, No. 22 (1989), 59-75.

Th. Friedrich, I. Kath, A. Moroianu, U. Semmelmann. On nearly parallel G_2 structures, Preprint SFB 288 Mai 1995, erscheint in "Journal of Geometry and Physics".

O. Hijazi. A conformal lower bound for the smallest eigenvalue of the Dirac operator and Killing spinors, Comm. Math. Phys. 104 (1986), 151-162.

K.-D. Kirchberg. An estimation for the first eigenvalue of the Dirac operator on closed Kähler manifolds with positive scalar curvature, Ann. Glob. Anal. Geom. 4 (1986), 291-326.

K.-D. Kirchberg. Twistor spinors on Kähler manifolds and the first eigenvalue of the Dirac operator, J. Geom. Phys. 7 (1990), 449-468.

A. Lichnerowicz. Spin manifolds, Killing spinors and the universality of the Hijazi inequality, Lett. Math. Phys. 13 (1987), 331-344.

Aufgabe 1:

Sei (M^n, g) eine komapkte, zusammenhängende Riemannsche *Spin*-Mannigfaltigkeit und bezeichne $\mathcal{K}_\pm$ den Raum der Killing-Spinoren:

$$\mathcal{K}_\pm = \{\psi \in \Gamma(S) : \quad \nabla_X \psi = \pm \frac{1}{2}\sqrt{\frac{R}{n(n-1)}} X \cdot \psi\}.$$

Gilt $\dim(\mathcal{K}_+) + \dim(\mathcal{K}_-) \geq 2^{[n/2]}$, so ist (M^n, g) isometrisch zur Sphäre S^n.

Aufgabe 2:

Berechnen Sie den Raum $\mathcal{K}_\pm$ der Killing-Spinoren für die Sphäre S^n und den Euklidischen Raum $\mathbb{R}^n$. Bestimmen Sie alle Lösungen der Twistorgleichung für den hyperbolischen Raum $\mathbb{H}^n$.

Aufgabe 3:

$\mathbb{RP}^3$ hat zwei *Spin*-Strukturen. Die Zahlen $\pm \frac{1}{2}\sqrt{\frac{3}{2}}$ sind Eigenwerte des Dirac-Operators bezüglich jeweils genau einer dieser *Spin*-Strukturen.

Aufgabe 4:

Sei (M^n, g) eine Riemannsche *Spin*-Mannigfaltigkeit und $N^{n-1} \subset M^n$ eine umbilische Untermannigfaltigkeit. Beweisen Sie: Die Einschränkung eines Killing-Spinors von M^n auf die Untermannigfaltigkeit N^{n-1} ist auf N^{n-1} eine Lösung der Twistorgleichung.

6   Anhang 1: Seiberg-Witten-Invarianten

6.1   Zur Topologie 4-dimensionaler Mannigfaltigkeiten

Die Topologie der Mannigfaltigkeiten blickt auf eine lange Geschichte beginnend im vorigen Jahrhundert zurück (Riemann). In den Arbeiten vieler Mathematiker (Poincaré, Brouwer, Hopf, Morse etc.) wurden in einer ersten Periode bis Mitte der 30-iger Jahre dieses Jahrhunderts die homologischen Eigenschaften von Mannigfaltigkeiten studiert, die Variationsrechnung entwickelt und insbesondere vollständige Beweise für die Klassifikation der kompakten, 2-dimensionalen Mannigfaltigkeiten angegeben. Die Jahre zwischen 1935 - 1960 sind in der Topologie der Mannigfaltigkeiten gekennzeichnet durch die Theorie der charakteristischen Klassen (Whitney, Pontrjagin), die Berechnung des Bordismenringes (Thom) und dem Auffinden exotischer Differentialstrukturen (Milnor). Insbesondere wurde klar, daß in Dimensionen $n \geq 4$ die Kategorie $Top(n)$ der n-dimensionalen topologischen Mannigfaltigkeiten nicht mit der Kategorie $Diff(n)$ der glatten Mannigfaltigkeiten zusammenfällt, d.h. die natürliche Abbildung

$$Diff(n) \to Top(n)$$

welche die Differentialstruktur vergißt, ist weder injektiv noch surjektiv. Im Zusammenhang mit der Lösung der Poincaré-Vermutung in Dimensionen $n \geq 5$ und dem Beweis des h-Kobordismensatzes (Smale) entstanden in den 60-iger Jahren die sogenannten Surgery-Techniken (Wall, Browder, Novikov), die zu einer weitgehenden Klassifikationstheorie für gewisse Klassen glatter, kompakter Mannigfaltigkeiten in den Dimensionen $n \geq 5$ führten.

Die Situation in den kleinen Dimensionen $n = 3, 4$ ist sehr speziell. Einerseits ist die mögliche Formenvielfalt bereits in der Dimension $n = 3$ wesentlich größer als für Flächen und die Klassifikationsfragen werden wesentlich schwieriger. Andererseits ist selbst in 4-dimensionalen Mannigfaltigkeiten noch zu wenig Platz zur Anwendung der in höheren Dimensionen erfolgreichen Surgery-Techniken. Die Dimension $n = 3$ ist die letzte, in welcher Top und $Diff$ übereinstimmen: jede 3-dimensionale kompakte Mannigfaltigkeit ist triangulierbar, je zwei Triangulierungen sind kombinatorisch äquivalent und zudem läßt eine solche Mannigfaltigkeit genau eine Differentialstruktur zu. Die Poincaré-Vermutung in dieser Dimension ist nach wie vor ungelöst. Neben der Fundamentalgruppe $\pi_1(M^4)$ ist die ganzzahlige Schnittform $H^2(M^4; \mathbb{Z})$ die wichtigste Invariante einer orientierbaren, kompakten 4-dimensionalen Mannigfaltigkeit. Im Jahre 1982 zeigte M. Freedman, daß für einfach-zusammenhängende kompakte topologische 4-Mannigfaltigkeiten diese Schnittform fast die Mannigfaltigkeit selbst in $Top(4)$ festlegt. Insbesondere kann jede unimodulare quadratische Form über dem Ring $\mathbb{Z}$ der ganzen Zahlen als Schnittform einer kompakten, einfach-zusammenhängenden topologischen Mannigfaltigkeit M^4 realisiert werden. Andererseits war bereits lange Zeit bekannt (Rochlin 1952), daß eine unimodulare Schnittform vom geraden Typ nur dann durch eine glatte, geschlossene 4-Mannigfaltigkeit realisierbar ist, falls deren Signatur durch 16 teilbar ist. Betrachten wir zum Beispiel die positiv-definite unimodulare $\mathbb{Z}$-Form E_8 der Dimension 8:

$$E_8 = \begin{pmatrix} 2 & -1 & 0 & 0 & 0 & 0 & 0 & 0 \\ -1 & 2 & -1 & 0 & 0 & 0 & 0 & 0 \\ 0 & -1 & 2 & -1 & 0 & 0 & 0 & 0 \\ 0 & 0 & -1 & 2 & -1 & 0 & 0 & 0 \\ 0 & 0 & 0 & -1 & 2 & -1 & 0 & -1 \\ 0 & 0 & 0 & 0 & -1 & 2 & -1 & 0 \\ 0 & 0 & 0 & 0 & 0 & -1 & 2 & 0 \\ 0 & 0 & 0 & 0 & -1 & 0 & 0 & 2 \end{pmatrix}.$$

E_8 ist vom geraden Typ und die Signatur beträgt $8, \sigma(E_8) = \dim E_8 = 8$. Somit existiert eine einfach-zusammenhängende topologische Mannigfaltigkeit M_0^4 mit Schnittform E_8 und M_0^4 ist keinesfalls glatt, d.h.

$$Diff(4) \to Top(4)$$

ist nicht surjektiv (und auch nicht injektiv) und daher ist die glatte Topologie in der Dimension 4 bereits ein völlig anderer Gegenstand als die stetige.

S.K. Donaldson führte gleichfalls Anfang der 80-iger Jahre eine Methode zum Studium von $Diff(4)$ ein, welche darauf beruht, jeder glatten 4-dimensionalen Mannigfaltigkeit den Modulraum der Lösungen der selbstdualen Yang-Mills-Gleichung in einer nicht-abelschen Eichfeldtheorie als Invariante zur Seite zu stellen bzw. aus diesen neue Invarianten abzuleiten. Auf diesem Wege konnte er weitere unimodulare quadratische Formen über dem Ring $\mathbb{Z}$ als Schnittformen glatter, einfach-zusammenhängender und geschlossener 4-Mannigfaltigkeiten M^4 ausschließen. Zum Beispiel, ist $H^2(M^4; \mathbb{Z})$ positiv definit, so ist diese Schnittform trivial. Insbesondere kann $E_8 \oplus E_8$ nicht als Schnittform einer glatten Mannigfaltigkeit auftreten, obwohl die Rochlin-Bedingung $\sigma/16 \in \mathbb{Z}$ erfüllt ist; diese Obstruktion führte in Konsequenz zum Beweis exotischer Differentialstrukturen in $\mathbb{R}^4$. Andererseits kann man durch bekannte algebraische Flächen viele unimodulare $\mathbb{Z}$-Formen als Schnittformen realisieren. Die Betrachtung von zusammenhängenden Summen von $K3$-Flächen mit $(S^2 \times S^2)$ führte zu der Vermutung, daß die Form

$$2k(-E_8) \oplus m \begin{pmatrix} 0 & 1 \\ 1 & 0 \end{pmatrix}$$

genau dann als Schnittform einer glatten 4-Mannigfaltigkeit auftritt, falls $m \geq 3k$ gilt (11/8-Vermutung; diese Ungleichung ist äquivalent zu $b_2(M^4)/|\sigma(M^4)| \geq \frac{11}{8}$). Im Rahmen der Donaldson-Theorie konnte diese Ungleichung nur für kleine k bewiesen werden. Eine weitere Anwendung der mittels nicht-abelscher Eichfeldtheorie konstruierter Invarianten bezieht sich auf Spaltungsfragen. Eine kompakte, einfach-zusammenhängende komplexe Fläche S mit $b_2^+(S) \geq 3$ kann nicht glatt als zusammenhängende Summe $S = X_1 \# X_2$ mit $b_2^+(X_i) > 0$ dargestellt werden. Dies führt zur Konstruktion verschiedener Differentialstrukturen auf kompakten, einfach-zusammenhängenden 4-Mannigfaltigkeiten.

Im Herbst 1994 suggerierte E. Witten, daß all diese und weitergehende Resultate erzielt werden können, indem man den Modulraum eines Gleichungssystems für ein Paar bestehend aus einem Spinor und einem abelschen Zusammenhang betrachtet. Der Spinor ist harmonisch bezüglich des abelschen Eichfeldes und andererseits auf eine algebraische Weise mit der Krümmungsform des abelschen Zusammenhanges verbunden (Seiberg-Witten-Gleichung). Dieses Gleichungssystem ist das 4-dimensionale Analogon des 2-dimensionalen Ginzburg-Landau-Modells (1950) der Supraleitfähigkeit. Der Hinweis Wittens wurde in den sich anschließenden Monaten von einer Vielzahl von Mathematikern ausgearbeitet und traf zu; im Gegensatz zu einer nicht-abelschen Eichtheorie mit den entsprechend nicht-linearen Gleichungen kommt man nun zu einer abelschen Theorie zurück und analytisch vereinfacht sich die gesamte glatte 4-dimensionale Topologie!

Die erste der Seiberg-Witten-Theorie zugrundeliegende Bemerkung besteht darin, daß jede orientierbare, kompakte 4-dimensionale Mannigfaltigkeit M^4 eine $Spin^{\mathbb{C}}$-Struktur (eventuelle keine Spin-Struktur!) besitzt, also Spinoren über ihr definiert werden können. Wir skizzieren kurz einen Beweis: Aus dem Satz über die universellen Koeffizienten ergibt sich die Formel

$$H^3(M^4;\mathbb{Z}) = \{H_3(M^4;\mathbb{Z})/Tor\ (H_3(M^4;\mathbb{Z}))\} \oplus Tor\ (H_2(M^4;\mathbb{Z}))$$

und aufgrund der Poincaré-Dualität $H_2(M^4;\mathbb{Z}) = H^2(M^4;\mathbb{Z})$ schließen wir

$$Tor\ (H^3(M^4;\mathbb{Z})) = Tor\ (H_2(M^4;\mathbb{Z})) = Tor\ (H^2(M^4;\mathbb{Z})).$$

Sei $T \subset H^2(M^4;\mathbb{Z})$ die Torsionsuntergruppe. Wir betrachten die exakte Sequenz

$$H^2(M^4,\mathbb{Z}) \xrightarrow{2} H^2(M^4,\mathbb{Z}) \xrightarrow{r} H^2(M^4,\mathbb{Z}_2) \xrightarrow{\beta} H^3(M^4,\mathbb{Z}) \xrightarrow{2} H^3(M^4,\mathbb{Z}) \to \cdots.$$

Dann gilt

$$Im\ (\beta_*) = \{\alpha^3 \in Tor\ (H^3(M^4;\mathbb{Z})) : 2\alpha^3 = 0\} \approx \{\gamma^2 \in T :\ 2\gamma^2 = 0\}.$$

Die Sequenz $\{\gamma^2 \in T :\ 2\gamma^2 = 0\} \to T \xrightarrow{2} T \to T/2T$ ist eine exakte Sequenz von $\mathbb{Z}_2$-Vektorräumen. Daher gilt $\dim_{\mathbb{Z}_2}(T/2T) = \dim_{\mathbb{Z}_2}\{\gamma^2 \in T :\ 2\gamma^2 = 0\}$ und wegen $r(T) = T/2T$ erhalten wir

$$\dim_{\mathbb{Z}_2}(H^2(M^4;\mathbb{Z}_2)) = \dim_{\mathbb{Z}_2}(Im(r)) + \dim_{\mathbb{Z}_2}(Im(\beta_*)) = \dim_{\mathbb{Z}_2}(Im(r)) + \dim_{\mathbb{Z}_2}(r(T)).$$

Offensichtlich ist die Inklusion

$$r(T) \subset Im(r) \subset H^2(M^4;\mathbb{Z}_2).$$

Sei nun $x \in Im(r)$ mit $x = r(\alpha)$ und $\alpha \in H^2(M^4;\mathbb{Z})$. Ist $y \in r(T)$, so existiert ein Element $\beta \in T \subset H^2(M^4;\mathbb{Z})$ mit $r(\beta) = y$. β ist Torsionselement und damit verschwindet $\alpha \cup \beta$ in $H^4(M^4;\mathbb{Z}) \approx \mathbb{Z}$. Dann aber folgt

$$x \cup y = 0 \quad \text{für} \quad x \in Im\,(r), y \in r(T).$$

Die Menge $\Gamma = \{\gamma \in H^2(M^4; \mathbb{Z}) : \forall\, y \in r(T)\ \gamma \cup y = 0\}$ enthält demnach $Im(r), Im(r) \subset \Gamma$. Andererseits gilt

$$\dim_{\mathbb{Z}_2}(\Gamma) = \dim_{\mathbb{Z}_2}(H^2(M^4; \mathbb{Z}_2)) - \dim_{\mathbb{Z}_2}(r(T)) = \dim_{\mathbb{Z}_2}(Im(r))$$

aufgrund der $\mathbb{Z}_2$-Poincaré-Dualität. Wir erhalten also $Im(r) = \Gamma$, d.h.

$$Im(r) = \{\gamma \in H^2(M^4; \mathbb{Z}) : \forall\, y \in r(T)\ \gamma \cup y = 0\}.$$

Wir haben somit eine genauere Beschreibung des Bildes der $\mathbb{Z}_2$-Reduktion $r : H^2(M^4; \mathbb{Z}) \to H^2(M^4; \mathbb{Z}_2)$ bewiesen. Dies benutzen wir nun für den Beweis, daß M^4 eine $Spin^{\mathbb{C}}$-Struktur besitzt. Die notwendige und hinreichende Bedingung dafür ist, daß die zweite Stiefel-Whitney-Klasse w_2 im Bild $Im(r)$ liegt. Wir haben also $w_2 \cup y = 0$ für alle $y \in r(T)$ zu überprüfen. Aufgrund der Wu-Formeln ist w_2 einer orientierbaren 4-dimensionalen Mannigfaltigkeit die einzige Kohomologieklasse $w_2 \in H^2(M^4; \mathbb{Z}_2)$ welche die Bedingung $x^2 = w_2 \cup x$ für alle $x \in H^2(M^4; \mathbb{Z}_2)$ erfüllt. Ist nun $y \in r(T)$, so gilt $y^2 = 0$, weil y die $\mathbb{Z}_2$-Reduktion eines Torsionselementes aus $H^2(M^4; \mathbb{Z})$ ist. Damit folgt

$$w_2 \cup y = y^2 = 0$$

für alle $y \in r(T)$, d.h. die zweite Stiefel-Whitney-Klasse $w_2(M^4)$ ist die $\mathbb{Z}_2$-Reduktion einer ganzzahligen Kohomologieklasse. Insgesamt erhalten wir den

Satz (Wu 1950; Hirzebruch/ Hopf 1958): *Jede kompakte, orientierbare 4-dimensionale Mannigfaltigkeit M^4 besitzt eine $Spin^{\mathbb{C}}(4)$-Struktur.*

∎

Wir stellen jetzt einige spezielle Formeln der 4-dimensionalen Spin-Algebra zusammen. Der auf den 2-Formen wirkende Hodge-Operator $* : \Lambda^2(\mathbb{R}^4) \to \Lambda^2(\mathbb{R}^4)$ spaltet Λ^2 in die selbstdualen und anti-selbstdualen 2-Formen auf:

$$\Lambda^2(\mathbb{R}^4) = \Lambda_+^2(\mathbb{R}^4) \oplus \Lambda_-^2(\mathbb{R}^4).$$

Die 4-dimensionale Spin-Darstellung Δ_4 zerlegt sich gleichfalls in $\Delta_4 = \Delta_4^+ \oplus \Delta_4^-$ mit $\Delta_4^+ \approx \mathbb{C}^2$. Die durch die Clifford-Multiplikation induzierten Endomorphismen $e_i \cdot e_j : \Delta_4^+ \to \Delta_4^+$ haben folgende Matrizen

$$e_1 e_2 = \begin{pmatrix} i & 0 \\ 0 & -i \end{pmatrix} \qquad e_1 e_3 = \begin{pmatrix} 0 & -1 \\ 1 & 0 \end{pmatrix} \qquad e_1 e_4 = \begin{pmatrix} 0 & -i \\ -i & 0 \end{pmatrix}$$

$$e_2 e_3 = \begin{pmatrix} 0 & -i \\ -i & 0 \end{pmatrix} \qquad e_2 e_4 = \begin{pmatrix} 0 & 1 \\ -1 & 0 \end{pmatrix} \qquad e_3 e_4 = \begin{pmatrix} i & 0 \\ 0 & -i \end{pmatrix}.$$

Insbesondere gilt im Sinne von Endomorphismen in Δ_4^+:

$$e_1 e_2 - e_3 e_4 = 0, \quad e_1 e_3 + e_2 e_4 = 0, \quad e_1 e_4 - e_2 e_3 = 0.$$

Ist $\Phi \in \Delta_4^+$ ein Spinor, so definieren wir eine 2-Form w^Φ durch die Formel

$$w^\Phi(X, Y) = \langle X \cdot Y \cdot \Phi, \Phi \rangle + \langle X, Y \rangle |\Phi|^2$$

mit $X, Y \in \mathbb{R}^4$. w^Φ ist eine 2-Form mit imaginären Werten. Dies ergibt sich aus folgenden Rechnungen:

$$\begin{aligned}
w^\Phi(X, Y) &= \langle X \cdot Y \cdot \Phi, \Phi \rangle + \langle X, Y \rangle |\Phi|^2 = \\
&= \langle (-YX - 2\langle X, Y \rangle)\Phi, \Phi \rangle + \langle X, Y \rangle |\Phi|^2 = \\
&= -\langle YX\Phi, \Phi \rangle - \langle X, Y \rangle |\Phi|^2 = -w^\Phi(Y, X)
\end{aligned}$$

$$\begin{aligned}
\overline{w^\Phi(X, Y)} &= \langle \overline{X \cdot Y \cdot \Phi}, \overline{\Phi} \rangle + \langle X, Y \rangle |\Phi|^2 = \langle \Psi, X \cdot Y \cdot \Phi \rangle + \langle X, Y \rangle |\Phi|^2 \\
&= \langle Y \cdot X\Phi, \Phi \rangle + \langle X, Y \rangle |\Phi|^2 = w^\Phi(Y, X) = -w^\Phi(X, Y).
\end{aligned}$$

Benutzen wir die explizit angegebene Spin-Darstellung, so sehen wir leicht den Beweis des nachstehenden Satzes:

Satz:

1. *Sei $\Phi \in \Delta_4^+$ und $w^2 \in \Lambda_-^2$. Dann gilt $w^2 \cdot \Phi = 0$.*

2. *$\langle w^\Phi \cdot \Phi, \Phi \rangle = -2|\Phi|^4$ und $|w^\Phi|^2 = 2|\Phi|^4$.*

Beweis: Setzen wir $\Phi = \begin{pmatrix} \Phi_1 \\ \Phi_2 \end{pmatrix} \in \mathbb{C}^2 = \Delta_4^+$, dann folgt

$$w^\Phi(e_1, e_2) = i\{|\Phi_1|^2 - |\Phi_2|^2\} = w^\Phi(e_3, e_4)$$

$$w^\Phi(e_1, e_3) = -\Phi_2 \bar{\Phi}_1 + \Phi_1 \bar{\Phi}_2 = -w^\Phi(e_2, e_4)$$

$$w^\Phi(e_1, e_4) = -i\Phi_2 \bar{\Phi}_1 - i\Phi_1 \bar{\Phi}_2 = w^\Phi(e_2, e_3)$$

und die Formeln ergeben sich durch Einsetzen dieser Größen.   ∎

6.2 Die Seiberg-Witten-Gleichung

M^4 sei eine orientierte (kompakte) 4-dimensionale Mannigfaltigkeit. Sei eine $Spin^{\mathbb{C}}(4)$-Struktur fixiert und $A \in \mathcal{C}(P)$ ein Zusammenhang im zur $Spin^{\mathbb{C}}$-Struktur assoziierten $U(1)$- Hauptfaserbündel. Dann betrachten wir für $\Phi \in \Gamma(S^+)$ die Gleichungen (Seiberg-Witten-Gleichungen):

$$D_A\Phi = 0, \quad \Omega_A^+ = \frac{1}{4}\omega^\Phi.$$

Zum Verständnis der Seiberg-Witten-Gleichung rechnen wir für einen beliebigen Schnitt $\Phi \in \Gamma(S^+)$ und einen beliebigen Zusammenhang $A \in \mathcal{C}(P)$ das Integral um:

$$\int_{M^4} \left|\Omega_A^+ - \frac{1}{4}\omega^\Phi\right| + |D_A\Phi|^2.$$

Weil Ω_A^+ und ω^Φ Formen mit rein imaginären Werten sind, es gibt die Berechnung der Länge:

$$\left|\Omega_A^+ - \frac{1}{4}\omega^\Phi\right|^2 = -\sum_{i<j}\left[\Omega_A^+(e_i,e_j) - \frac{1}{4}\omega^\Phi(e_i,e_j)\right]^2 =$$

$$= |\Omega_A^+|^2 + \frac{1}{16}|\omega^\Phi|^2 + \frac{1}{2}\sum_{i<j}\Omega_A^+\langle e_i,e_j\rangle\langle e_i e_j\Phi,\Phi\rangle$$

$$= |\Omega_A^+|^2 + \frac{1}{16}|\omega^\Phi|^2 + \frac{1}{2}\langle\Omega_A^+\Phi,\Phi\rangle = |\Omega_A^+|^2 + \frac{1}{8}|\Phi|^4 + \frac{1}{2}\langle\Omega_A^+\Phi,\Phi\rangle.$$

Andererseits ist nach der Weitzenböck-Formel

$$\int_{M^4}|D_A\Phi|^2 = \int_{M^4}|\nabla^A\Phi|^2 + \frac{R}{4}|\Phi|^2 - \frac{1}{2}\langle\Omega_A^+\Phi,\Phi\rangle.$$

Daraus folgt die Formel:

$$\int_{M^4}|\Omega_A^+ - \frac{1}{4}\omega^\Phi|^2 + |D_A\Phi|^2 = \int_{M^4}\left\{|\Omega_A^+|^2 + |D^A\Phi|^2 + \frac{R}{4}|\Phi|^2 + \frac{1}{8}|\Phi|^4\right\}.$$

Somit ist das Funktional

$$\varepsilon(\Phi,A) = \int_{M^4}\left\{|\Omega_A^+|^2 + |\nabla^A\Phi|^2 + \frac{R}{4}|\Phi|^2 + \frac{1}{8}|\Phi|^4\right\}$$

nicht negativ und seine Nullstellen sind genau die Lösungen der Seiberg-Witten-Gleichung.

Satz: *Sei (Φ,A) einer Lösung von $D_A\Phi = 0$, $\Omega_A^+ = \frac{1}{4}\omega^\Phi$ über einer kompakten Riemannschen Mannigfaltigkeit (M^4,g) mit Skalarkrümmung R. Dann gilt in jedem Punkte*

$$|\Phi(x)|^2 \leq -R_{min} \quad mit \quad R_{min} = min\{R(m) : m \in M^4\}.$$

Beweis: In einem Maximumpunkt von $|\Phi(x)|^2$ gilt $0 \leq \triangle|\Phi|^2$. Aber

$$
\begin{aligned}
0 \leq \triangle|\Phi|^2 &= 2\langle(\nabla^A)^\star\nabla^A\Phi,\Phi\rangle - 2\langle\nabla^A\Phi,\nabla^A\Phi\rangle \leq 2\langle(\nabla^A)^\star\nabla^A\Phi,\Phi\rangle = \\
&= 2\left\{\langle-\frac{R}{4}\Phi,\Phi\rangle + \frac{1}{2}\langle\Omega_A\Phi,\Phi\rangle\right\} = -\frac{R}{2}|\Phi|^2 + \langle\Omega_A^+\Phi,\Phi\rangle = \\
&= -\frac{R}{2}|\Phi|^2 + \langle\frac{1}{4}\omega^\Phi\Phi,\Phi\rangle = -\frac{R}{2}|\Phi|^2 - \frac{1}{2}|\Phi|^4.
\end{aligned}
$$

Ist nun $|\Phi|_{max}^2 > 0$, so folgt $0 \leq -\frac{R}{2} - 1/2|\Phi|_{max}^2$ und $|\Phi(x_{max})|^2 \leq -R_{min}$.

$\blacksquare$

$P \xrightarrow{\pi} M$ sei ein $U(1)$-Hauptfaserbündel und $A : TP \to \mathfrak{S}^1 = i\mathbb{R}^1$ ein Zusammenhang. Eine Eichtransformation $P \to P$ ist durch eine Funktion $f : M^n \to S^1$ mit $f(p) = p \cdot f(\pi(p))$ gegeben. Sei $\Theta = \frac{dz}{z} = \bar{z}dz$ die 1-Form $\Theta : TS^1 \to \mathfrak{S}^1 \approx i\mathbb{R}^1$ (Mauerer-Cartan-Form von S^1). Dann gilt

$$f^\star(A) = A + \pi^\star f^\star(\Theta)$$

für die Wirkung der Eichgruppe $\mathcal{G}(P) = Map(M^n, S^1)$ auf $\mathcal{C}(P)$ und die Krümmungsform von A ist

$$\Omega_A = dA, \quad \Omega_{f^\star(A)} = \Omega_A.$$

Wir beschreiben jetzt die Wirkung der Eichgruppe $\mathcal{G}(P) = \mathcal{G}(L) = \text{Map}(M^4, S^1)$ genauer. Sei $f : M^4 \to S^1$. Dann wirkt f auf $\mathcal{C}(P)$ durch

$$f^\star(A) = A + \pi^\star \frac{df}{f}.$$

Für die Zusammenhänge im Faserprodukt $R \times P$ des Reperbündels mit dem $U(1)$-Bündel der $Spin^{\mathbb{C}}$-Struktur gilt dann

$$LC \oplus A \to LC \otimes (A + \pi^\star \frac{df}{f}).$$

Damit ist $LC \oplus (A + \pi^\star \frac{df}{f}) - LC \oplus A$ eine 1-Form auf $R \times P$ mit Werten in $\mathfrak{S}^1$ die Null auf TR ist. Wir liften beide Zusammenhänge in die $Spin^{\mathbb{C}}(4)$–Struktur und für die kovarianten Ableitungen in S gilt dann

$$\nabla_t^{f^\star(A)}\Phi - \nabla_t^A\Phi = \frac{df(\vec{t})}{f} \cdot \Phi.$$

Damit folgt für die Dirac-Operatoren $\quad D_A, D_{f^\star(A)} : \Gamma(S) \to \Gamma(S) \quad$ die Formel

$$D_{f^\star(A)}\Phi - D_A\Phi = \frac{1}{f}grad(f)\cdot\Phi.$$

Wirkt nun die Gruppe $\mathcal{G}(P) = \{f : M^4 \to S^1\}$ auf $\Gamma(S) \times \mathcal{C}(P)$ durch $f\cdot(\Phi, A) = (\frac{1}{f}\cdot\Phi, f^\star(A))$, so gilt

$$
\begin{aligned}
D_{f^\star(A)}(\frac{1}{f}\Phi) &= D_A(\frac{1}{f}\Phi) + \frac{1}{f}grad(f)\cdot(1/f\Phi)\\
&= \frac{1}{f}D_A(\Phi) - \frac{1}{f^2}grad(f)\cdot\Phi + 1/f^2grad(f)\cdot\Phi = \frac{1}{f}D_A(\Phi)
\end{aligned}
$$

und es folgt:

Ist (Φ, A) eine Lösung der Seiberg-Witten-Gleichung, so ist $f\cdot(\Phi, A) = (\frac{1}{f}\Phi, f^\star A)$ auch eine Lösung der Seiberg-Witten-Gleichung.

Wir kommen nun zur Definition des Modulraumes der Seiberg-Witten-Theorie. Ist M^4 eine kompakte, orientierte Riemannsche $Spin^{\mathbb{C}}$-Mannigfaltigkeit und P das $U(1)$-Bündel der $Spin^{\mathbb{C}}$-Struktur sowie L deren Linienbündel, so sei

$$\mathfrak{M}_L = \{(\Phi, A) \in \Gamma(S^+) \times \mathcal{C}(P) : D_A\Phi = 0 , \quad \Omega_A^+ = \frac{1}{4}\omega^\Phi.\}/\mathcal{G}$$

Satz: $\mathfrak{M}_L$ *ist kompakt.*

Beweis: Sei

$$F(L) = F = \{\omega^2 \in \Lambda^2(M^4) : d\omega^2 = 0, \quad [\omega^2]_{DR} = c_1(L)\}$$

und sei ω_{harm}^2 die einzige harmonische Form in $F(L)$. Weil die Krümmungsform Ω^A für $A \in \mathcal{C}(P)$ eichinvariant ist, erhalten wir eine Abbildung

$$P : \mathfrak{M}_L \to F(L) \quad P[A, \Phi] = \Omega_A.$$

<u>1. Schritt:</u> $P(\mathfrak{M}_L) \subset F(L)$ ist eine kompakte Teilmenge (in L^2-Topologie von $F(L)$).

<u>Beweis:</u> Gelte $D_A\Phi = 0$, $\quad \Omega_A^+ = \frac{1}{4}\omega^\Phi$.

Die Krümmungsform Ω_A schreiben wir als $\Omega_A = (\Omega_A)^+ + (\Omega_A)^- = \omega_{harm}^2 + d\eta^1$.

Sind $\mathcal{H}^1$ die harmonischen 1-Formen und $Im(d^0) = Im(d : \Lambda^0 \to \Lambda^1)$, so können wir η^1 orthogonal zu $Im(d^0) \oplus \mathcal{H}^1$ in $\Gamma(\Lambda^1)$ wählen. Aus

$$\triangle|\Phi|^2 = 2\langle(\nabla^A)^\star\nabla^A\Phi, \Phi\rangle - 2\langle\nabla^A\Phi, \nabla^A\Phi\rangle = -\frac{R}{2}|\Phi|^2 - \frac{1}{2}|\Phi|^4 - 2\langle\nabla^A\Phi, \nabla^A\Phi\rangle$$

folgt wegen $\int_{M^4} \triangle |\Phi|^2 = 0$

$$2\|\nabla^A \Phi\|_{L^2}^2 = \int_{M^4} (-\frac{R}{2}|\Phi|^2 - 1/2|\Phi|^4) \leq \int_{\{R<0\}} (-R/2|\Phi|^2 \leq \int_{R<0} (-R/2 \cdot (-R_{min})) = C_1(R)$$

Also haben wir eine L^2-Schranke für $\|\nabla^A \Phi\|_{L^2}^2 \leq C_1$. Weiterhin gilt

$$\begin{aligned}
\delta\Omega_A^+ &= \star d \star (\Omega_A + \star\Omega_A) = \star d \star \Omega_A \\
\delta\Omega_A^- &= \star d \star (\Omega_A - \star\Omega_A = \star d \star \Omega_A
\end{aligned}$$

das heißt $\delta\Omega_A = 2\delta\Omega_A^+ = 1/2\delta(\omega^\Phi)$ und wir berechnen $\delta\omega^\Phi$:

$$\frac{1}{2}\delta(w^\Phi) = \delta\Omega_A(\vec{t}) = \frac{1}{2}(\langle\Phi, \nabla_t^A\Phi\rangle - \langle\nabla_t^A\Phi, \Phi\rangle).$$

Daraus folgt

$$\|\delta\Omega_A\|_{L^2}^2 \leq C_2^\star \|\Phi\|_{L^2}^2 \|\nabla^A\Phi\|_{L^2}^2$$

und weil wir eine C^0-Schranke für $|\Phi|$ haben folgt

$$\|\delta\Omega_A\|_{L^2}^2 \leq C_2.$$

Wegen $\Omega_2 = \omega_{harm}^2 + d\eta^1$ erhalten wir dann $\|\delta d\eta^1\|_{L2}^2 \leq C_2$. Nun ist der η^1 orthogonal zu $Im(d^0)$ gewählt $\to \delta\eta^1 = 0 \to \triangle\eta^1 = \delta d\eta^1$, also $\|\triangle\eta^1\|_{L^2}^2 \leq C_2$.

Weil $\eta^1 \perp \mathcal{H}^1 = Ker(\triangle)$ und weil das Spektrum von $\triangle$ diskret ist, gilt

$$\|\eta^1\|_{L^2}^2 \leq C_3^\star \|\triangle\eta^1\|_{L^2}^2.$$

Damit haben wir

$$\|\eta^1\|_{L^2}^2 \leq C_3, \quad \|\triangle\eta^1\|_{L^2}^2 \leq C_2.$$

Soweit ist die Menge der infragekommenden 1-Formen η^1 beschränkt im Sobolev-Raum $H^2(\Lambda^1(M^4))$. Weil

$$d : H^2(\Lambda^1(M^4)) \to H^1(\Lambda^2(M^4))$$

stetig ist, ist die Menge $d\eta^1$ - d. h. die Menge Ω_A im Bild von $P : \mathfrak{M}_L \to F(L)$ beschränkt in $H^1(\Lambda^2(M^4))$. Letztlich ist nach Rellich-Lemma

$$H^1(\Lambda^2(M^4)) \to L^2(\Lambda^2(M^4))$$

eine kompakte Einbettung, daher ist $\quad P(\mathfrak{M}_L) \subset F(\mathcal{L}) \quad$ eine kompakte Teilmenge.

<u>2. Schritt:</u> Wir betrachten $\quad P_1 : \mathfrak{M}_L \to \mathcal{C}(P)/\mathcal{G}(P) \quad P_1[\Phi, A] = [A]$.

Dann ist $P_1(\mathfrak{M}_L) \subset \mathcal{C}(P)/\mathcal{G}(P)$ eine kompakte Teilmenge.

<u>Beweis:</u> Dies ist der Satz von Weyl. Die Abbildung $\mathcal{C}(P) \to F(P)$, $A \to \Omega_A$ ist nämlich eine Faserung mit der kompakten Faser $Pic(M^4) = H^1(M^4; \mathbb{R})/H^1(M^4; \mathbb{Z}) \approx T^{b_1(M^4)}$. Weil

$$\mathfrak{M}_L \xrightarrow{\quad P_1 \quad} \mathcal{C}/\mathcal{G}(P)$$
$$P \searrow \qquad \swarrow$$
$$F(L)$$

$P(\mathfrak{M}_L) \subset F(L)$ kompakt ist, trifft dies auch auf $P_1(\mathfrak{M}_L) \subset \mathcal{C}(P)/\mathcal{G}(P)$ zu.

<u>3. Schritt:</u> $\mathfrak{M}_L$ ist kompakt.

Ist $A \in \mathcal{C}(P)/\mathcal{G}(P)$ gegeben, so besteht $\mathfrak{M}_L$ aus den Lösungen der Gleichung

$$D_A\Phi = 0 \quad max|\Phi(x)| \leq -R_{min}.$$

Dies ist eine beschränkte Kugel in einem endlich dimensionalen Vektorraum. ∎

6.3 Die Seiberg-Witten-Invariante

Wir kommen jetzt zur Linearisierung für den Raum $\mathfrak{M}_L$. Die Seiberg-Witten-Gleichungen lauten

$$D_A\Phi = 0 \quad , \quad \Omega_A^+ = 1/4\,\omega^\Phi.$$

Wir berechnen die Linearisierung dieser Gleichung an der Stelle (Φ, A). Das ist ein Operator

$$P_{(\Phi, A)} : \Gamma(S^+) \oplus \Gamma(\Lambda^1) \to \Gamma(S^-) \oplus \Gamma(\Lambda^2_+).$$

Sind $\Psi \in \Gamma(S^+)$ und $\eta^1 \in \Gamma(\Lambda^1)$ gegeben, so betrachten wir die Variation

$$A_t = A + t\eta^1 \quad , \quad \Phi_t = \Phi + t\Psi.$$

Dann ist $\Omega_{A_t} = dA + td\eta^1$, also $\frac{d}{dt}(\Omega_{A_t}^+)_{|t=0} = (d\eta^1)^+$.

Weiterhin, mit $\omega^\Phi(X, Y) = \langle XY\Phi, \Phi \rangle + \langle X, Y \rangle |\Phi|^2$ erhalten wir

$$(\tfrac{d}{dt}\omega^{\Phi_t}_{|t=0})(X,Y) =$$

$$= \langle XY(\tfrac{d\Phi_t}{dt})_{|t=0},\Phi\rangle + \langle XY\Phi,\tfrac{d\Phi_t}{dt}_{|t=0}\rangle + \langle X,Y\rangle\langle\Psi,\Phi\rangle + \langle X,Y\rangle\langle\Phi,\Psi\rangle =$$

$$= \langle XY\Psi,\Phi\rangle + \langle XY\Phi;\Psi\rangle + \langle X,Y\rangle\langle\Psi,\Phi\rangle + \langle X,Y\rangle\langle\Phi,\Psi\rangle =$$

$$= \langle XY\Psi,\Phi\rangle + \langle\Phi,YX\Psi\rangle + \langle X,Y\rangle\langle\Psi,\Phi\rangle + \langle X,Y\rangle\langle\Phi,\Psi\rangle =$$

$$= \langle XY\Psi,\Phi\rangle + \overline{\langle YX\Psi,\Phi\rangle} + \langle X,Y\rangle\langle\Psi,\Phi\rangle + \langle X,Y\rangle\langle\Phi,\Psi\rangle =$$

$$= \langle XY\Psi,\Phi\rangle + \overline{\langle\{-XY-2\langle X,Y\rangle\}\Psi,\Phi\rangle} + \langle X,Y\rangle\langle\Psi,\Phi\rangle + \langle X,Y\rangle\langle\Phi,\Psi\rangle =$$

$$= \langle XY\Psi,\Phi\rangle - \overline{\langle XY\Psi,\Phi\rangle} - 2\langle X,Y\rangle\overline{\langle\Psi,\Phi\rangle} + \langle X,Y\rangle\langle\Psi\Phi\rangle + \langle X,Y\rangle\langle\Phi,\Psi\rangle =$$

$$= \langle XY\Psi,\Phi\rangle - \overline{\langle XY\Psi,\Phi\rangle} + \langle X,Y\rangle\{\langle\Psi,\Phi\rangle - \overline{\langle\Psi,\Phi\rangle}\} \overset{Def}{=} \omega^{\Phi,\Psi}(X,Y)\ .$$

Also linearisiert sich $\Omega^+_A = \tfrac{1}{4}\omega^\Phi$ zu $(d\eta^1)^+ = \tfrac{1}{4}\omega^{\Phi,\Psi}$. Analog linearisiert sich $D_A\Phi = 0$ zu $\eta^1\Phi + D_A\Psi = 0$.

Insgesamt ist $P_{(\Phi,A)} : \Gamma(S^+)\oplus\Gamma(\Lambda^1) \to \Gamma(S^-)\oplus\Gamma(\Lambda^2_+)$ gegeben durch

$$P^1_{(\Phi,A)}(\Psi,\eta^1) = (\eta^1\Phi + D_A\Psi, d\eta^1_+ - \frac{1}{4}\omega^{\Phi,\Psi}).$$

Den Tangentialraum an den Orbit $\mathcal{G}(P)\cdot(\Phi,A)$ an der Stelle (Φ,A) berechnen wir folgendermaßen: Ist $f_t : M \to S^1$ eine Familie von Eichtransformationen, $f_0 \equiv 1$, so gilt

$$\frac{d}{dt}(\frac{1}{f_t}\Phi) = \frac{d}{dt}(\overline{f_t}\Phi) = \overline{h}\Phi = -h\Phi$$

mit $h := \tfrac{d}{dt}f_{t|t=0}$ und $f_t^\star A - A = \tfrac{df_t}{f_t}$, also

$$\frac{d}{dt}(f_t^\star A - A)_{|t=0} = dh.$$

Damit ist $P^0_{(\Phi,A)} : \Gamma(\Lambda^0) \to \Gamma(S^+)\oplus\Gamma(\Lambda^1)$ gegeben durch

$$P^0_{(\Phi,A)}(h) = (-h\Phi, dh).$$

Es gilt tatsächlich $P^1_{(\Phi,A)} \circ P^0_{(\Phi,A)} = 0$. Ist nämlich $\Psi = -h\Phi$ und $\eta^1 = dh$, so

$$\eta^1\Phi + D_A(\Psi) = dh\cdot\Phi - D_A(h\Phi) = dh\Phi - dh\cdot\Phi + hD_A(\Phi) = hD_A(\Phi) = 0$$

und $d\eta^1 = 0$ sowie (wegen $\Psi = h\Phi$, h - rein imaginär)

$$\omega^{\Phi,\Psi}(X,Y) = \langle XYh\Phi,\Phi\rangle - \overline{h}\overline{\langle XY\Phi,\Phi\rangle} + \langle XY\rangle\{h\langle\Phi,\Phi\rangle + h\langle\Phi,\Phi\rangle\} =$$

$$= h\{\langle XY\Phi, \Phi\rangle + \langle \Phi, XY\Phi\rangle + 2\langle X, Y\rangle\langle \Phi, \Phi\rangle\} \equiv 0.$$

Wir berechnen jetzt den Index des elliptischen Komplexes (über den reellen Zahlen)

$$\Gamma(\Lambda^0) \xrightarrow{P^0_{(\Phi, A)}} \Gamma(S^+) \oplus \Gamma(\Lambda^1) \xrightarrow{P^1_{(\Phi, A)}} \Gamma(S^-) \oplus \Gamma(\Lambda^2_+) \qquad (\star) .$$

Weil bei der Index-Berechnung Operatoren kleinerer Ordnung als das Hauptsymbol keine Rolle spielen, ist der Index gleich dem Index des Komplexes

$$\Gamma(\Lambda^0) \xrightarrow{(0,d)} \Gamma(S^+) \oplus \Gamma(\Lambda^1) \xrightarrow{(D_A, pr_+d)} \Gamma(S^-) \oplus \Gamma(\Lambda^2_+).$$

Der letzte Komplex ist die Summe zweier Komplexe und der Index ist additiv:

$$\begin{aligned}
Index_{\mathbb{R}} &= Index_{\mathbb{R}}(\Gamma(\Lambda^0) \xrightarrow{d} \Gamma(\Lambda^1) \xrightarrow{pr_+d} \Gamma(\Lambda^2_+)) + Index_{\mathbb{R}}(0 \to \Gamma(S^+) \xrightarrow{D_A} \Gamma(S^-)) = \\
&= Index_{\mathbb{R}}(\Gamma(\Lambda^0) \xrightarrow{d} \Gamma(\Lambda^1) \xrightarrow{pr_+d} \Gamma(\Lambda^2_+)) - 2\, Index_{\mathbb{C}}\, (D_A^+).
\end{aligned}$$

Nun gilt aber gemäß der Indexformel

$$Index_{\mathbb{C}}\, (D_A^+) = \frac{1}{8}c^2 - \frac{1}{8}\sigma.$$

Daraus folgt

$$Index_{\mathbb{R}} = Index_{\mathbb{R}}(\Gamma(\Lambda^0) \xrightarrow{d} \Gamma(\Lambda^1) \to \Gamma(\Lambda^2_+)) - \frac{1}{4}c^2 + \frac{1}{4}\sigma.$$

Der Index des Komplexes $\Gamma(\Lambda^0) \xrightarrow{d} \Gamma(\Lambda^1) \to \Gamma(\Lambda^2_+)$ beträgt $\frac{1}{2}\chi + \frac{1}{2}\sigma$.

Somit folgt

$$Index_{\mathbb{R}}(\star) = \frac{1}{2}\chi + \frac{1}{2}\sigma - \frac{1}{4}c^2 + \frac{1}{4}\sigma = \frac{1}{4}(2\chi + 3\sigma) - \frac{1}{4}c^2.$$

Aus dieser Rechnung ergibt sich

$$\dim_{\mathbb{R}} \ker(P^0_{(\Phi, A)}) - \dim_{\mathbb{R}} \mathcal{H}^1 + \dim_{\mathbb{R}} \mathcal{H}^2 = \frac{1}{4}(2\chi + 3\sigma) - \frac{1}{4}c^2$$

wobei $\mathcal{H}^1, \mathcal{H}^2$ jeweils die erste - bzw. die zweite Kohomologie des Komplexes $\star$ ist. Abschließend erhalten wir die Formel

$$\dim_{\mathbb{R}} \mathcal{H}^1 + \dim_{\mathbb{R}} \mathcal{H}^2 - \dim_{\mathbb{R}} \ker(P^0_{(\Phi, A)}) = \frac{1}{4}c^2 - \frac{1}{4}(2\chi + 3\sigma).$$

Definition: *Eine Lösung der Seiberg-Witten-Gleichung heißt reduzibel falls* $\Phi \equiv 0$. *Dann ist* $\Omega_A^+ \equiv 0$. *Ist* (Φ, A) *irreduzibel, so gilt* $\ker(P^0_{(\Phi,A)}) = 0$. *Dann folgt*

$$\dim_{\mathbb{R}} \mathcal{H}^1 - \dim_{\mathbb{R}} \mathcal{H}^2 = \frac{1}{4}c^2 - \frac{1}{4}(2\chi + 3\sigma).$$

Damit haben wir die virtuelle Dimension $v - \dim_{\mathbb{R}} \mathfrak{M}_L$ des Modulraumes berechnet. Es gilt

Satz: $v - \dim_{\mathbb{R}} \mathfrak{M}_L = \frac{1}{4}c^2 - \frac{1}{4}(2\chi + 3\sigma)$.

Wir beweisen jetzt nachstehenden generischen Verschwindungssatz für die zweite Kohomologie $\mathcal{H}^2$ des Komplexes $(\star)$.

Satz: *Sei M^4 eine kompakte, orientierte Mannigfaltigkeit und $c \in H^2(M^4; \mathbb{Z})$ eine $\mathrm{Spin}^{\mathbb{C}}(4)$-Struktur. Für eine generische Menge von Metriken $g \in Met(M^4)$ ist für jede irreduzible Lösung $(\Phi \neq 0), A)$ der Seiberg-Witten-Gleichung die zweite Kohomologie $\mathcal{H}^2$ des Komplexes $(\star)$ trivial.*

Beweis: Wir fixieren eine Metrik $g \in Met(M^4)$ und werden nur lokale Störungen der Metrik in einer Umgebung $g \in U \subset Met(M^4)$ betrachten, sodaß wir die Spinorbündel zu verschiedenen Metriken miteinander identifizieren können.Wir betrachten dann die Seiberg-Witten-Gleichung $D_A^g \Phi = 0$, $(\Omega_A)^{+(g)} = \frac{1}{4}\omega^\Phi$ in Abhängigkeit auch von der Metrik $g \in U$. Ist $g_t = g + t \cdot h$ eine Variation der Metrik, so wird die Variation des Operators gegeben durch

$$P_{(\Phi,A,g)}(\varphi,\varepsilon,h) = (\varepsilon\Phi + D_A^g\Phi + \frac{d}{dt}(D_A^{g+th}\Phi)_{/t=0}\,, (d\varepsilon)^{+(g)} - \frac{1}{2}\omega^{\Phi,\Psi} + \frac{d}{dt}(\Omega_A)^{+(g+th)})$$

$$P_{(\Phi,A,g)} : \Gamma(S^+) \oplus \Gamma(\Lambda^1) \oplus \Gamma(S^2(T)) \to \Gamma(S^-) \oplus \Gamma(\Lambda^2).$$

Natürlich müssen wir nur Variation der Metrik transversal zur Wirkung der Diffeomorphismengruppe von M^4 betrachten, d.h. wir können $\delta^g(h) = 0$ annehmen. Dann geht in die Variation des Dirac-Operators unter anderem das Clifford-Produkt $d(Tr(h)) \cdot \Phi$ ein und die Variation der Aufspaltung $\Lambda^2 = \Lambda_+^2 \oplus \Lambda_-^2$ hängt andererseits nur vom spurlosen Bestandteil des symmetrischen Tensors h ab, weil der Hodge-Operator $\star$ einer 4-dimensionalen Mannigfaltigkeit auf Λ^2 konform-invariant ist. Liegt somit $(\Psi, \eta) \in \Gamma(S^-) \oplus \Gamma(\Lambda^2)$ im Kokern des Operators $P_{(\Phi,A,g)}$, so erhalten wir unter anderem die Bedingungen

$$(d(Tr(h)) \cdot \Phi, \Psi) \equiv 0$$

$$(\rho(h), \eta) \equiv 0$$

wobei $\rho(h)$ die Änderung des $\star$-Operators beschreibt. Variieren wir $h \in \Gamma(S^2(T))$, ergibt sich $\eta \equiv 0$ sofort und $\Psi \equiv 0$ weil Φ als Lösung der elliptischen Differential-gleichung $D_A^g \Phi = 0$ ($\Phi \not\equiv 0$) auf einer dichten Menge von M^4 nicht verschwinden.

Folgerung: Sei M^4 eine Spin-Mannigfaltigkeit mit der kanonischen $\text{Spin}^{\mathbb{C}}(4)$-Struktur $(L \equiv \ominus^1)$. Dann gilt

$$v - dim\mathfrak{M}_{\ominus^1} = -1 + b_1 - b_2^+ - \frac{\sigma}{4}.$$

Sei $L \to M^4$ ein Linienbündel über M^4 und $c_1(L) \in H^2_{DR}(M^4; \mathbb{R})$ die Chern-Klasse in der de-Rham Kohomologie. Eine Riemannsche Metrik g auf M^4 heißt „L-gute-Metrik", falls keine 2-Form ω^2 mit

1. $\triangle\omega^2 = 0$

2. $\star\omega^2 = -\omega^2$

3. $[\omega^2]_{DR} = c_1(L)$

existiert.

Wir diskutieren zunächst die Frage, wann eine "gute" Metrik gewählt werden kann. Das $\wedge$-Produkt definiert eine Bilinearform

$$\wedge : H^2_{DR}(M^4; \mathbb{R}) \times H^2_{DR}(M^4; \mathbb{R}) \to \mathbb{R}.$$

Ist g eine Metrik und $H^2(g)$ der Raum aller harmonischen Formen, so haben wir einen Isomorphismus

$$H^2(g) \approx H^2_{DR}(M^4; \mathbb{R}).$$

Der Hodge-Operator $\star : H^2(g) \to H^2(g)$ ist eine Involution. Somit definiert jede Metrik g auf der de-Rham Kohomologie eine Involution

$$\star_g : H^2_{DR}(M^4; \mathbb{R}) \to H^2_{DR}(M^4; \mathbb{R})$$

und $\star_g$ erhält das $\wedge$-Produkt. Sei $E^+(g)$ und $E^-(g)$ jeweils der Eigenunterraum zu ± 1 von $\star_g$. Es gilt $\dim E^+(g) = b_2^{\pm}$.

<u>1. Fall:</u>
Ist $b_2^+ = 0$ und $c_1(L) \neq 0$, so existiert in $c_1(L)$ eine g-harmonische Form $\omega_2 : \quad \triangle\omega_2 = 0, [\omega_2] = c_1(L)$. Wegen $b_2^+ = 0$ muß $\star\omega_2 = -\omega_2$ gelten. In diesem Fall existiert also zu $c_1(L)$ keine gute Metrik.

<u>2. Fall:</u> $b_2^+ = 1$.
Dann ist H^2_{DR} ein pseudoeuklidischer Raum von $Index(1, b_2^-)$. Ist $b_2^- = 0$, so ist

jede Metrik gut. Wir betrachten die Situation $b_2^- > 0$. Dann ist $(H_{DR}^2, \Lambda) \simeq$ $(\mathbb{R}^{b_2}, z^2 - x_1^2 - \cdots - x_{b_2-1}^2)$ und es ist aus Transversalitätsgründen klar, daß eine Metrik g gewählt werden kann, die L-gut ist. Aber zwei solche Metriken müssen nicht verbunden werden können, weil $E^-(g_t)$ immer im Bereich $z^2 - x_1^2 - \cdots - x_{b_2-1}^2 < 0$ liegen muß !! Insgesamt ergibt sich:

> Ist $b_2^+ = 1$ und $b_2^- > 0$ und $c_1^2(L) < 0$, so ist der Raum der L-guten Metriken nicht zusammenhängend. (Ist $c_1^2(L) > 0$, so ist <u>jede</u> Metrik L-gut !!)

<u>3. Fall:</u> $b_2^+ \geq 2$.
Es ist klar, daß je zwei $E^-(g)$ innerhalb von $x_1^2 + x_2^2 + \cdots + x_{b_2^+}^2 - y_1^2 - \cdots y_{b_2^-}^2 < 0$ ineinander so deformiert werden können, daß $c_1^2(L)$ nicht getroffen wird. Daraus ergibt sich

    a) $b_2^+ \geq 2$ und $c_1^2(L) > 0$, so ist jede Metrik L-gut.

    b) $b_2^+ \geq 2$ und $c_1^2(L) < 0$, so ist der Raum der L-guten Metrik zusammenhängend.

Satz: *Sei (M^4, g) eine orientierte Riemannsche Mannigfaltigkeit und c eine $Spin^{\mathbb{C}}(4)$-Struktur mit Linienbündel L. Sei g eine L-gute Metrik. Dann existieren keine reduziblen Lösungen der Seiberg-Witten-Gleichung.*

Beweis: $D_A\Phi = 0$ $\Omega_A^+ = \frac{1}{4}\omega^\Phi$ impliziert mit $\Phi \equiv 0$ sofort $\Omega_A^+ = 0$. Ω_A ist also eine antiselbstduale 2-Form, $\star\Omega_A = -\Omega_A$. Damit ist Ω_A auch harmonisch, $\triangle\Omega_A = 0$ weil $d\Omega_A = 0$ und $[\frac{i}{2\pi}\Omega_A]_{DR} = c_1(L)$. Nach Voraussetzung über die Metrik existiert aber eine solche Form Ω_A nicht.
∎

Für den Modulraum $\mathfrak{M}_L = \mathfrak{M}_L(g)$ ergibt sich folgendes Bild.

<u>1. Fall:</u> $b_2^+(M^4) \geq 2$.
    Dann gilt für eine generische Metrik g auf M^4: g ist eine L-gute Metrik, und $\mathcal{H}^2 \approx \ker((P_{(\Phi,A)}^1)^\star) = 0$ und der Raum dieser Metriken ist bogenzusammenhängend. In Konsequenz ist $\mathfrak{M}_L(g)$ für eine derartige Metrik leer oder eine kompakte, glatte Mannigfaltigkeit der Dimension

$$\dim \mathfrak{M}_L(g) = \frac{1}{4}c^2 - \frac{1}{4}(2\chi + 3\sigma)$$

und die Bordismenklasse im unorientierten Bordismenring $\mathcal{N}_\star$ ist unabhängig von der Metrik. Wir definieren die Seiberg-Witten-Invariante als

$$S - W(M^4, c) = [\mathfrak{M}_L(g)] \in \mathcal{N}_\star.$$

2. Fall: $b_2^+(M^4) = 1$.

Fall 2.1: $c_1^2(L) > 0$, $b_2^+(M^4) = 1$.
In diesem Fall ist jede Metrik g eine L-gute Metrik und generisch gilt $\mathcal{H}^2 \approx \ker((P_{(\Phi,A)}^1)^\star) = 0$. Wie oben ist die Bordismenklasse $\mathfrak{M}_L(g)$ eindeutig definiert.

Fall 2.2: $c_1^2(L) < 0$, $b_2^+(M^4) = 1$.
Eine generische Metrik g ist L-gute Metrik und es gilt $\mathcal{H}^2 \approx \ker((P_{(\Phi,A)}^1)^\star) = 0$. Damit ist $\mathfrak{M}_L(g)$ leer oder eine kompakte glatte Mannigfaltigkeit, jedoch muß der Raum der fraglichen Metriken nicht zusammenhängend sein. Eine Definition von

$$S - W(M^4, c) = [\mathfrak{M}_L(g)] \in \mathcal{N}_\star$$

ist nur nach Auswahl eine Zusammenhangskomponente im entsprechenden Raum der Metriken (oder nach anderen Argumenten) möglich.

3. Fall: $b_2^+(M^4) = 0$.
In diesem Fall gilt $\mathcal{H}^2 \approx \ker((P_{(\Phi,A)}^1)^\star) = 0$ für eine generische Metrik, jedoch existieren reduzible Lösungen. Ist $\Phi \equiv 0$, so folgt aus $\Omega_A^+ \equiv 0$, daß die Krümmung Ω_A die einzige g-harmonische Form in $c_1(L)$ ist. Nach dem Weyl-Satz ist die Menge

$$\{(\Phi \equiv 0, A) : [\frac{i}{2\pi}\Omega_A] = c_1(L)\}/\mathcal{G}(P).$$

diffeomorph zur Picard-Mannigfaltigkeit $Pic(M^4) = H^2(M^4; \mathbb{R})/H^2(M^4; \mathbb{Z})$ von M^4. Der Modulraum $\mathfrak{M}_L(g)$ ist leer oder eine kompakte Mannigfaltigkeit mit Singularitätenmenge $Pic(M^4) = T^{b_1(M^4)}$. Seine "Bordismenklasse" ist wiederum eindeutig.

Bemerkung: Die Seiberg-Witten-Invariante im unorientierten Bordismenring zu definieren

$$S - W(M^4, c) = [\mathfrak{M}_L(g)] \in \mathfrak{N}_\star$$

ist die einfachste Variante. Feinere Invarianten erhält man durch nachstehende Beobachtungen.

Beobachtung 1: über $\mathfrak{M}_L(g)$ existiert ein universelles S^1-Hauptfaserbündel. Ist $m_0 \in M^4$ ein fixierter Punkt, so betrachten wir die Untergruppe $\mathcal{G}_0 \subset \mathcal{G}(P)$ der Eichgruppe gegeben durch

$$\mathcal{G}_0 = \{f : M^4 \to S^1 : f(m_0) = 1\}.$$

Dann ist $\mathfrak{M}_L^0(g) = \{(\Phi, A) : D_A\Phi = 0, \Omega_A^+ = \frac{1}{4}\omega^\Phi\}/\mathcal{G}_0$ ein $\mathcal{G}/\mathcal{G}_0 = S^1$-Hauptfaserbündel über $\mathfrak{M}_L(g)$. Damit besitzt $\mathfrak{M}_L(g)$ eine ausgezeichnete Kohomologieklasse $e \in H^2(\mathfrak{M}_L(g), \mathbb{Z})$. Die Seiberg-Witten-Invariante kann also als Paar $([\mathfrak{M}_L(g)], e)$ bestehend aus einer Bordismenklasse und einem Kohomologieelement aus H^2 verstanden werden.

Beobachtung 2: Der Tangentialraum $T_{(\Phi,A)}\mathfrak{M}_L(g)$ kann - grob gesprochen - für eine generische Metrik mit der Summe

$$\{\Psi \in \Gamma(S^+) : D_A\Psi = 0\} \oplus \{\eta^1 \in \Gamma(\Lambda^1) : \delta\eta^1 = 0 \ , \ (d\eta^1)^+ = 0\}$$

identifiziert werden. Der erste Raum ist ein komplexer Vektorraum und hat somit eine kanonische Orientierung. Der zweite Raum entsteht aus dem Komplex $\Gamma(\Lambda^0) \overset{d}{\to}$ $\Gamma(\Lambda^1) \overset{d^+}{\to} \Gamma(\Lambda_+^2)$ oder aus dem Operator $\delta \oplus d^+ : \Gamma(\Lambda^1) \to \Gamma(\Lambda^0) \oplus \Lambda(\Lambda_+^2)$. Damit ist die Determinante des zweiten Raumes gegeben durch

$$det(\delta \oplus d^+) = det\,\mathrm{ker}(\delta \oplus d^+) \otimes det\, coker(\delta \oplus d^+) = detH^1 \otimes detH_+^2$$

Ist somit eine Orientierung in $H^1(M^4; \mathbb{R}) \oplus H_+^2(M^4; \mathbb{R})$ gegeben, so läßt sich $\mathfrak{M}_L(g)$ orientieren. Betrachten wir demnach Tripel $(M^4, c, \mathfrak{O})$ bestehend aus

- einer 4-dimensionalen, kompakten und orientierten Mannigfaltigkeit M^4

- einer $\mathrm{Spin}^{\mathbb{C}}(4)$-Struktur $\ c \in H^2(M^4, \mathbb{Z})$

- einer Orientierung $\mathfrak{O}$ in $H^1(M^4; \mathbb{R}) \oplus H_+^2(M^4; \mathbb{R})$,

so ist in den Fällen $b_2^+(M^4) \geq 2$ oder $b_2^+(M^4) = 1$ und $c^2 < 0$ die Seiberg-Witten-Invariante im orientierten Bordismenring Ω_*^{SO} definiert, $S - W(M^4, c, \mathfrak{O}) \in \Omega_*^{SO}$.

6.4 Verschwindungssätze

Wir betrachten eine 4-dimensionale Mannigfaltigkeit M^4 mit $b_2^+ \geq 1$ und nehmen an, daß M^4 eine Metrik mit Skalarkrümmung $R > 0$ hat. Durch Störungen der Metrik können wir erreichen, daß diese eine L-gute Metrik ist. Dann ist

$$\mathfrak{M}_L(g) = \{(\Phi \equiv 0, A) : \Omega_A^+ = 0\}/\mathcal{G} = \{A \in \mathcal{C}(P) : \Omega_A = 0\}/\mathcal{G}$$

der Raum aller flachen Zusammenhänge. Ist $c_1(L) \in H^2(M^4)$ kein Torsionselement, so folgt $\mathfrak{M}_L(g) = \emptyset$. Somit gilt

Satz: *Besitze M^4 eine Metrik positiver Skalarkrümmung und sei $c_1(L) \in H^2(M^4, \mathbb{Z})$ kein Torsionselement. Dann ist*

$$S - W(M^4, c) = 0.$$

Dies gilt für $b_2^+(M^4) \geq 2$ allgemein, im Fall $b_2^+(M^4) = 1$ verstehen wir unter $S - W(M^4, c)$ die bezüglich der Komponente der Metrik positiver Skalarkrümmung berechnete Seiberg-Witten-Invariante. ∎

Sei g eine fixierte Riemannsche Metrik und (Φ, A) eine Lösung von

$$D_A \Phi = 0 \quad , \quad \Omega_A^+ = \frac{1}{4} \omega^\Phi.$$

Wir wissen bereits, daß in jedem Punkte $(\Phi(x))^2 \leq -R_{\min}$ gilt. Nach Weitzenböck-Formel haben wir

$$\Delta |\Phi|^2 = -\frac{R}{2} |\Phi|^2 - \frac{1}{2} |\Phi|^4 - 2 |\nabla^A \Phi|^2$$

und somit

$$\int_{M^4} |\Phi|^4 \leq \int_{M^4} (-R) |\Phi|^2 \leq R_{\min}^2 vol(M^4).$$

Damit folgt

$$\int_{M^4} |\Omega_A^+|^2 = \frac{1}{16} \int_{M^4} |\omega^\Phi|^2 = \frac{1}{8} \int_{M^4} |\Phi|^4 \leq \frac{1}{8} \cdot R_{\min}^2 \, vol(M^4).$$

Weil Ω_A eine Krümmung in L ist gilt

$$c_1^2(L) = \frac{1}{4\pi^2} \int_{M^4} (|\Omega_A^+|^2 - |\Omega_A^-|^2).$$

Ist $\mathfrak{M}_L(g) \neq \emptyset$, so folgt

$$c_1^2(L) - (2\chi + 3\sigma) \geq 0$$

und damit $\quad 2\chi + 3\sigma \leq c_1^2(L) = \frac{1}{4\pi^2} \int_{M^4} (|\Omega_A^+|^2 - |\Omega_A^-|^2),$

also

$$\int_{M^4} |\Omega_A^-|^2 \leq \int_{M^4} |\Omega_A^+|^2 - 4\pi^2 (2\chi + 3\sigma).$$

Damit ist sowohl $\displaystyle\int_{M^4} |\Omega_A^+|^2$ als auch $\displaystyle\int_{M^4} |\Omega_A^-|^2$ beschränkt, falls $\mathfrak{M}_L$ nicht leer ist. Daraus ergibt sich

Satz: *Sei (M^4, g) eine kompakte, orientierte Mannigfaltigkeit mit fixierter Riemannschen Metrik g. Dann existieren höchstens endlich viele $Spin^{\mathbb{C}}(4)$-Strukturen $c \in H^2(M^4, \mathbb{Z})$ derart, daß $\mathfrak{M}_L(g)$ nicht leer ist.*

∎

6.5   Der Fall $\dim \mathfrak{M}_L(g) = 0$

Die Seiberg-Witten-Invariante wird als Element im Bordismenring eine numerische Invariante, falls $\dim \mathfrak{M}_L(g) = 0$ gilt. Ist M^4 eine kompakte, orientierte 4-dimensionale Mannigfaltigkeit und $c \in H^2(M^4; \mathbb{Z})$ eine $\text{Spin}^{\mathbb{C}}(4)$-Struktur mit

$$c^2 - (2\chi + 3\sigma) = 0$$

so definieren wir die $\mathbb{Z}_2$-Invariante

$$n_L(g) = \quad \text{Anzahl der Punkte im Modul-Raum } \mathfrak{M}_L(g) \, modulo \, 2.$$

Im Fall $b_2^+ \geq 2$ ist $n_L(g) \in \mathbb{Z}_2$ für eine generische Metrik eindeutig bestimmt, im Fall $b_2^+ = 1$ ist noch eine "Komponente" im Raum der L-guten Metriken zu fixieren. Liegt weiterhin eine Orientierung in $H^1(M^4, \mathbb{R}) \oplus H_+^2(M^4; \mathbb{R})$ fest, so wird $n_L^{\mathcal{O}}(g) \in \mathbb{Z}$ als ganzzahlige Invariante durch die alternierende Summe der vorzeichenbelasteten Punkte in $\mathfrak{M}_L(g)$ definiert. Diese numerische Seiberg-Witten-Invariante existiert jedoch nicht für jede Mannigfaltigkeit M^4. Die Existenz eines Kohomologieelements $c \in H^2(M^4; \mathbb{R})$ mit $c^2 = 2\chi + 3\sigma$ und $c \equiv \omega_2(M^4) \, mod \, 2$ ist notwendig. Die Zahl $2\chi + 3\sigma = (2e + p_1)[M^4]$ muß sich durch ein Element $c \in H^2(M^4; \mathbb{R})$ darstellen lassen. Hier bezeichnet $e \in H^4(M^4; \mathbb{R})$ die Euler-Klasse und p_1 die erste Pontrjagin-Klasse. Mit anderen Worten, die entstehende notwendige Bedingung an M^4 besagt, daß die Kohomologie-Klasse $2e + p_1 \in H^4(M^4; \mathbb{R})$ im Bild der quadratischen Schnittform $H^2(M^4; \mathbb{R}) \in c \to c^2 \in H^4(M^4; \mathbb{R})$ liegen muß. Angenommen, M^4 hat eine fast-komplexe Struktur $J : TM^4 \to TM^4$, welche die Orientierung induziert. Dann ist TM^4 ein komplexes 2-dimensionales Vektorbündel über M^4 und besitzt Chern-Klassen $c_1 \in H^2(M^4; \mathbb{Z})$ und $c_2 \in H^2(M^4; \mathbb{Z})$. Weil die komplexe Struktur J verträglich mit der Orientierung ist, stehen die reellen charakteristischen Klassen ω_2, e und p_1 von M^4 in Beziehung zu c_1 und c_2. Es gilt

$$e \equiv c_2, \quad \omega_2 \equiv c_1 \, mod \, 2 \,, \quad p_1 = c_1^2 - 2c_2.$$

Daraus folgt sofort $2e + p_1 = c_1^2$. Diese Überlegung kann man auch umkehren. Es gilt der

Satz (Hirzebruch und Hopf, 1958): *Sei M^4 eine kompakte, orientierte 4-dimensionale Mannigfaltigkeit. Dann existiert eine die Orientierung induzierende fast-komplexe Struktur auf M^4 genau dann, falls ein Element $c \in H^2(M^4; \mathbb{Z})$ mit $c^2 = 2e + p_1$ exitiert.*

6.6 Der Kähler-Fall

Sei (M^4, g, J) eine Kähler-Mannigfaltigkeit (oder eine Hermitische Mannigfaltigkeit zunächst) und bezeichne $P_J \subset P(M^4, g)$ das entsprechende $U(2)$-Hauptfaserbündel. Dann besitzt M^4 die kanonische $Spin^{\mathbb{C}}(4)$-Struktur

$$Q = P_J \times_l Spin^{\mathbb{C}}(4)$$

mit dem assoziierten Linienbündel $L = \Lambda^2(TM^4)$. Somit gilt für die kanonische $Spin^{\mathbb{C}}(4)$-Struktur $c_1(L) = c_1(M^4)$.

Bekanntlich ist die Signatur und die Euler Charakteristik der Kählerschen Mannigfaltigkeit M^4 gegeben durch

$$\sigma = \frac{1}{3}(c_1^2 - 2c_2) \quad , \quad \chi = c_2.$$

Damit folgt $v - dim\mathfrak{M}_L(g) = \frac{1}{4}c_1^2(L) - \frac{1}{4}(2\chi + 3\sigma) = \frac{1}{4}\{c_1^2 - (2c_2 + c_1^2 - 2c_2)\} = 0.$

Die virtuelle Dimension des Modulraumes $\mathfrak{M}_L(g)$ einer Kählerschen Mannigfaltigkeit bezüglich der kanonischen $Spin^{\mathbb{C}}(4)$-Struktur ist demnach Null.

Bemerkung: Diese Berechnung der virtuellen Dimension läßt sich in einer allgemeinen Situation durchführen. Wir betrachten eine orientierte Mannigfaltigkeit M^4 und fast-komplexe Strukturen $J \cdot TM^4 \to TM^4$, $J^2 = -Id$. Dann gilt $\det(J) = 1$. Die Menge der fast-komplexen Strukturen zerfällt in zwei Komponenten, je nachdem $\{X, JX, Y, JY\}$ die Orientierung definiert oder nicht. Seien $\mathfrak{J}^+(M^4, \mathfrak{O})$ und $\mathfrak{J}^-(M^4, \mathfrak{O})$ die entsprechenden Bündel. Ist nun J ein Schnitt in $\mathfrak{J}^+(M^4, \mathfrak{O})$, so ist (TM^4, J) ein komplexes Vektorbündel und die zweite Chern-Klasse c_2 ist mit der Euler-Klasse von M^4 identisch. Betrachten wir $c = c_1(TM^4, J) \in H^2(M^4; \mathbb{Z})$, so gilt

$$v - dim\mathfrak{M}_L(g) = \frac{1}{4}c^2 - \frac{1}{4}(2\chi + 3\sigma) = \frac{1}{4}c_1^2 - \frac{1}{4}(2c_2 + p_1) = \frac{1}{4}c_1^2 - \frac{1}{4}(2c_2 + c_1^2 - 2c_2) = 0$$

wobei wir für die Pontrjagin-Klasse p_1 des reellen, orientierten Bündels TM^4 die Formel $p_1(TM^4) = c_1^2(TM^4, J) - 2c_2(TM^4, J)$ benutzen.

Sei $\Omega(X, Y) = g(X, JY)$ die Kähler-Form von (M^4, g, J). Ω wirkt als Endomorphismus auf dem Spinbündel $\Omega : S^+ \to S^+$ und hat dort die Eigenwerte $\pm 2i$. Tatsächlich, in einer Basis aus dem Hauptfaserbündel P_J gilt nämlich

$$\Omega = e_1 \wedge e_2 + e_3 \wedge e_4$$

und die Endomorphismen $e_1 \wedge e_2 = e_3 \wedge e_4 : S^+ \to S^+$ sind gleich und durch die Matrix

$$\begin{pmatrix} i & 0 \\ 0 & -i \end{pmatrix}$$

gegeben. Sei $S^+(\pm 2i) \subset S^+$ das jeweilige Teilbündel. Sei $\Phi \in S^+$ ein Spinor aus $S^+(2i)$, $\Omega\Phi = 2i\Phi$. In der Basis von $S^+ \approx \mathbb{C}^2$ hat Φ dann die Komponenten $\Phi = \begin{pmatrix} \Phi_1 \\ 0 \end{pmatrix}$. Die Berechnung der 2-Form ω^Φ ergibt nun $\omega^\Phi = i|\Phi|^2\Omega$ für $\Phi \in S^+(2i)$. Analog berechnet man $\omega^\Phi = -i|\Phi|^2\Omega$ für Spinoren $\Phi \in S^+(-2i)$. Die Bündel $S^+(2i)$ beziehungsweise $S^+(-2i)$ sind isomorph zu $\Lambda^{0,2}$ bzw. $\Lambda^{0,0}$ (siehe Kapitel 3.4.).

Mit Φ_0 bezeichnen wir den Spinor in $S^+(-2i) \simeq \Lambda^{0,0}$, welcher die Funktion Eins entspricht. Dann gilt in den gewählten Koordinaten

$$\Phi_0 = \begin{pmatrix} 0 \\ 1 \end{pmatrix} \quad \text{und} \quad \omega^{\Phi_0} = -i\Omega$$

Das Bündel $L = \Lambda^2 T$ der kanonischen Spin$^\mathbb{C}$-Struktur hat einen ausgewählten Zusammenhang A_0, nämlich den Levi-Civita-Zusammenhang. Betrachtet man dazu den Dirac-Operator

$$D_{A_0} : \Gamma(S^+) \to \Gamma(S^-)$$

und identifiziert wie oben

$$S^+ \simeq \Lambda^{0,0} \oplus \Lambda^{0,2} \quad , \quad S^- = \Lambda^{0,1}$$

so ist D_{A_0} durch den $\bar{\partial}$-Operator des Dolbeault-Komplexes gegeben:

$$D_{A_0} = \sqrt{2}(\bar{\partial}_0 \oplus \bar{\partial}_2^\star).$$

Wir nehmen jetzt an, daß die Skalarkrümmung R der Kählerschen Mannigfaltigkeit (M^4, g, J) negativ und konstant ist

$$R \equiv const < 0.$$

Dann ist $\Phi = \sqrt{-R}\Phi_0$ ein Schnitt in S^+ und es gilt

$$D_{A_0}\Phi = 0$$

$$\omega^{\Phi} = -|\Phi|^2 i\Omega = -(-R)i\Omega = Ri\Omega.$$

Andererseits ist die Krümmung Ω_{A_0} im Linienbündel $L = \Lambda^2 T$ durch die Ricci-Form ρ gegeben

$$\Omega_{A_0} = i\rho$$

mit $\rho(X,Y) = g(X, J\,Ric\,Y)$. Dabei bezeichnet $Ric : T \to T$ den Ricci-Tensor. In einer Basis ist $J : T \to T$ und der Ricci-Tensor jeweils durch eine Matrix

$$J = \begin{pmatrix} 0 & -1 & 0 & 0 \\ 1 & 0 & 0 & 0 \\ 0 & 0 & 0 & -1 \\ 0 & 0 & 1 & 0 \end{pmatrix} \qquad Ric = \begin{pmatrix} R_{11} & R_{12} & R_{13} & R_{14} \\ R_{12} & R_{22} & R_{23} & R_{24} \\ R_{13} & R_{13} & R_{33} & R_{34} \\ R_{14} & R_{24} & R_{34} & R_{44} \end{pmatrix}$$

gegeben. Weil J mit Ric kommutiert, ergibt sich die spezielle Gestalt für den schiefsymmetrischen Endomorphismus

$$J \circ Ric = \begin{pmatrix} 0 & -A & D & -C \\ A & 0 & C & D \\ -D & -C & 0 & -B \\ C & -D & B & 0 \end{pmatrix} \qquad A = R_{11} = R_{22}; \quad B = R_{33} = R_{44}$$

und somit nimmt ρ die Form

$$\rho = Ae_1 \wedge e_2 + Be_3 \wedge e_4 + C(e_1 \wedge e_4 - e_2 \wedge e_3) - D(e_1 \wedge e_3 + e_2 \wedge e_4)$$

an. Nun sind jedoch $e_1 \wedge e_4 - e_2 \wedge e_3$ und $e_1 \wedge e_3 + e_2 \wedge e_4$ 2-Formen in Λ^2_-. Damit ergibt sich für die Projektion ρ^+ der Form ρ auf das Teilbündel Λ^2_+ die Formel

$$\rho^+ = \frac{A+B}{2}(e_1 \wedge e_2 + e_3 \wedge e_4).$$

Wegen $A + B = R_{11} + R_{33} = \frac{1}{2}(R_{11} + R_{22} + R_{33} + R_{44})$ erhalten wir demnach die in jeder 4-dimensionalen Kähler Mannigfaltigkeit gültige Beziehung

$$\rho^+ = \frac{R}{4}\Omega.$$

Wegen

$$\Omega_{A_0} = i\rho = i\frac{R}{4}\Omega = \frac{1}{4}\omega^{\Phi}$$

ist demnach das Paar $(\Phi, A_0) = (\sqrt{-R}\Phi_0, A_0)$ eine Lösung der Seiberg-Witten-Gleichung.

Satz (LeBrun 1994): *Sei M^4, J, g) eine kompakte Kähler-Mannigfaltigkeit konstanter Skalarkrümmung $R < 0$ und sei die kanonische $\text{Spin}^{\mathbb{C}}(4)$-Struktur fixiert. Dann gilt für die Seiberg-Witten-Invariante*

$$n_c(g) = 1 \quad in \ \mathbb{Z}_2$$

($b_2^+ \geq 2$ -damit die Seiberg-Witten-Invariante unabhängig von der Metrik definiert ist).

Beweis: Sei (Φ, A) eine beliebige Lösung der Gleichung $D_A\Phi = 0, \quad \Omega_A^+ = \frac{1}{4}\omega^\Phi$.

Dann gilt $|\Phi(m)|^2 \leq -R_{\min} = -R$ und $|\Omega_A^+|^2 = \frac{1}{16}|\omega^\Phi|^2 = \frac{1}{8}|\Phi|^4 \leq \frac{R^2}{8}$.

Damit folgt wegen $\rho^+ = \frac{R}{4}\Omega$ und $|\Omega|^2 = 2$

$$\int_{M^4} |\Omega_A^+|^2 \leq \int_{M^4} \frac{R^2}{8} = \int_{M^4} \frac{R^2|\Omega|^2}{16} = \int_{M^4} \left(\frac{R|\Omega|}{4}\right)^2 = \int_{M^4} |\rho^+|^2 \qquad (\star)$$

Andererseits, weil ρ die Krümmungsform des Levi-Civita-Zusammenhanges in Bündel $\Lambda^2 T$ ist, erhalten wir

$$c_1^2(\Lambda^2 T) = \frac{1}{4\pi^2} \int_{M^4} (|\rho^+|^2 - |\rho^-|^2)$$

und somit

$$\int_{M^4} |\rho^+|^2 = 2\pi^2 c_1^2(\Lambda^2 T) + \frac{1}{2} \int_{M^4} |\rho|^2.$$

Die Skalarkrümmung der Kähler Mannigfaltigkeit ist konstant. Dann ist die Ricci-Form ρ eine harmonische 2-Form, eine Konsequenz der Bianchi-Indentität. Die harmonischen Formen realisieren das Minimum der L^2-Form in jeder Kohomologie-Klasse. A ist ein Zusammenhang in $\Lambda^2 T$ und somit gilt

$$\int_{M^4} |\rho|^2 \leq \int_{M^4} |\Omega_A|^2.$$

Damit erhalten wir

$$\int_{M^4} |\rho^+|^2 \leq 2\pi^2 c_1^2(L) + \frac{1}{2} \int_{M^4} |\Omega_A|^2 = \int_{M^4} |\Omega_A^+|^2. \qquad (\star\star)$$

Kombinieren wir $(\star)$ und $(\star\star)$, so folgt $\Omega_A = i\rho$ und $|\Phi|^2 \equiv -R$. Aus dem Beweis der Abschätzung $|\Phi|^2 \leq -R_{\min}$ folgt dann sofort $\nabla^A\Phi \equiv 0$. Wir zerlegen Φ gemäß der Aufspaltung des Spinorbündels $S^+ = \Lambda^{0,0} \oplus \Lambda^{0,2}$ in

$$\Phi = \Phi^{0,0} \oplus \Phi^{0,2}.$$

$\Phi^{0,2}$ ist ein ∇^A-paralleler Schnitt in $\Lambda^{0,2}$. Wäre er nichttrivial, würde $c_1(\Lambda^{0,2}) = c_1(\Lambda^2 T) = 0$ folgen. Die Krümmungsform des Levi-Civita-Zusammenhangs A_0 in $\Lambda^2 T$ ist jedoch

$$\Omega^+_{A_0} = i\rho^+ = i\frac{R}{4}\Omega \neq 0$$

wegen $R < 0$. Daher verschwindet $\Phi^{0,2}$ und Φ ist proportional zum Standard-spinor $\Phi = f\Phi_0$. Die Länge $|f|^2 = -R$ ist konstant, weil $|\Phi|^2$ konstant ist. Der Zusammenhang A unterscheidet sich vom Levi-Civita-Zusammenhang A_0 durch ein imaginär-wertige 1-Form η^1, $A - A_0 = \eta^1$. Wegen $\Omega_A = i\rho$ gilt $d\eta^1 = 0$. Aber

$$0 = D_A\Phi = D_{A_0}\Phi + \eta^1 \cdot \Phi = grad\,(f) \cdot \Phi_0 + \eta^1 f\Phi_0.$$

Damit folgt

$$grad\,f + \eta^1 f = 0.$$

Wir betrachten jetzt die Eichtransformation

$$g = \frac{f}{|f|} : M^4 \to S^1.$$

Lokal können wir f schreiben als $f = \sqrt{-R}e^{iF}$ und $dg = \frac{1}{-R}df$. Dann gilt $g = e^{iF} = \frac{1}{-R}df$. Wegen $grad\,(f) + f\eta^1 = 0$ folgt daraus $\eta^1 = -\frac{dg}{g}$. Wir haben also eine Eichtransformation $g : M^4 \to \mathbb{R}^1$ mit

$$A = A_0 - \frac{dg}{g} \qquad \Phi = g \cdot (\sqrt{-R}\Phi_0)$$

gefunden, d.h. (Φ, A) ist äquivalent zu $(\sqrt{-R}\Phi_0, A_0)$. $\blacksquare$

Folgerung: M^4 sei eine kompakte orientierte Mannigfaltigkeit mit $b_2^+ \geq 2$. Besitzt M^4 eine Kähler-Struktur mit konstanter negativer Skalarkrümmung, so läßt M^4 keine Riemannsche Metrik positiver Skalarkrümmung zu. $\blacksquare$

Bemerkung: Die letzte Folgerung ist ein Spezialfall eines allgemeinen Sachver-haltes. Wir betrachten eine 4-dimensionale, kompakte und orientierte Mannig-faltigkeit M^4 mit einer symplektischen Struktur ω und setzen voraus, daß $\omega \wedge \omega > 0$ die fixierte Orientierung definiert. Wir wählen eine fast-komplexe Struktur $J : TM^4 \to TM^4$ mit folgenden Eigenschaften:

a) $J^2 = -Id$

b) $g(X, Y) = \omega(X, JY)$ ist eine Riemannsche Metrik.

Aus $\omega \wedge \omega > 0$ folgt leicht, daß J ein Schnitt im Bündel $\mathfrak{J}^+(M^4, \mathfrak{O})$ ist. Sei $c = c(\omega) \in H^2(M^4; \mathbb{Z})$ die erste Chern-Klasse des komplexen Vektorbündels $(TM^4; J)$. Wir wissen dann aus den Betrachtungen oben, daß

$$v - dim\mathfrak{M}_L = 0$$

gilt, d.h. für eine generische Metrik ist der Modulraum diskret. Nun gilt

Satz (Taubes 1994): *Sei $(M^4, \mathfrak{O})$ eine orientierte, kompakte 4-dimensionale Mannigfaltigkeit und sei ω eine symplektische Form mit $\omega \wedge \omega > 0$. Weiterhin sei $b_2^+(M^4) \geq 2$, sodaß die Seiberg-Witten-Invarianten definiert sind. Ist $c = c(\omega) \in H^2(M^4; \mathbb{Z})$ die Chern-Klasse einer zu ω assoziierten fast-komplexen Struktur, so gilt*

$$n_c(M^4) = 1 \quad mod \ \mathbb{Z}_2.$$

∎

Folgerung: $(M^4, \mathfrak{O})$ sei eine orientierte, kompakte 4-dimensionale Mannigfaltigkeit, welche zwei Bedingungen erfüllt:

1. $b_2^+(M^4) \geq 2$

2. M^4 besitzt eine symplektische Struktur ω mit $\omega \wedge \omega > 0$.

Dann läßt M^4 keine Riemannsche Metrik positiver Skalarkrümmung zu.

∎

Wir wenden uns jetzt dem Fall einer Kählerschen Mannigfaltigkeit (M^4, g, J) zu, wobei die $\mathrm{Spin}^C(4)$-Struktur $c \in H^2(M^4; \mathbb{Z})$ nicht notwendig die kanonische von M^4 ist. Das Linienbündel bezeichnen wir wie zuvor mit L. Die Kähler-Form Ω wirkt als Endomorphismus auf dem Spinorbündel, hat dort die Eigenwerte $\pm 2i$ und definiert somit eine Aufspaltung des Spinorbündels

$$S^+ = S^+(2i) \oplus S^+(-2i).$$

L ist isomorph zu $\Lambda^2 S^+$ für jede $\mathrm{Spin}^C(4)$-Struktur und daher erhalten wir den Isomorphismus

$$S^+(2i) \otimes S^+(-2i) = L.$$

Die Kähler-Form Ω ist für jeden Zusammenhang $A \in \mathcal{C}(L)$ eine parallele Form und somit ist die Aufspaltung $S^+ = S^+(i) \oplus S^+(-i)$ ∇^A-parallel. Die Integralformal nimmt jetzt für einen Spinor $\Phi = \Phi_+ + \Phi_-$ die folgende Gestalt:

$$\int_{M^4} |\Omega_A^+ - \tfrac{1}{4}\omega^\Phi|^2 + |D_A\Phi|^2 = \int_{M^4} \{|\Omega_A^+|^2 + |\nabla^A\Phi_+|^2 + |\nabla^A\Phi_-|^2 +$$

$$+ \tfrac{R}{4}(|\Phi_+|^2 + |\Phi_-|^2) + \tfrac{1}{8}(|\Phi_+|^2 + |\Phi_-|^2)^2\}.$$

Daraus ersehen wir, daß mit $(\Phi = \Phi_+ + \Phi_-, A)$ auch $(\hat\Phi = \Phi_+ - \Phi_-, A)$ eine Lösung der Seiberg-Witten-Gleichung ist. Diese Bemerkung gestattet es nun, die Seiberg-Witten-Gleichung stark zu vereinfachen. Wir gehen aus von einer Lösung der Gleichung

$$D_A\Phi = 0 \quad , \quad \Omega_A^+ = \frac{1}{4}\omega^\Phi$$

mit $\Phi = \Phi_+ + \Phi_-$ und wissen, daß auch

$$D_A\hat\Phi = 0 \quad , \quad \Omega_A^+ = \frac{1}{4}\omega^{\hat\Phi}$$

mit $\hat\Phi = \Phi_+ - \Phi_-$ gilt. Wählen wir ein lokales orthonormales Reper $e_1, \cdots e_4$ auf M^4, so hat die Kähler-Form Ω die Gestalt

$$\Omega = e_1 \wedge e_2 + e_3 \wedge e_4$$

und der Spinor $\Phi = (\Phi_+, \Phi_-)$ ist durch seine Komponenten gegeben. Dann gilt auf Grund der Definition von ω^Φ

$$\omega^\Phi = i(|\Phi_+|^2 - |\Phi_-|^2)\,(e_1 \wedge e_2 + e_3 \wedge e_4) + (\Phi_+\bar\Phi_- - \bar\Phi_+\Phi_-)\,(e_1 \wedge e_3 - e_2 \wedge e_4)$$

$$-i(\Phi_+\bar\Phi_- + \bar\Phi_+\Phi_-)\,(e_1 \wedge e_4 + e_2 \wedge e_3)$$

woraus sofort

$$\omega^\Phi + \omega^{\hat\Phi} = 2i(|\Phi_+|^2 - |\Phi_-|^2)\Omega$$

folgt. Wegen $\Omega_A^+ = \tfrac{1}{4}\omega^\Phi = \tfrac{1}{4}\omega^{\hat\Phi}$ erhalten wir

$$\Omega_A^+ = i(|\Phi_+|^2 - |\Phi_-|^2)\Omega \quad \text{und} \quad \Phi_+ \cdot \bar\Phi_- \equiv 0.$$

Damit gilt entweder $\Phi_+ \equiv 0$ oder $\Phi_- \equiv 0$. Weiterhin ist Ω eine $\Lambda^{1,1}$-Form und somit folgt wegen $\Lambda^{0,2} \cap \Lambda_-^2 = \{0\} = \Lambda^{2,0} \cap \Lambda_-^2$ sofort

$$\Omega_A^{0,2} = 0 = \Omega_A^{2,0}.$$

Die Krümmungsform des Zusammenhangs A in L ist also eine $(1,1)$-Form. Damit definiert A eine holomorphe Struktur in L und dann auch in $S^+(\pm 2i)$. Die Dirac-Gleichung $D_A\Phi_+ = 0$ (bzw. $D_A\Phi_- = 0$) bedeutet in diesem Fall, daß $\Phi_\pm$ holomorph ist. Die Chern-Klasse von L ist gegeben durch

$$c_1(L) = \frac{i}{2\pi}\Omega_A, \qquad c_1^+(L) = \frac{i}{2\pi}\Omega_A^+ = \frac{1}{2\pi}(|\Phi_-|^2 - |\Phi_+|^2)\Omega$$

und daher erhalten wir wegen $\Omega \wedge c_1 = \Omega \wedge c_1^+$

$$J :\stackrel{Def}{=} \int_{M^4} \Omega \wedge c_1(L) = \frac{1}{2\pi}\int_{M^4} (|\Phi_-|^2 - |\Phi_+|^2)\Omega \wedge \Omega.$$

J ist das Cup-Produkt von Ω und $c_1(L)$, also eine topologische Invariante. Ist $J < 0$, so gilt $\Phi_- \equiv 0$, im Fall $J > 0$ haben wir $\Phi_+ \equiv 0$. Berücksichtigen wir nun noch die Wirkung der Eichgruppe, so ergibt sich der

Satz (Witten 1994): *Die Lösungen der Seiberg-Witten-Gleichung über einer Kählerschen Mannigfaltigkeit M^4 zur Spin^C-Struktur $c \in H^2(M^4; \mathbb{Z})$ korrespondieren zu Paaren bestehend aus einer holomorphen Struktur im Bündel $S^+(\pm 2i)$ und einem Element aus*

$$\mathbb{P}H^0(M^4; S^+(2i)) \quad falls\, \Omega \wedge c < 0$$

$$\mathbb{P}H^0(M^4; S^+(-2i)) \quad falls\, \Omega \wedge c > 0.$$

Gilt $b_1(M^4) = 0$, so ist die holomorphe Struktur in $S^+(\pm 2i)$ eindeutig und

$$\mathfrak{M}_L(g) \approx \mathbb{P}H^0(M^4; S^+(\pm 2i)).$$

Bemerkung: Im Allgemeinen kann $\mathfrak{M}_L(g)$ nicht zur Bestimmung der Seiberg-Witten-Invariante $S - W(M^4, c) \in \mathcal{N}_\star$ benutzt werden, weil die Kähler Metrik g nicht generisch ist.

6.7 Literatur

M. Furuta. An invariant of spin 4-manifolds and the 11/8-conjecture, Preprint 1995.

P. B. Kronheimer, T. S. Mrowka. The Genus of embedded Surfaces in the Projective Plane, Math. Res. Lett. 1 (1994), 797-808.

D. Kotschick, J.W. Morgan, C.H. Taubes. Four manifolds without symplectic structures, but with non-trivial Seiberg-Witten invariants, Math. Res. Lett. 2 (1995), 119-124.

C. LeBrun. Einstein Metrics and Mostow Rigidity, Math. Res. Lett. 2 (1995), 1-8.

C. LeBrun. On the Scalar Curvature of Complex Surfaces, Geom. Funct. An. 5 (1995), 619-628.

C. LeBrun. Polarized 4-manifolds, extremal Kähler metrics and Seiberg-Witten-Theory, Math. Res. Lett. 2 (1995), 653-662.

C. LeBrun. 4-manifold without Einstein metrics, Math. Res. Lett. 3 (1996), 133-147.

J.W. Morgan. The Seiberg-Witten equation and applications to the topology of smooth four-manifolds, Princeton 1995.

J.W. Morgan, Z. Szabo, C.H. Taubes. A product formula for the Seiberg-Witten invariants and the generalized Thom conjecture, Preprint November 1995.

C. H. Taubes. The Seiberg-Witten Invariants and Symplectic Forms, Math. Res. Lett. 1 (1994), 809-822.

C. H. Taubes. More Constraints on Symplectic Forms from Seiberg-Witten-Invariants, Math. Res. Lett. 2 (1995), 9-14.

C.H. Taubes. The Seiberg-Witten and the Gromov Invariants, Math. Res. Lett. 2 (1995), 221-238.

C.H. Taubes. From the Seiberg-Witten equations to pseudo-holomorphic curves, Preprint 1995.

E. Witten. Monopoles and Four-Manifolds, Math. Res. Lett. 1 (1994), 769-796.

7 Anhang 2: Hauptfaserbündel und Zusammenhänge

7.1 Lokal-triviale Faserungen, Hauptfaserbündel, assoziierte Bündel und Vektorbündel - Beispiele und Definitionen

Definition: *Seien E, X und F drei topologische Räume. Eine Abbildung $\pi : E \to X$ heißt lokal-triviale Faserung mit der Faser F, falls zu jedem Punkt $x_0 \in X$ eine Umgebung $U(x_0)$ und ein Homöomorphismus $\Phi_{U(x_0)} : p^{-1}(U(x_0)) \to U(x_0) \times F$ derart existiert, daß*

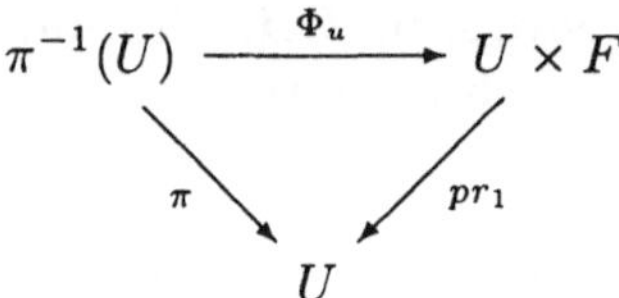

kommutiert.

Dann heißt E der Totalraum der Faserung, X die Basis der Faserung, und $F = E_x = \pi^{-1}(x)$ ist die Faser über $x \in X$.

Beispiel 1: Betrachten wir $E = X \times F$ und $\pi : E \to X$ die Projektion, so ist $(E, \pi, X; F)$ eine lokal-triviale Faserung.

Beispiel 2: Sei $\pi : E \to X$ eine (unverzweigte) Überlagerung. Sei F derjenige diskrete Raum, dessen Punkte bijektiv auf $\pi^{-1}(x)$ abgebildet werden können. Dann ist $\pi : E \to X$ eine lokal-triviale Faserung mit der Faser F.

Beispiel 3:   Sei $X = M^n$ eine glatte Mannigfaltigkeit, $E = T(M^n)$ und $\pi : E \to X$ die Projektion im Tangentialbündel. Dann ist $(T(M^n), \pi, M^n; \mathbb{R}^n)$ eine lokal-triviale Faserung mit der Faser $F = \mathbb{R}^n$.

Beispiel 4: Sei G eine Liesche Gruppe, $H \subset G$ eine abgeschlossene Untergruppe und $E = G$, $X = G/H$. Dann ist die Projektion $\pi : G \to G/H$ eine glatte, lokal-triviale Faserung mit der Faser H.

Definition: *Seien E und E^* zwei Faserungen über X mit den Projektionen π und π^*. Diese Faserungen heißen äquivalent, falls es ein Homöomorphismus $f : E \to E^*$ mit dem kommutativen Diagramm*

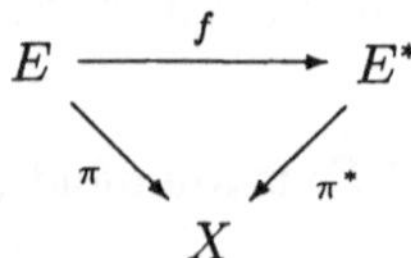

gibt.

Definition: *Eine lokal-triviale Faserung $(E, \pi, X; F)$ heißt trivial, falls sie äquivalent zu $(X \times F, \pi, X; F)$ ist.*

Beispiel: Nicht jede Faserung ist trivial. Sei $E = T(S^2)$ das Tangentialbündel der Sphäre $X = S^2$. Dann kann $T(S^2) \to S^2$ keine triviale Faserung sein, weil für die Euler-Charakteristik $\mathcal{X}(S^2) = 2 \neq 0$ gilt und somit (Satz von Hopf) keine Vektorfelder ohne Nullstellen existieren.

Definition: *Sei $p : E \to X$ eine Faserung. Eine Abbildung $s : X \to E$ heißt Schnitt, falls $\pi \circ s = Id_X$ gilt. Ist s nur über einer offenen Menge $U \subset X$ definiert, so heißt s auch lokaler Schnitt.*

Sei $(E, \pi, X; F)$ eine Faserung über X und $f : Y \to X$ eine (stetige, glatte) Abbildung. Dann definieren wir ein Bündel f^*E über Y durch

$$f^*E = \{(y, e) \in Y \times E : f(y) = \pi(e)\}$$

und der Projektion $\pi^*(y, e) = y$. $\pi^* : f^*E \to Y$ heißt die durch f induzierte Faserung.

Satz: *$p^* : f^*E \to Y$ ist eine lokal-triviale Faserung mit der Faser F.*

Definition: *Ein 4-Tripel $(P, \pi, X; G)$ heißt G - Hauptfaserbündel, falls*

1. *P ein topologischer Raum, G eine topologische Gruppe sind, und G von rechts frei auf P wirkt.*

2. *$\pi : P \to X$ ist stetig, surjektiv und $\pi(p_1) = \pi(p_2) \iff \exists\, g \in G \quad p_1 g = p_2$.*

3. *$\pi : P \to X$ ist eine lokal-triviale Faserung im Sinne der Hauptfaserbündel, d.h. zu jedem $x \in X$ existiert $x \in U \subset X$ und $\Phi_U : \pi^{-1}(U) \to U \times G$ mit*

$$\Phi_U(p) = (\pi(p), \varphi_U(p)) \quad und \quad \varphi_U : \pi^{-1}(U) \to G$$

hat folgende Eigenschaft: $\varphi_U(p \cdot g) = \varphi_U(p) \cdot g$.

Bemerkung:

a) Jedes G-Hauptfaserbündel ist eine lokal-triviale Faserung mit der Faser $F = G$.

b) Ist $(P, \pi, X; G)$ ein G-Hauptfaserbündel und $f : Y \to X$ stetig, so ist $(f^*P, \pi^*, Y; G)$ auch ein G-Hauptfaserbündel.

c) Sind P, G, X und alle auftretenden Abbildungen glatt, so heißt das Hauptfaserbündel glatt.

Definition: *Seien $(P, \pi, X; G)$ und $(P_1, \pi_1, X; G)$ zwei Hauptfaserbündel über der gleichen Basis X und mit derselben Gruppe G. Diese beiden Hauptfaserbündel heißen isomorph, falls ein Homöomorphismus $f : P \to P_1$ existiert, der folgende Bedingungen erfüllt:*

1. das Diagramm kommutiert:

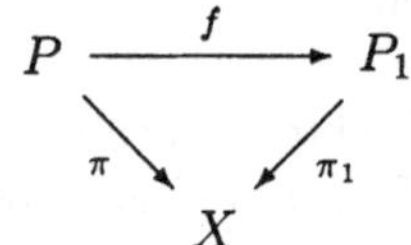

2. $f(p \cdot g) = f(p) \cdot g$, d.h. f ist mit der G-Wirkung verträglich.

Satz: *Besitzt ein Hauptfaserbündel $(P, \pi, X; G)$ einen Schnitt, so ist dieses Hauptfaserbündel isomorph zum trivialen G-Hauptfaserbündel $(X \times G, \pi, X; G)$.*

Beispiel 1: Sei G eine Liesche Gruppe und H eine abgeschlossene Untergruppe. Dann ist mit $P = G$, $X = G/H$ und $G = H$, $(G, \pi, G/H; H)$ ein H-Hauptfaserbündel über G/H.

Bemerkung: Nichtisomorphe Hauptfaserbündel können als Faserungen äquivalent sein.

Beispiel 2: Sei $X = S^2 = \mathbb{CP}^1$ und $P = S^3 = \{(\omega_1, \omega_2) \in \mathbb{C}^2 : |\omega_1|^2 + |\omega_2|^2 = 1\}$. Wir betrachten die Faserung

$$\pi : S^3 \to \mathbb{CP}^1, \quad \pi(\omega_1, \omega_2) = [\omega_1 : \omega_2]$$

und zwei Hauptfaserbündel $\xi_1 = (S^3, \pi, \mathbb{CP}^1; S^1)$ und $\xi_2 = (S^3, \pi, \mathbb{CP}^1; S^1)$ welche sich nur durch die Wirkung der Gruppe S^1 auf S^3 unterscheiden. Wirkt bei ξ_1 die Gruppe S^1 auf S^3 durch

$$(\omega_1, \omega_2) \cdot z = (\omega_1 z, \omega_2 z)$$

und bei ξ_2 durch

$$(\omega_1, \omega_2) \cdot z = (\omega_1 z^{-1}, \omega_2 z^{-1}).$$

Dann sind sowohl ξ_1 als auch ξ_2 Hauptfaserbündel. ξ_1, ξ_2 sind als S^1-Hauptfaserbündel *nicht* isomorph. Das Hauptfaserbündel ξ_1 heißt die *Hopf-Faserung*.

Beispiel 3: Sei M^n eine glatte Mannigfaltigkeit und $L_x(M^n) = \{(\vec{v}_1, \cdots, \vec{v}_n) \in T_x M^n, \vec{v}_i$ sind linear unabhängig $\}$ die Menge aller Repere im Punkte $x \in M^n$. Die Vereinigung $L(M^n) = \bigcup_{x \in M^n} L_x(M^n)$ heißt das Reperbündel. Wirke $GL(n; \mathbb{R})$ auf $L(M^n)$ durch

$$(\vec{v}_1, \cdots, \vec{v}_n) \cdot \begin{pmatrix} A_{11} & \cdots & A_{1n} \\ \vdots & & \vdots \\ A_{n1} & \cdots & A_{nn} \end{pmatrix} = (\vec{v}_i A_{i1}, \cdots, \vec{v}_i A_{in}).$$

Dann ist $(L(M^n), \pi, M^n; GL(n, \mathbb{R}))$ ein $GL(n, \mathbb{R})$-Hauptfaserbündel über M^n.

Beispiel 4: Sei (M^n, g) eine Riemannsche Mannigfaltigkeit und

$$O(M^n; g) = \{(\vec{v}_1, \cdots, \vec{v}_n) \in L(M^n) : g(\vec{v}_i, \vec{v}_j) = \delta_{ij}\}.$$

Dann ist $O(M^n; g)$ ein $O(n; \mathbb{R})$-Hauptfaserbündel über M^n.

Beispiel 5: Sei (M^{2n}, ω) eine symplektische Mannigfaltigkeit und $Sp(M^{2n}; \omega) =$

$$= \{(\vec{v}_1 \cdots \vec{v}_n, \vec{w}_1 \cdots \vec{w}_n) \in L(M^{2n}) : \omega(\vec{v}_i, \vec{v}_j) = 0 \quad \omega(\vec{w}_i, \vec{w}_j) = 0 \quad \omega(\vec{v}_i, \vec{w}_j) = \delta_{ij}\}.$$

Dann ist $Sp(M^{2n}, \omega)$ ein $Sp(2n; \mathbb{R})$-Hauptfaserbündel über M^{2n}.

Beispiel 6: Sei M^n eine Mannigfaltigkeit mit einer fixierten Orientierung O.
Sei $P = \{(\vec{v}_1, \cdots, \vec{v}_n) \in L(M^n) : \{\vec{v}_1, \cdots, \vec{v}_n\} = O\}$. Dann ist P ein $GL^+(n; \mathbb{R})$-Hauptfaserbündel.

Definition: *Sei $\rho = (P, \pi, X; G)$ ein G-Hauptfaserbündel und $\lambda : G_1 \to G$ ein stetiger (glatter) Gruppenhomomorphismus. Eine λ-Reduktion von ρ ist ein Paar (μ, f) bestehend aus einem G_1-Hauptfaserbündel $\mu = (Q, \pi, X; G_1)$ über X und einer Abbildung $f : Q \to P$ mit*

1.
$$\begin{array}{ccc} Q & \xrightarrow{\ f\ } & P \\ & \searrow_{\pi} \quad \swarrow_{\pi} & \end{array} \qquad \text{kommutiert.}$$
$$X$$

2. $f(q \cdot g_1) = f(q) \cdot \lambda(g_1)$.

Im Beispiel 4,5,6 treten jeweils Reduktionen des Reperbündels auf die Gruppen $O(n; \mathbb{R}), Sp(2n; \mathbb{R}), GL^+(n; \mathbb{R})$ auf.

Definition: *Zwei λ-Reduktionen $(\mu, f), (\bar{\mu}, \bar{f})$ eines Hauptfaserbündels ρ heißen äquivalent, falls ein Isomorphismus $\Phi : Q \to \bar{Q}$ der G_1-Hauptfaserbündel derart*

$$\begin{array}{ccc} Q & \xrightarrow{\ \Phi\ } & \bar{Q} \\ & \searrow_{f} \quad \swarrow_{\bar{f}} & \end{array}$$

existiert, daß $\qquad\qquad\qquad$ kommutiert.
$$P$$

Satz: *Sei $\lambda : O(n; \mathbb{R}) \to GL(n; \mathbb{R})$ die Einbettung und M^n eine glatte Mannigfaltigkeit. Die Menge aller λ-Reduktionen des Reperbündels $L(M^n)$ steht in bijektiver Beziehung zur Menge aller Riemannschen Metriken auf M^n.*

Satz: *Sei $\lambda : GL^+(n; \mathbb{R}) \to GL(n; \mathbb{R})$ die Einbettung und M^n eine glatte Mannigfaltigkeit. Die Menge aller λ-Reduktionen des Reperbündels $L(M^n)$ steht in bijektiver Beziehung zur Menge aller Orientierungen von M^n.*

Bemerkung: Ist M^{2n} gegeben, so definiert jede symplektische Struktur ω eine $Sp(2n; \mathbb{R})$-Reduktion von $L(M^{2n})$, siehe Beispiel 5. Ist andererseits eine $Sp(2n)$-Reduktion gegeben, so können wir in jedem Punkte $x \in M^{2n}$ eine 2-Form $\omega_x : T_xM^n \times T_xM^n \to R$ definieren. Die danach entstehende 2-Form ω wird eine nichtausgeartete Form sein. Im allgemeinen gilt jedoch nicht $d\omega = 0$. Eine symplektische Struktur auf M^{2n} kann also nicht mit jeder Reduktion des Reperbündels $L(M^{2n})$ auf die Untergruppe $Sp(2n; \mathbb{R})$ identifiziert werden.

Wir betrachten jetzt ein G-Hauptfaserbündel $(P, \pi, X; G)$ und einen topologischen Raum F, auf dem G von links wirkt, $G \times F \to F$. Auf $P \times F$ lassen wir G von rechts durch $(p, f) \cdot g = (p \cdot g, g^{-1}f)$ wirken. Seien

$$E = P \times F/G := P \times_G F$$

und die Projektion $\pi : E \to X$ definiert durch

$$\pi(e) = \pi[p, f] = 0.$$

Das 4-Tripel $(E, p, X; F)$ ist eine lokal-triviale Faserung, d.h. es gilt der

Satz: *Ist $(P, \pi, X; G)$ ein Hauptfaserbündel und F ein Raum, auf dem G von links wirkt, so ist $(E, p, X; F)$ mit $E = P \times_G F$ eine lokal-triviale Faserung. Die Faserung $(E, \pi, X; F)$ heißt das zum Hauptfaserbündel assoziierte Bündel mit der Faser F.*

Satz: *Sei $(P, \pi, X; G)$ ein G-Hauptfaserbündel und F ein G-Raum sowie $E = P \times_G F$ das assoziierte Bündel. Dann existiert eine Bijektion zwischen den Schnitten s im Bündel $(E, \pi, X; F)$ und den Abbildungen $s^* : P \to F$ mit $s^*(p \cdot g) = g^{-1}s^*(p)$.*

Sei nun G eine Gruppe und $H \subset G$ eine abgeschlossene Untergruppe. Wir betrachten den G-Raum $G/H = F$ und sei $E = P \times_G (G/H)$ das assoziierte Bündel zum Hauptfaserbündel $(P, \pi, X; G)$.

Satz: *Das Bündel $(E, \pi, X; G/H)$ besitzt genau dann einen Schnitt, falls das G-Hauptfaserbündel $(P, \pi, X; G)$ eine Reduktion auf die Untergruppe $H \hookrightarrow G$ besitzt.*

Beispiel 7: Sei G eine Gruppe und H eine abgeschlossene Untergruppe. Wir betrachten das triviale G-Hauptfaserbündel $P = X \times G$. Ein Schnitt in $P \times_G (G/H) \simeq X \times G/H$ ist dann einfach eine Abbildung $\bar{s} : X \to G/H$ und das zu diesem Schnitt gehörende H-Hauptfaserbündel ist

$$Q = \{(x, g) \in X \times G : g^{-1}\bar{s}(x) = e \cdot H\}$$

mit der Projektion $(x, g) \to x$. Sei nun

$$G = SO(3) \quad , \quad H = SO(2) = \left\{ \begin{pmatrix} A & 0 \\ 0 & 1 \end{pmatrix} \right\} \hookrightarrow SO(3)$$

und $X = S^2 = SO(3)/SO(2)$, wobei die Identifikation $SO(3)/SO(2) \simeq S^2$ durch $A \to A(e_3)$ vorgenommen wird und e_3 der dritte Basisvektor des Euklidischen Raumes $\mathbb{R}^3$ ist. Wegen $e \cdot H \leftrightarrow e_3$ bei dieser Identifikation folgt also, daß wir für jede Abbildung $f : X = S^2 \to SO(3)/SO(2) \approx S^2$ ein S^1-Hauptfaserbündel

$$Q = \{(x, g) \in S^2 \times SO(3) : g^{-1}f(x) = e_3\}$$

erhalten, welches eine Reduktion des trivialen Bündels $P = X \times G = S^2 \times SO(3)$ ist. Sei nun zum Beispiel $f : S^2 \to S^2$ gleich der identischen Abbildung. Dann haben wir das $S^1 = SO(2)$-Hauptfaserbündel

$$Q = \{(x, g) \in S^2 \times SO(3) : g^{-1}x = e_3\}.$$

Obwohl Q die Reduktion des trivialen $SO(3)$-Hauptfaserbündels über S^2 ist, ist Q kein triviales S^1-Hauptfaserbündel über S^2. Dieses Beispiel zeigt, daß die Reduktionen trivialer Bündel durchaus nichttriviale Hauptfaserbündel sein können. ∎

Als letztes in diesem Anschnitt besprechen wir Vektorbündel. Dazu betrachten wir zuerst noch einmal ein G-Hauptfaserbündel $(P, \pi, X; G)$ und einen Vektorraum $F = V$ (komplex oder reell) und wirke G auf V mittels einer Darstellung $\rho : G \to GL(V)$. Dann haben wir das assoziierte Bündel $E = P \times_G V = P \times_\rho V$ mit der Projektion $\pi : E \to X$. Wir definieren jetzt $\mathbb{R} \times E \to E$ bzw. $\mathbb{C} \times E \to E$ durch

$$E \ni e = [p, v] \to \lambda \cdot e = [p, \lambda v] \in E$$

sowie eine Addition zweier Elemente e_1, e_2 mit $\pi(e_1) = \pi(e_2)$ durch

$$e_1 = [p, v_1], \quad e_2 = [p, v_2] \to e_1 + e_2 = [p, v_1 + v_2].$$

Weil G linear auf V wirkt, sind diese Operationen eindeutig definiert. Damit entsteht: Jede Faser von $P \times_\rho V = E$ ist ein Vektorraum über $\mathbb{R}$ bzw. $\mathbb{C}$ und zu jedem $x \in X$ existiert eine Umgebung $x \in U \subset X$ und eine Abbildung $\Phi_U : p^{-1}(U) \to U \times V$, welche faserweise linear ist.

Definition: *Ein (reelles, komplexes) Vektorraumbündel über X ist eine Faserung $(E, \pi, X; V^n)$ derart, daß jede Faser ein Vektorraum ist und zu jedem $x_0 \in X$*

eine offene Menge $x_0 \in U \subset X$ und ein Homöomorphismus $\Phi_U : p^{-1}(U) \to U \times \mathbb{R}^n$ $(U \times \mathbb{C}^n)$ existiert, der faserweise linear ist.

Beispiel 8: Sei M^n eine Mannigfaltigkeit und $(L(M^n), \pi, M^n; GL(n; \mathbb{R}))$ das Reperbündel. Sei $\rho : GL(n) \to GL(\mathbb{R}^n)$ die gewöhnliche Darstellung. Dann ist das assoziierte Vektorbündel isomorph zum Tangentialbündel:

$$L(M^n) \times_{GL(n)} \mathbb{R}^n \simeq T(M^n).$$

Beweis: Wir definieren $\qquad\qquad f : L(M^n) \times_{GL(n)} \mathbb{R}^n \to T(M^n)$

durch

$$f(\vec{v}_1, \cdots, \vec{v}_n; c_1, \cdots, c_n) = \sum \vec{v}_i c_i = v \cdot \vec{c}.$$

Ist $A \in GL(n; \mathbb{R})$, so gilt $(v, c) = (vA, A^{-1}c)$ und gleichzeitig $vAA^{-1}c = v \cdot \vec{c}$. Also ist $f : L(M^n) \times_{GL} \mathbb{R}^n \to T(M^n)$ eindeutig definiert und eine Isomorphie der Vektorbündel ist.

Beispiel 9: $T^*M^n \simeq L(M^n) \times_{\rho^*} (\mathbb{R}^n)^*$ wobei $\rho^* : GL(n; \mathbb{R}) \to GL((\mathbb{R}^n)^*)$ die Darstellung im Dualraum $(\mathbb{R}^n)^*$ ist.

Beispiel 10: Sei $\rho_k : GL(n; \mathbb{R}) \to GL(\Lambda^k((\mathbb{R}^n)^*))$ die Darstellung im Raum der k-Formen von $\mathbb{R}^n$. Dann gilt

$$\Lambda^k(M^n) = L(M^n) \times_{\rho_k} \Lambda^k((\mathbb{R}^n)^*).$$

Beispiel 11: Sei $\xi = (S^3, \pi, \mathbb{CP}^1; S^1)$ die Hopf-Faserung und $H = S^3 \times_\rho \mathbb{C}$ das assoziierte Bündel, wobei $\rho : S^1 \to GL(\mathbb{C})$ durch $\rho(z)w = zw$ gegeben ist. H besteht aus den äquivalenzklassen $[(w_1, w_2), w]$ komplexer Zahlen mit der Identifikation

$$\{(w_1, w_2), w\} \sim \{(w_1 z, w_2 z), z^{-1} w\}.$$

Durch $\quad f : H \to \hat{H} = \{(l, \xi) \in \mathbb{CP}^1 \times \mathbb{C}^2 : \xi \in l\}$

$$f(w_1, w_2; w) = (\underbrace{[w_1 : w_2]}_{\in \mathbb{CP}^1}, \underbrace{(w_1 w, w_2 w)}_{\in \mathbb{C}^2})$$

wird dann offenbar eine Isomorphie zwischen H und $\hat{H}$ definiert. Also ist $H \to \mathbb{CP}^1$ als Vektorbündel gleich

$$H = \{(l, \xi) \in \mathbb{CP}^1 \times \mathbb{C}^2 : \xi \in l\}$$

mit der Projektion $p : H \to \mathbb{CP}^1$, $p(l, \xi) = l$. H bzw. $\hat{H}$ ist das sogenannte Hopf-Bündel (tautologisches Bündel über $\mathbb{CP}^1$).

7.2 Der Klassifizierungsraum einer topologischen Gruppe und die Homotopieklassifikation der Hauptfaserbündel

In diesem Abschnitt studieren wir folgende Frage:

> Gegeben sei ein Raum X. Wieviele Isomorphieklassen von G-Hauptfaserbündeln $(P, \pi, X; G)$ mit der Strukturgruppe G existieren über X?

Satz: (Erster Homotopieklassifizierungssatz für Hauptfaserbündel)
Sei $\xi = (P, \pi, Y; G)$ ein G-Hauptfaserbündel über dem topologischen Raum Y, sei X ein parakompakter Raum und seien $f_1, f_2 : X \to Y$ zwei homotope Abbildungen, $f_1 \sim f_2$. Behauptung: Die induzierten Hauptfaserbündel $f_1^* \xi$, $f_2^* \xi$ über X sind isomorph.

Definition: *Ist X ein parakompakter Raum, so bezeichnen wir mit $HFB_G(X)$ die Menge aller Isomorphieklassen von Hauptfaserbündeln über X mit der Strukturgruppe G.*

Definition: *Sei G eine topologische Gruppe. Ein universelles G-Bündel ist ein G-Hauptfaserbündel $\xi_G = (E_G, \pi, B_G; G)$ derart, daß für jeden CW-Komplex X die Zuordnung*

$$[X; B_G] \in [f] \to f^* \xi_G \in HFB_G(X)$$

eine Bijektion ist. Mit anderen Worten, es sollen folgende zwei Bedingungen erfüllt sein:

1. *Zu jedem G-Hauptfaserbündel ξ über X existiert eine Abbildung $f : X \to B_G$ mit $\xi \approx f^*(\xi_G)$.*

2. *Sind $f_0, f_1 : X \to B_G$ und gilt $f_0^* \xi_G \approx f_1^* \xi_G$, so folgt $f_0 \sim f_1$.*

B_G heißt der Klassifizierungsraum der topologischen Gruppe G.

Offenbar ist der Klassifzierungsraum einer topologischen Gruppe nicht eindeutig bestimmt. Es gilt nämlich:

Satz: *Ist $\xi_G = (E_G, \pi, B_G; G)$ ein universelles Bündel und ist B ein topologischer Raum, der homotopieäquivalent zu B_G ist, so existiert über B auch ein G-Hauptfaserbündel, welches universell ist.*

Satz: *Sind $\xi_G = (E_G, \pi, B_G; G)$ und $\bar{\xi}_G = (\bar{E}_G, \pi, \bar{B}_G, G)$ zwei universelle G-Hauptfaserbündel mit den CW-Komplexen $B_G, \bar{B}_G$, so existieren Homotopieäquivalenzen*

$$\psi : B_G \to \bar{B}_G, \quad \phi : \bar{B}_G \to B_G \quad mit \quad \psi \circ \phi \sim Id_{\bar{B}_G}, \quad \phi \psi \sim Id \quad und \quad \xi_G = \psi^* \bar{\xi}_G, \quad \bar{\xi}_G = \phi^* \xi_G.$$

In der Klasse der CW-Komplexe ist der Homotopietyp des Klassifizierungsraumes einer Gruppe - falls er existiert - eindeutig bestimmt.

Wir können jetzt den 2. Homotopieklassifizierungssatz formulieren:

Satz (2. Homotopieklassifizierungssatz)

1. *Zu jeder topologischen Gruppe G existiert ein universelles G-Hauptfaserbündel $\xi_G = (E_G, \pi, B_G; G)$. Dieses Bündel hat sogar die Eigenschaft, daß für jeden parakompakten Raum X die Zuordnung*

$$[X; B_G] \ni [f] \to f^*\xi_G \in HFB_G(X)$$

   bijektiv ist.

2. *Zu jeder topologischen Gruppe G existiert ein universelles G-Hauptfaserbündel $\xi_G^* = (E_G^*, \pi, B_G^*; G)$ derart, daß B_G^* ein CW-Komplex ist.*

Der Fall $G = Z_2$: Die Menge $HFB_{Z_2}(X) = [X; B(\mathbb{Z}_2)] = [X; \mathbb{RP}^\infty]$ $(X - CW\text{-}$ Komplex) ist in bijektiver Beziehung zu allen Elementen aus $H^1(X; \mathbb{Z}_2)$. Ist ξ ein $\mathbb{Z}_2$-Hauptfaserbündel - so heißt das diesem Hauptfaserbündel entsprechende Element in $H^1(X; \mathbb{Z}_2)$ die erste Stiefel-Whitney-Klasse $w_1(\xi) \in H^1(X; \mathbb{Z}_2)$.

Der Fall $G = S^1$: Ist X ein CW-Komplex, so steht $HFB_{S^1}(X) = [X; B(S^1)] = [X; \mathbb{CP}^\infty]$ in bijektiver Beziehung zu allen Elementen aus $H^2(X; \mathbb{Z})$. Ist ξ ein S^1-Hauptfaserbündel, so heißt das dieser Faserung entsprechende Element in $H^2(X; \mathbb{Z})$ die erste Chern-Klasse von ξ und wird mit $c_1(\xi) \in H^2(X; \mathbb{Z})$ bezeichnet.

7.3   Zusammenhänge in Hauptfaserbündeln

Wir betrachten ein glattes Hauptfaserbündel $(P, \pi, M^n; G)$. Der Vertikalraum $T_p^v(P)$ der Projektion π ist $T_p^v(P) = \{X \in T_p(P) : d\pi(X) = 0\}$.

Lemma 1: *Für $X \in \mathfrak{g}$ bezeichne $\tilde{X}(p) = \frac{d}{dt}(p \cdot \exp(tX))|_{t=0}$ das fundamentale Vektorfeld der G-Wirkung auf P. Dann ist*

$$\mathfrak{g} \in X \to \tilde{X}(p) \in T_p^v(P)$$

ein linearer Isomorphismus.

Definition: *Eine Zuordnung $T^h : p \in P \to T_p^h(P) \subset T_p P$ (geometrische Distribution, Pfaffsches System) heißt Zusammenhang auf $(P, \pi, M; G)$ falls*

1. *$T_p P = T_p^h(P) \oplus T_p^v(P)$*

2. $dR_g(T_p^h(P)) = T_{p \cdot g}^h(P)$

3. T^h ist glatt.

Durch die Projektion auf den Vertikalraum

$$\tilde{X}(p) \oplus Y \in T_p^v(P) \oplus T_p^h(P) \to X \in \mathfrak{g}$$

erhalten wir eine $\mathfrak{g}$-wertige 1-Form Z auf P, $Z : TP \to \mathfrak{g}$. Dann gilt

Satz:

a) $Z(\tilde{X}) = X \quad \forall X \in \mathfrak{g}$.

b) $(R_g)^* Z = Ad(g^{-1})Z \quad \forall g \in G$.

Ist umgekehrt $Z : TP \to \mathfrak{g}$ eine $\mathfrak{g}$-wertige 1-Form mit a) und b) gegeben, so wird durch $T_p^h(P) = \{X \in T_p P : Z(X) = 0\}$ ein Zusammenhang definiert.

Wir besprechen jetzt die lokale Charakterisierung eines Zusammenhanges:
$s : U \subset M \to P$ sei ein Schnitt. $Z^s = Z \circ ds = s^*(Z) : TU \to \mathfrak{g}$ ist die lokale Zusammenhangsform. Sind $s_i : U_i \to P, s_j : U_j \to P$ zwei Schnitte, $U_i \cap U_j \neq \phi$, so definieren wir $g_{ij} : U_i \cap U_j \to G$ durch

$$s_i(x) = s_j(x) \cdot g_{ij}(x).$$

Die Maurer-Cartan Form der Gruppe G bezeichnen wir mit $\Theta : TG \to \mathfrak{g}$, $\Theta(\vec{t}_g) = dL_{g^{-1}}(\vec{t}_g)$. Die entsprechende 1-Form auf $U_i \cap U_j$ seien $\Theta_{ij} = g_{ij}^*(\Theta)$:

$$\Theta_{ij} = g_{ij}^* \Theta = dL_{g_{ij}^{-1}} dg_{ij}.$$

Satz:

1. $Z^{s_i} = Ad(g_{ij}^{-1}(x))Z^{s_j} + \Theta_{ij}$.

2. *Sei eine Familie $\{(U_i, s_i)\}$ mit $\bigcup U_i = M$ gegeben und sei $Z_i : TU_i \to \mathfrak{g}$ eine Familie von 1-Formen, sodaß*

$$Z_i = Ad(g_{ij}^{-1})Z_j + \Theta_{ij}$$

gilt. Dann existiert genau ein Zusammenhang $Z : TP \to \mathfrak{g}$ mit $Z^{s_i} = Z_i$.

Beispiel 2: Sei (M^n, g) eine Riemannsche Mannigfaltigkeit , $\nabla : TM \to T^*M \otimes TM$ der Levi-Civita-Zusammenhang, und $O(M, g)$ das Bündel der ON-Repere. In der Lie-Algebra $\mathfrak{so}(n)$ wählen wir die Basis

$$
E_{ij} = \begin{pmatrix}
0 & \cdots & & \cdots & 0 & & 0 & \cdots & 0 \\
0 & & & & & -1 & & & 0 \\
\vdots & & & & & & & & \vdots \\
\vdots & & 1 & & & & & & \vdots \\
& & & & & & & & 0 \\
0 & \cdots & & \cdots & & & 0 & \cdots & 0
\end{pmatrix}
\begin{matrix} \\ i \\ \\ j \\ \\ \\ \end{matrix}
$$

Sei $s : U \to O(M,g), s = (s_1, \cdots, s_n)$ ein lokaler Schnitt. Setze $Z^s = \sum_{i<j} g(\nabla s_i, s_j) E_{ij}$. $\{Z^s, s\}$ definiert einen Zusammenhang Z in $O(M,g)$.

Beispiel 3: M^n - sei eine differenzierbare Mannigfaltigkeit. Die Menge der Zusammenhänge auf dem Reperbündel $L(M^n)$ steht in bijektiver Beziehung zur Menge der affinen Zusammenhänge $\nabla : TM \to T^*M \otimes TM$.

Beispiel 4: $X = G/H$ heißt *reduktiv*, falls eine Zerlegung $\mathfrak{g} = \mathfrak{h} \oplus \mathfrak{m}$ mit $Ad(H)(\mathfrak{m}) \subset \mathfrak{m}$ existiert. Betrachte das Hauptfaserbündel $\xi = (G; \pi, G/H; H)$ und die Distribution $G \ni g \to T_g^h G = dL_g(\mathfrak{m})$. Dann ist dies ein Zusammenhang in ξ mit $dL_a(T_g^h G) = T_{ag}^h G$.

Gegeben seien ein Hauptfaserbündel $(P, \pi, M; G)$ und eine Darstellung $\rho : G \to GL(V)$.

Definition: *Eine q-Form $w \in \Lambda^q(P,V)$ mit Werten in V heißt tensoriell vom Typ ρ, wenn*

1. $w_p(\vec{t}_1, \cdots, \vec{t}_q) = 0$, *falls einer der Vektoren $\vec{t}_i \in T_p^v$ vertikal ist.*

2. $R_g^* w = \rho(g^{-1})w \quad g \in G$.

Beispiel 4: Sind $Z, \hat{Z} : TP \to \mathfrak{g}$ zwei Zusammenhänge, so ist $Z - \hat{Z}$ eine tensorielle 1-Form vom Typ Ad auf P, mit Werten in $\mathfrak{g}$. Umgekehrt, ist Z ein Zusammenhang und $w : TP \to \mathfrak{g}$ eine tensorielle 1-Form vom Typ Ad, so ist $Z + w$ ein Zusammenhang.

Satz: *Der Vektorraum der tensoriellen q-Formen vom Typ ρ auf P mit Werten in V ist isomorph zum Vektorraum $\Lambda^q(M; E)$ der q-Formen auf M mit Werten im assoziierten Vektorbündel $E = P \times_\rho V$.*

Folgerung: $\mathcal{C}(P)$ sei die Menge aller Zusammenhänge auf P. $\mathcal{C}(P)$ ist ein affiner Raum mit $\Lambda^1(M; \underline{\mathfrak{g}})$ als Vektorraum. Dabei ist $\underline{\mathfrak{g}}$ das mittels der Ad-Darstellung assoziierte Bündel $\underline{\mathfrak{g}} = P \times_{Ad} \mathfrak{g}$.

Definition: *Sei $(P, \pi, M; G)$ ein Hauptfaserbündel mit Zusammenhang. Ist $X \in \mathcal{X}(M)$ ein Vektorfeld auf M, $X^* \in \mathcal{X}(P)$ ein Vektorfeld auf P, so heißt X^* horizontaler Lift von X, wenn*

a) $X^*(p)$ ist horizontal in jedem Punkt $p \in P$.

b) $d\pi(X^*(p)) = X(\pi(p))$.

Satz:

1. *Sei $X \in \mathcal{X}(M)$ gegeben. Dann existiert ein eindeutig bestimmter horizontaler Lift $X^* \in \mathcal{X}(P)$ von X. X^* ist rechtsinvariant. Ist andererseits $Y \in \mathcal{X}(P)$ ein rechtsinvariantes, horizontales Vektorfeld, so existiert ein Vektorfeld $X \in \mathcal{X}(M)$ mit $X^* = Y$.*

2. *$X, Y \in \mathcal{X}(M) \implies$*
$$X^* + Y^* = (X + Y)^*$$
$$(fX)^* = (f \circ \pi)X^*$$
$$[X, Y]^* = proj_{hor}.[X^*, Y^*].$$

3. *Ist Y ein horizontales Vektorfeld auf P, so ist $[\tilde{X}, Y]$ horizontal für alle $X \in \mathfrak{g}$.*

4. *Insbesondere $(Y = Z^*)$ gilt $\quad [\tilde{X}, Z^*] = 0$ für $X \in \mathfrak{g}$, $Z \in \mathcal{X}(M^n)$.*

Sei $\gamma : [a, b] \to M$ ein Weg (stetig, stückweise C^2).

Definition: *Ein Weg $\gamma^* : [a, b] \to P$ heißt horizontaler Lift von γ, wenn*

1. *$\pi\gamma^* = \gamma$.*

2. *$\dot{\gamma}^*$ ist horizontal.*

Satz: *Sei $\gamma : I \to M$ ein Weg in M und $u \in P_{\gamma(0)}$ fest. Dann existiert genau ein horizontaler Lift γ_u^* mit $\gamma_u^*(0) = u$.*

Definition: *$\tau_\gamma : P_{\gamma(a)} \to P_{\gamma(b)}$ sei durch $\tau_\gamma(u) = \gamma_u^*(b)$ definiert. τ_γ heißt Parallelverschiebung entlang γ.*

Satz:

1. *τ_γ hängt nicht von der Parametrisierung von γ ab.*

2. *$\tau_\gamma R_g = R_g \tau_\gamma \quad \forall g \in G$.*

3. *τ_γ ist bijektiv.*

Satz: *Sei $(P, \pi, M; G)$ ein Hauptfaserbündel mit Zusammenhang Z, und sei M eine zusammenhängende Mannigfaltigkeit. Hängt die Parallelverschiebung τ nicht vom Weg ab, so existiert in P ein horizontaler Schnitt und das Hauptfaserbündel* *ist isomorph zum trivialen Bündel* $(M \times G, pr_1, M; G)$ *mit dem flachen Zusammenhang.*

Ist $E = P \times_G F$ (F ein beliebiger Raum), so wird die Parallelverschiebung in E $\tau_\gamma^E : E_{\gamma(a)} \to E_{\gamma(b)}$ durch $\tau_\gamma^E[p, v] = [\tau_\gamma(p), v]$ definiert. Ein Zusammenhang im Hauptfaserbündel induziert eine Parallelverschiebung in allen assoziierten Bündeln.

7.4 Absolutes Differential und Krümmung eines Zusammenhangs

Definition: $(P, \pi, M; G)$ *sei ein Hauptfaserbündel mit Zusammenhang* Z, V *ein beliebiger Vektorraum,* $w \in \Lambda^q(P, V)$ *bezeichne eine q-Form auf P mit Werten in* V. *Wir definieren* $Dw \in \Lambda^{q+1}(P, V)$ *durch*

$$(Dw)_p(t_0, \cdot, t_q) = dw(pr_h t_0, \cdot, pr_h t_q).$$

Dw heißt absolutes Differential von w. Damit entsteht eine lineare Abbildung

$$D : \Lambda^q(P, V) \to \Lambda^{q+1}(P, V)$$

Satz:

1. *Ist w eine q-Form von Typ ρ, so ist Dw eine tensorielle $(q + 1)$-Form vom Typ ρ*

2. *$w \in \Lambda^q(P; V)$ tensoriell vom Typ ρ. Dann gilt* $\quad Dw = dw + \rho_*(Z) \wedge w$ *mit $\rho_* : \mathfrak{g} \to \mathfrak{gl}(V)$ und*

$$(\rho_*(Z) \wedge w)(t_0, \cdots, t_q) = \sum_{\alpha=0}^{q} (-1)^\alpha \rho_*(Z(t_\alpha)) w(t_o, \cdots, \hat{t}_\alpha, \cdots, t_q)$$

Sei nun $\rho : G \to GL(V)$ eine Darstellung und $E = P \times_\rho V$. Die tensoriellen Formen vom Typ ρ stimmen mit den Formen $\Lambda^p(M, E)$ auf M mit Werten im Vektorbündel E überein. Somit können wir das absolute Differential als Operator $D : \Lambda^q(M; E) \to \Lambda^{q+1}(M; E)$ verstehen.

Definition: *Sei (E, π, M) ein Vektorbündel über M und $\Gamma(E)$ der Raum der glatten Schnitte. Eine Abbildung $\nabla : \Gamma(E) \to \Gamma(T^*M \otimes E)$ heißt kovariante Ableitung in E, wenn folgende Bedingungen erfüllt sind:*

1. ∇ *linear,* $\nabla(e_1 + e_2) = \nabla e_1 + \nabla e_2$

2. $\nabla(fe) = df \otimes e + f\nabla e \quad f \in C^\infty(M), e \in \Gamma(E)$.

Für die 1-Form ∇e schreibt man auch $(\nabla e)(\vec{X}) = \nabla_{\vec{X}} e$.

Satz: *Seien $(P, \pi, M; G)$ ein Hauptfaserbündel mit Zusammenhang, $\rho : G \to GL(V)$ eine Darstellung und $E = P \times_\rho V$ das assoziierte Vektorbündel.*

Das absolute Differential $D : \Gamma(E) \to \Lambda^1(M; E) = \Gamma(T^*M \otimes E)$ ist eine kovariante Ableitung.

D heißt die *zu Z assoziierte kovariante Ableitung in E* und wird mitunter durch ∇^Z, ∇^E ... bezeichnet.

Satz: *Sei $s \in \Gamma(E)$ ein glatter Schnitt. Dann gilt*

$$(Ds)(X) = \frac{d}{dt}(\tau^E_{t,0}(s(\gamma(t)))_{|t=0}, \quad X \in T_p M$$

wobei $\gamma(t) \subset M$ eine Kurve mit $\gamma(0) = p, \dot{\gamma}(0) = X$ und $\tau^E_{t,0} : E_{\gamma(t)} \to E_{\gamma(0)}$ die Parallelverschiebung ist.

Folgerung: Sei $\gamma(t) \subset M$ ein Weg und $s(t) \subset E$ ein Weg über $\gamma(t)$. Dann gilt

$s(t)$ ist Parallelverschiebung von $s(0)$ entlang $\gamma(t) \iff \quad \frac{Ds}{dt} := D\tilde{s}(\dot{\gamma}(t)) = 0$.

Definition: *$(P, \pi, M; G)$ sei ein Hauptfaserbündel und $Z : TP \to \mathfrak{g}$ sei ein Zusammenhang. Dann ist Z eine 1-Form auf P vom Typ Ad (d.h. $R_g^* Z = Ad(g^{-1})Z$). Nach dem vorhergehenden Satz ist*

$$\Omega := DZ$$

eine 2-Form auf P mit Werten in $\mathfrak{g}$, die tensoriell und vom Typ Ad ist. Ω heißt Krümmungsform des Zusammenhangs.

Auf Grund der allgemeinen Identifikation

$$\{\text{ tensorielle } q\text{-Form vom Typ } \rho \} \iff \quad \Lambda^q(M; P \times_\rho V)$$

können wir Ω auch als 2-Form auf M mit Werten in $\underline{\mathfrak{g}} = P \times_{Ad} \mathfrak{g}$ auffassen, $\Omega \in \Lambda^2(M; \underline{\mathfrak{g}})$. Wir führen einige Bezeichnungen ein: Seien $w \in \Lambda^i(P; \mathfrak{g}), \tau \in \Lambda^j(P; \mathfrak{g})$ zwei Formen auf P mit Werten in $\mathfrak{g}$ (oder auch $w \in \Lambda^i(M; \underline{\mathfrak{g}}), \tau \in \Lambda^j(M; \underline{\mathfrak{g}})$ zwei Formen auf M mit Werten im Bündel $\underline{\mathfrak{g}}$). Dann definieren wir eine Form $[w, \tau] \in \Lambda^{i+j}(P; \mathfrak{g})$ { bzw. $[w, \tau] \in \Lambda^{i+j}(M; \underline{\mathfrak{g}})$} durch

$$[w, \tau](X_1, \cdots, X_{i+j}) = \frac{1}{i!j!} \sum_{G \in S_{i+j}} (-1)^G [w(X_{G(1)}, \cdots, X_{G(i)}), \tau(X_{G(i+1)}, \cdots, X_{G(i+j)})]$$

Offenbar gilt: Ist $A_1, \cdots, A_e$ ein Basis in $\mathfrak{g}$ und $w = w^i A_i, \tau = \tau^j A_j$, so

$$[w, \tau] = w^i \wedge \tau^j [A_i, A_j].$$

Diese Klammer hat folgende Eigenschaften:

a) $[w, \tau] = (-1)^{ij+1}[\tau, w]$.

b) $w \in \Lambda^i(P, \mathfrak{g}), \tau \in \Lambda^j(P; \mathfrak{g}), \varphi \in \Lambda^k(P; \mathfrak{g})$, so

$$(-1)^{ik}[[w, \tau], \varphi] + (-1)^{kj}[[\varphi, w], \tau] + (-1)^{ji}[[\tau, \varphi], w] = 0.$$

c.) $d[w, \tau] = [dw, \tau] + (-1)^i[w, d\tau]$.

d.) Ist w eine 1-Form, $w \in \Lambda^1(P, \mathfrak{g})$ (bzw. $w \in \Lambda^1(M; \bar{\mathfrak{g}})$), so

$$\frac{1}{2}[w, w](\vec{X}, \vec{Y}) = [w(\vec{X}), w(\vec{Y})].$$

Satz: *Sei $(P, \pi, M; G)$ ein Hauptfaserbündel, $Z : TP \to \mathfrak{g}$ ein Zusammenhang und $\Omega = DZ$ die Krümmungsform. Dann gilt:*

1. *Strukturgleichung:* $\quad \Omega = dZ + \frac{1}{2}[Z, Z]$.

2. *Bianchi-Identität:* $\quad D\Omega = 0$.

3. *Ist $w \in \Lambda^q(P; V)$ tensoriell vom Typ $\rho : G \to GL(V)$ so*

$$DDw = \rho_*(\Omega) \wedge w.$$

4. *Ist $w \in \Lambda^q(P, \mathfrak{g})$ tensoriell vom Typ $Ad : G \to GL(\mathfrak{g})$ so*

$$Dw = dw + [Z, w].$$

Folgerung: Seien X, Y horizontale Vektorfelder. Dann gilt

$$Z([X, Y]) = -\Omega(X, Y).$$

Beweis: $\Omega = dZ + \frac{1}{2}[Z, Z]$. Setzt man horizontale Felder ein, so gilt $Z(X) = 0 = Z(Y)$, also

$$\Omega(X, Y) = -Z[X, Y].$$

$\blacksquare$

Satz: *$(P, \pi, M; G)$ sei ein Hauptfaserbündel. $Z, \bar{Z}$ seien zwei Zusammenhänge mit den Krümmungen $\Omega = DZ, \bar{\Omega} = \bar{D}\bar{Z}$. Dann ist $\eta = \bar{Z} - Z$ eine tensorielle 1-Form vom Typ Ad und es gilt*

$$\bar{\Omega} = \Omega + D\eta + \frac{1}{2}[\eta,\eta].$$

Faßt man $\bar{\Omega}, \Omega$ als 2-Formen auf M und η als 1-Form auf M mit Werten in $\underline{g} = P \times_{Ad} g$ auf, $\Omega, \bar{\Omega} \in \Lambda^2(M,\underline{g}), \eta \in \Omega^1(M,\underline{g})$, so gilt die gleiche Formel mit dem Operator

$$D : \Lambda^1(M;\underline{g}) \to \Lambda^2(M;\underline{g}).$$

Definition: *Ein Zusammenhang Z auf $(P,\pi,M;G)$ heißt (lokal) flach, falls eine offene Überdeckung U_i von M so existiert, daß $(P_{|U_i}, Z)$ isomorph zu $(U_i \times G, pr_1, U_i; G,$ kanonischer Zusammenhang) ist.*

Satz: *Z ist ein lokal-flacher Zusammenhang $\iff \Omega \equiv 0 \iff$ das Bündel $T^h(P) \subset TP$ der horizontalen Vektoren ist involutiv.*

Satz: *Sei $\pi_1(M) = 0$ und $(P,\pi,M;G)$ ein Hauptfaserbündel mit einem lokal-flachen Zusammenhang Z. Dann ist $(P;Z)$ isomorph zu $(M \times G;$ kanonischer Zusammenhang).*

Definition: *Sei $(P,\pi,M;G)$ ein Hauptfaserbündel. Eine Eichtransformation ist ein Diffeomorphismus $f : P \to P$ mit*

1. $\pi \circ f = \pi$

2. $f(p \cdot g) = f(p) \cdot g$.

Bezeichne $\mathcal{G}(P)$ die Gruppe aller Eichtransformationen.

Satz:

1. Ist $Z \in \mathcal{C}(P)$ ein Zusammenhang und $f \in \mathcal{G}(P)$ eine Eichtransformation, so ist $f^*Z \in \mathcal{C}(P)$ wiederum ein Zusammenhang. Mit anderen Worten, die Gruppe der Eichtransformationen wirkt auf der Menge aller Zusammenhänge.

2. Jede Eichtransformation f ist durch eine Abbildung $\mu_f : P \to G, \quad f(p) = p \cdot \mu_f(p), \quad$ gegeben. Dann gilt

$$(f^*Z)_p = Ad(\mu_f(p)^{-1})Z_p + dL_{\mu_f(p)^{-1}}d\mu_{f|p} = Ad(\mu_f^{-1}(p))Z_p + \mu_p^*\Theta.$$

Satz: *Sei die Eichtransformation $f : P \to P$ durch $\mu_f : P \to G$ gegeben und sei Z ein Zusammenhang. Für die Krümmungsformen Ω^Z und Ω^{f^*Z} gilt dann*

$$\Omega^{f^*Z} = Ad(\mu_f^{-1})\Omega^Z.$$

7.5 Zusammenhänge in $U(1)$-Hauptfaserbündeln und der Satz von Weyl

Wir beschäftigen uns mit der Gruppe $G = S^1 = U(1) = \{z \in \mathbb{C} : |z| = 1\}$.

Ist $\gamma(t)$ eine Kurve in G mit $\gamma(0) = 1$, so gilt $\dot{\gamma}(0) \in T_1 S^1 = \mathfrak{S}^1$. Andererseits folgt aus $|\gamma(t)|^2 \equiv 1$ daß $\dot{\gamma}(0) \in i\mathbb{R}$. Somit erhalten wir eine Identifikation $\mathfrak{S}^1 \ni \dot{\gamma}(0) \to \dot{\gamma}(0) \in i\mathbb{R}$. Die Lie-Algebra $\mathfrak{S}^1$ kann mit $i\mathbb{R}$. derart identifiziert werden, daß

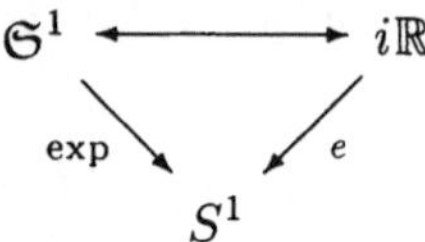

mit $e : i\mathbb{R} \to S^1$, $e(ix) = e^{ix}$ kommutiert. Wir betrachten jetzt die kanonische Form (Maurer-Cartan-Form) $\Theta : TS^1 \to \mathfrak{S}^1 \approx i\mathbb{R}$ der Gruppe und wollen diese berechnen. Wir zeigen

$$\Theta = \frac{dz}{z} = \bar{z}dz$$

Tatsächlich, ist $z \in S^1, \vec{t} \in T_z S^1$ und γ eine Kurve mit $\gamma(0) = z, \dot{\gamma}(0) = \vec{t}$, so gilt

$$\Theta(\vec{t}) = (dL_{z^{-1}}(\vec{t})) = \frac{d}{dt}(\frac{1}{z}\gamma(t))_{|t=0} = \frac{1}{z}\frac{d\gamma}{dt}_{|t=0} = \frac{1}{z}\vec{t} = \frac{dz}{z}(\vec{t}) \quad , \qquad \text{also} \qquad \Theta = \frac{dz}{z}.$$

Wir berechnen noch $\int\limits_{S^1} \Theta = \int\limits_{S^1} \frac{dz}{z} = 2\pi i$. Also ist $\varphi := \frac{1}{2\pi i}\Theta : TS^1 \to \mathbb{R}$ eine reell-wertige 1-Form auf S^1 mit $\int\limits_{S^1} \varphi = 1$.

Sei nun $(P, \pi, M^n; S^1)$ ein S^1-Hauptfaserbündel über M. Ist $f : P \to P$ eine Eichtransformation, so setzen wir $f(p) = p \cdot \mu_f(p), \mu_f : P \to S^1$. Wegen $f(p \cdot z) = f(p) \cdot z$ gilt

$$p \cdot z \cdot \mu_f(p \cdot z) = p \cdot \mu_f(p) \cdot z$$

also $z\mu_f(p \cdot z) = \mu_f(p) \cdot z$ und weil S^1 abelsch ist, folgt $\mu_f(p \cdot z) = \mu_f(p)$. Daher ist $\mu_f : P \to S^1$ konstant auf den Fasern und induziert eine Abbildung $\bar{\mu}_f : M^n \to S^1$. Ist ungekehrt eine Abbildung $\bar{\mu} : M^n \to S^1$ gegeben, so wird durch

$$f(p) = p \cdot \bar{\mu}(\pi(p)).$$

eine Eichtransformation definiert. Die Gruppe der Eichtransformationen fällt also mit der Gruppe aller Abbildungen $\mu : M^n \to S^1$ zusammen:

$$\mathcal{G}(P) \simeq \{\mu : M^n \to S^1\}.$$

Sei nun $Z : TP \to \mathfrak{S}^1 = i\mathbb{R}$ ein Zusammenhang auf P. Ist $f : P \to P$ eine Eichtransformation, welche durch $\bar{\mu}_f : M^n \to S^1$ gegeben ist, so gilt

$$f^* Z = Ad(\mu_f^{-1}) Z + \mu_f^* \Theta = Z + \mu_f^* \Theta = Z + \pi^* \bar{\mu}_f^* \Theta = Z + 2\pi \bar{\mu}_f \varphi$$

Wir betrachten $\Omega = \Omega^Z : TP \times TP \to \mathfrak{S}^1 = i\mathbb{R}$, die Krümmungsform von Z. Wegen

$$R_z^* \Omega = Ad(z^{-1}) \Omega = \Omega$$

ist Ω eine tensorielle 2-Form auf TP, welche invariant bei der Wirkung der Rechts-translationen ist. Daher ist Ω einfach eine 2-Form auf M^n mit Werten in $i\mathbb{R}$

$$\Omega^Z : TM^n \times TM^n \to i\mathbb{R}.$$

Wegen $0 = D\Omega^Z = d\Omega^Z + \underbrace{Ad_*(Z) \wedge \Omega^Z}_{=0} = d\Omega^Z$ ist Ω^Z eine geschlossene 2-Form,
d.h.

$$d\Omega^Z = 0.$$

Ist $\bar{Z}$ ein anderer Zusammenhang, so gilt

$$\Omega^{\bar{Z}} = \Omega^Z + D\eta + \frac{1}{2}[\eta, \eta] = \Omega^Z + D\eta$$

mit $\eta = \bar{Z} - Z$. Nun ist η wiederum eine tensorielle 1-Form mit $R_Z^* \eta = Ad(Z^{-1})\eta = \eta$, also eine 1-Form auf M^n mit Werten in $i\mathbb{R}$.

Daraus folgt:

1. Die Krümmungsform Ω^Z eines beliebigen Zusammenhangs in P ist eine geschlossene 2-Form auf M^n mit Werten in $i\mathbb{R}$.

2. Sind $\Omega^{\bar{Z}}, \Omega^Z$ die Krümmungsformen zweier Zusammenhänge, so existiert eine 1-Form auf M^n mit Werten in $i\mathbb{R}$ und

$$\Omega^{\bar{Z}} - \Omega^Z = d\eta.$$

Bekanntlich ist die de-Rham-Kohomologie einer kompakten Mannigfaltigkeit definiert durch

$$H_{DR}^2(M^n; \mathbb{R}) = Z^2(M^n)/B^2(M^n)$$

mit

$$Z^2(M^n) = \{w^2 : \quad w^2 \text{ ist 2-Form und } dw^2 = 0\}$$

$$B^2(M^n) = \{w^2 : \quad \text{es existiert eine 1-Form } \mu^1 \text{ mit } w^2 = d\mu^1\}.$$

Aus 1.) und 2.) folgt, daß die Restklasse $[-\frac{1}{2\pi i}\Omega^Z] \in H^2_{DR}(M^n; \mathbb{R})$ ein eindeutiges Element aus der de-Rham-Kohomologie von M^n ist, welches nicht von der Wahl von Z, sondern nur vom Hauptfaserbündel abhängt. Man bezeichnet die Klasse mit

$$c_1(P) \in H^2_{DR}(M; \mathbb{R})$$

und nennt es die *reelle Chern-Klasse des S^1-Hauptfaserbündels P.*

Sei nun $\mathcal{F}(P) = \{w^2 : w^2$ ist eine 2-Form mit $dw^2 = 0$, $[w^2] = c_1(P)\}$. Durch

$$\mathcal{C}(P) \ni Z \to \frac{-\Omega^Z}{2\pi i} \in \mathcal{F}(P)$$

wird offenbar eine Abbildung $\psi : \mathcal{C}(P) \to \mathcal{F}(P)$ definiert. Wir führen eine Reihe von Eigenschaften dieser Abbildung an:

1. Sind Z und $\bar{Z}$ eichäquivalente Zusammenhänge, so gilt $\psi(Z) = \psi(\bar{Z})$.

2. ψ ist surjektiv.

Aus 1.) und 2.) erhalten wir eine surjektive Abbildung

$$\psi : \mathcal{C}(P)/\mathcal{G}(P) \to \mathcal{F}(P).$$

Die erste de Rham-Kohomologie wird durch $H^1_{DR}(M^n; \mathbb{R}) = Z^1(M)/B^1(M)$ definiert, wobei Z^1 und B^1 folgende Räume sind:

$$Z^1(M) = \{w^1 : \quad w^1 \text{ist eine geschlossene 1-Form, } dw^1 = 0\}$$

$$B^1(M) = \{w^1 : \quad \text{es existiert eine Funktion } f \text{ auf } M \text{ mit } w^1 = df\}.$$

Sei weiterhin $Z^1(M; \mathbb{Z}) = \{w^1 \in Z^1(M) : \int_\gamma w^1 \in \mathbb{Z}$ für alle geschlossenen Wege $\gamma\}$.

Wegen $\int_\gamma df = \int_{\partial\gamma} f = 0$ gilt offenbar $Z^1(M; \mathbb{Z}) \supset B^1(M)$. Sei $H^1_{DR}(M^n; \mathbb{Z}) = Z^1(M^n; \mathbb{Z})/B^1(M^n)$ die sogenannte ganzzahlige de-Rham-Kohomologie. Wir betrachten wiederum $w^2 \in \mathcal{F}(P)$ und bezeichnen mit $\mathcal{C}_{w^2}(P)$ die Menge

$$\mathcal{C}_{w^2}(P) = \psi^{-1}(w^2) = \left\{ Z \in \mathcal{C}(P) : -\frac{1}{2\pi i}\Omega^Z = w^2 \right\}.$$

3. $\mathcal{C}_{w^2}(P)$ ist ein $\mathcal{G}(P)$-invarianter, affiner Raum mit dem Vektorraum $Z^1(M^n)$.

4. Die Menge $\mathcal{C}_{w^2}(P)/\mathcal{G}(P)$ steht in bijektiver Beziehung zu

$$Pic(M^n) = H^1_{DR}(M^n; \mathbb{R})/H^1_{DR}(M^n; \mathbb{Z}).$$

Zusammenfassend können wir den sogenannten Satz von Weyl formulieren

Satz von Weyl: *Sei $(P, \pi, M; S^1)$ ein S^1-Hauptfaserbündel über einer kompakten Mannigfaltigkeit M^n mit der ersten Chern-Klasse $c_1(P) \in H^2_{DR}(M; \mathbb{R})$ und sei $\mathcal{F}(P) = \{w^2 : dw^2 = 0, [w^2] = c_1(P)\}$. Durch $Z \to -\bar{\Omega}^Z = \frac{-1}{2\pi i}\Omega^Z$ wird eine surjektive Abbildung $\psi : \mathcal{C}(P)/\mathcal{G}(P) \to \mathcal{F}(P)$ derart definiert, daß jede Faser $\psi^{-1}(w^2)$ von ψ diffeomorph zur Picard-Mannigfaltigkeit $Pic(M^n) = H^1_{DR}(M^n; \mathbb{R})/H^1_{DR}(M^n; \mathbb{Z})$ von M^n ist.*
Aus $H^1_{DR}(M^n; \mathbb{R}) = 0$, (z.B.: M^n ist einfach-zusammenhängend) folgt, daß

$$\psi : \mathcal{C}(P)/\mathcal{G}(P) \to \mathcal{F}(P)$$

bijektiv ist.

Beispiel: Wir betrachten die Hopf-Faserung $\pi : S^3 \to \mathbb{CP}^1 = S^2$ mit

$$S^3 = \{(w_1, w_2) \in \mathbb{C}^2 : |w_1|^2 + |w_2|^2 = 1\}$$

und der S^1-Wirkung $S^3 \times S^1 \to S^3$

$$((w_1, w_2); z) = (w_1 z, w_2 z)$$

In diesem S^1-Hauptfaserbündel konstruieren wir einen Zusammenhang. Sei

$$Z = \frac{1}{2}\{\bar{w}_1 dw_1 - w_1 d\bar{w}_1 + \bar{w}_2 dw_2 - w_2 d\bar{w}_2\}$$

Weil für jedes $z \in \mathbb{C}$ $z - \bar{z} \in i\mathbb{R}$ gilt, ist Z eine 1-Form auf S^3 mit Werten in $i\mathbb{R}$. Z hat folgende Eigenschaften

1. Z ist invariant unter der S^1-Wirkung, d.h. $(R_z)^* Z = Z, z \in S^1$.

2. Ist $ix \in i\mathbb{R} \approx \mathfrak{S}^1$ und $\widetilde{(ix)}$ das fundamentale Vektorfeld auf S^3, so gilt $Z(\widetilde{ix}) = ix$.

Dann ist Z ein Zusammenhang im Bündel $\pi : S^3 \to S^2$ ist. Wir berechnen seine Krümmung. Weil S^1 abelsch ist, gilt $\Omega = dZ$ und wir erhalten

$$\Omega = -dw_1 \wedge d\bar{w}_1 - dw_2 \wedge d\bar{w}_2$$

als 2-Form auf S^3 mit Werten in $i\mathbb{R}$. Weil Ω eine Krümmungsform ist, muß $\Omega = \pi^*\bar{\Omega}$ mit einer 2-Form $\bar{\Omega}$ auf $\mathbb{CP}^1 = S^2$ gelten. Sei $\gamma : S^2 \backslash \{\text{Nordpol}\} \to \mathbb{C}$ die stereographische Projektion und $\bar{\bar{\Omega}}$ eine 2-Form auf $\mathbb{C}$ mit

$$\gamma^*\bar{\bar{\Omega}} = \bar{\Omega}.$$

Dann ist $\gamma \circ \pi : S^3 \setminus \{(w_1, w_2) : w_2 \neq 0\} \to \mathbb{C}$ gegeben durch $\gamma \circ \pi(w_1, w_2) = \frac{w_1}{w_2}$ und $\bar{\Omega}$ hat die Gestalt

$$\bar{\bar{\Omega}} = -\frac{dz \wedge d\bar{z}}{(1 + |z|^2)^2}.$$

Also gilt für die Krümmungsform $\bar{\Omega}$ des Zusammenhangs Z $\displaystyle\int_{S^2} \frac{1}{2\pi i}\bar{\Omega} = 1$.

Diese Gleichung bedeutet c_1 (Hopf-Bündel) $= -1$.

Bemerkung: Betrachten wir analog des S^1-Hauptfaserbündel $(S^3, \pi, \mathbb{CP}^1; S^1)$ mit der S^1-Wirkung $((w_1, w_2); z) = (w_1 z^{-1}, w_2 z^{-1})$, so ist $Z^* = -Z : TS^3 \to i\mathbb{R} \simeq \mathfrak{S}^1$ ein Zusammenhang in diesem Bündel. Dann folgt nacheinander

$$\Omega^* = dZ^* = -\Omega = dw_1 \wedge d\bar{w}_1 + dw_2 \wedge d\bar{w}_2$$

$$\bar{\bar{\Omega}}^* = -\bar{\bar{\Omega}} = \frac{dz \wedge d\bar{z}}{(1 + |z|^2)^2} \quad , \quad \frac{1}{2\pi i}\int_{S^2} \bar{\Omega}^* = -1.$$

Dies bedeutet, daß $c_1(\xi_2) = +1$ und wir erhalten noch einmal einen Beweis dafür , daß dieses S^1-Hauptfaserbündel nicht isomorph zum Hopf-Bündel ist.

7.6 Induzierte Zusammenhänge und Reduktion eines Zusammenhangs

Seien $(P, \pi, M; G)$ ein G-Hauptfaserbündel über M^n und $(P', \pi, M^n; G')$ sowie $f : P' \to P$ eine λ-Reduktion dieses Bündels, d.h.

   1. $\lambda : G' \to G$ ist ein Gruppenhomomorphismus.

   2. $f : P' \to P$ ist glatt und das Diagramm $\quad\begin{array}{ccc} P' & \xrightarrow{\;f\;} & P \\ & \searrow_{\pi} \quad \swarrow_{\pi} & \\ & M & \end{array}\quad$ ist kommutativ.

   3. $f(p'g') = f(p')\lambda(g')$.

Satz: *Sei $Z' : TP' \to \mathfrak{g}'$ ein Zusammenhang im G'-Hauptfaserbündel $(P', \pi, M; G')$.*

   1. Es existiert genau ein Zusammenhang $Z : TP \to \mathfrak{g}$ derart, daß $df : TP' \to TP$ die bezüglich Z' horizontalen Räume auf die bezüglich Z horizontalen Räume abbildet.

   2. Es gilt $\lambda_* Z' = f^* Z$ und für die Krümmungsform $\lambda_* \Omega' = f^* \Omega$.

Bemerkung zur Sprachweise:

1. Der aus Z' konstruierte Zusammenhang Z heißt der induzierte Zusammenhang oder die λ-*Erweiterung von* Z'.

2. Ist G' eine Untergruppe von G und $\lambda : G' \to G$ die Einbettung, so heißt Z' *eine Reduktion* des Zusammenhangs Z auf das Unterbündel $(P', \pi, M; G)$.

Wir betrachten jetzt ein Hauptfaserbündel $(P, \pi, M; G)$ mit Zusammenhang sowie eine Untergruppe $H \subset G$ und ein Unterbündel $(Q; \pi, M; H)$. Wir stellen folgende Frage:

Wann existiert ein Zusammenhang Z' in $(Q, \pi, M; H)$ derart, das Z' eine Reduktion von Z ist?

Eine vorläufige Antwort auf diese Frage enthält der folgende Satz:

Satz 2: *Mit den Bezeichnungen wie oben und der zusätzlichen Voraussetzung, daß eine Aufspaltung der Lie-Algebra*

$$\mathfrak{g} = \mathfrak{h} \oplus \mathfrak{m} \quad mit \quad Ad(H)(\mathfrak{m}) \subset \mathfrak{m}$$

existiert, gilt: Ist $Z : TP \to \mathfrak{g}$ ein Zusammenhang in $(P, \pi, M; G)$, so ist $Z' = pr_{\mathfrak{h}} \circ Z_{|TQ} : TQ \to \mathfrak{h}$ ein Zusammenhang in Q.

Nimmt also insbesondere $Z : TP \to \mathfrak{g}$ nur Werte in der Unteralgebra $\mathfrak{h}$ an, so reduziert Z sich zu einem Zusammenhang $Z' : TQ \to \mathfrak{h}$.

7.7   Die globale Variante des Frobenius-Theorems

Der lokale Frobenius-Satz im Euklidischen Raum kann wie folgt formuliert werden:

Sei $U \subset \mathbb{R}^n$ offen und seien $w^1, \cdots, w^r$ 1-Formen auf U mit $n = r + s$ und gelte

a) $w^1, \cdots, w^r$ sind in jedem Punkte linear unabhängig.

b) Es existieren 1-Formen Θ^i_j auf U mit

$$dw^i = \sum_{j=1}^{r} \Theta^i_j \wedge w^j.$$

Ist $x \in U$, so definieren wir

$$\sum{}^s (x) = \{\vec{t} \in T_x U : w^1(\vec{t}) = \cdots = w^r(\vec{t}) = 0\}.$$

Behauptung: Zu jedem Punkte $x_0 \in U$ existiert ein reguläres s-dimensionales Flächenstück F^s mit

1. $x_0 \in F^s$

2. $y \in F^s \Rightarrow T_y F^s = \sum^s(y)$.

Ersetzen wir $\mathbb{R}^n$ durch eine n-dimensionale Mannigfaltigkeit, so führt dies zunächst auf den Begriff einer Distribution:

Definition: *Sei M^n eine Mannigfaltigkeit. Ein Differentialsystem oder eine Distribution auf M^n ist eine Auswahl k-dimensionaler Unterräume $E_x^k \subset T_x M^n$ in jedem Tangentialraum derart, daß E_x^k in folgendem Sinne glatt vom Punkt x abhängt:*

> *Zu jedem $x \in M^n$ existiert eine Umgebung $U(x)$ und Vektorfelder $\vec{t}_1, \cdots, \vec{t}_k$ auf $U(x)$ mit $\quad E_y^k = Lin(\vec{t}_1(y), \cdots, \vec{t}_k(y)) \quad$ für alle $y \in U(x)$.*

Dann ist $E^k = \bigcup_x E_x^k$ ein glattes Untervektorbündel des Tangentialbündels.

Definition: *Sei $E^k \subset TM^n$ eine k-dimensionale Distribution. E^k heißt integrierbar, falls folgende Bedingung erfüllt ist: Sind $\vec{t}_1, \vec{t}_2$ zwei Vektorfelder auf M^n mit Werten in E^k, so hat der Kommutator $[\vec{t}_1, \vec{t}_2]$ auch Werte in E^k.*

Satz (lokaler Frobenius-Satz): *Sei $E^k \subset TM^n$ eine integrierbare k-dimensionale Distribution. Zu jedem Punkt $x \in M$ existiert eine Umgebung $U(x)$ und eine Untermannigfaltigkeit $x \in F^k \subset U(x)$ mit $T_y F^k = E_y^k$ für alle $y \in F^k$.*

Bevor wir zur globalen Version des Frobenius-Theorems kommen, müssen wir noch einige allgemeine Begriffe klären bzw. erweitern. Dazu wiederholen wir folgende Definitionen:

Definition: *Eine glatte Mannigfaltigkeit ohne Rand ist ein Paar (M, D), wobei*

1. *M ein topologischer T_2-Raum mit abzählbarer Basis ist*

2. *D ist eine Differentialstruktur auf M, d.h. eine Familie $D = \{(U_i, h_i)\}_{i \in \tau}$, wobei $U_i \subset M$ offen, $h_i : U_i \to V_i \subset_{offen} \mathbb{R}^n$ ein Homöomorphismus und $h_i h_j^{-1}$ glatt sind.*

Definition: *Sei (M, D) eine glatte Mannigfaltigkeit ohne Rand. Eine Teilmenge $A \subset M$ heißt k-dimensionale Untermannigfaltigkeit, falls*

$$\forall a \in A \; \exists \; (U, \varphi) \in D, a \in U, \varphi : U \to V \subset \mathbb{R}^n \qquad \varphi(A \cap U) \subset_{offen} \mathbb{R}^k \times \{0\}$$

Dann zeigt man: Mit der induzierten Topologie und mit dem Atlas $D(A) = \{(A \cap U, \varphi_{|A \cap U})\}$ ist $(A, D(A))$ eine Mannigfaltigkeit. Weiterhin ist die Einbettung $i : A \to M$ glatt und $di : TA \to TM$ injektiv.

Definition: *Sei $(M, D(M))$ eine glatte Mannigfaltigkeit. Eine Teilmenge $A \subset M$ heißt schwache Untermannigfaltigkeit, falls eine glatte Mannigfaltigkeit $(N, D(N))$ und eine differenzierbare Abbildung $f : N \to M$ mit folgenden Eigenschaften existiert:*

    1. f ist injektiv.

    2. $f(N) = A$

    3. $df : T_n N \to T_{f(n)} M$ ist injektiv.

Ist $a \in A$ ein Punkt einer schwachen Untermannigfaltigkeit, so existiert genau ein $n \in N$ mit $f(n) = a$. Der Raum $df_n(T_n N) := T_\alpha A$ heißt Tangentialraum von A im Punkte $n \in A$.

Beispiel: Sei $M = T^2$ und sei $\varphi(t) = (e^{i\alpha t}, e^{i\beta t})$ α, β irrational, $A = \varphi(\mathbb{R}^1)$. Dann ist $A \subset T^2$ eine (dichte) schwache Untermannigfaltigkeit, die keine Untermannigfaltigkeit ist.

Satz: *Sei $A \subset M$ eine schwache Untermannigfaltigkeit und $f : N \to A$ ein Modell. Zu jedem Punkt $n \in N$ existiert eine Umgebung $u \in U(n) \subset N$ mit folgenden Eigenschaften:*

    1. $f(U(n))$ ist eine Untermannigfaltigkeit von M.

    2. $f : U(n) \to f(U(n))$ ist ein Diffeomorphismus.

Folgerung: Sei $A \subset M$ eine schwache Untermannigfaltigkeit und seien $f : N \to A$, $f_1 : N_1 \to A$ zwei Modelle. Dann ist $f_1^{-1} \circ f : N \to N_1$ ein Diffeomorphismus.

Definition: *Sei $E^k \subset TM$ eine Distribution. Eine Integralmannigfaltigkeit von E^k ist eine schwache Untermannigfaltigkeit $A \subset M$ mit $T_\alpha A = E^k_\alpha$ für alle $\alpha \in A$.*

Satz (Satz von Frobenius - globale Version): *Sei $E^k \subset TM$ eine integrierbare Distribution auf einer Mannigfaltigkeit. Dann existiert zu jedem Punkt $x \in M$ eine schwache Untermannigfaltigkeit $\cdot A(x)$ mit folgenden Eigenschaften:*

    1. $A(x)$ ist Integralmannigfaltigkeit von E^k, d.h.

$$T_\alpha A(x) = E^k_\alpha \qquad \forall\, \alpha \in A(x).$$

    2. $A(x)$ ist zusammenhängend.

    3. $A(x)$ ist maximal, d.h. ist B eine zusammenhängende Integralmannigfaltigkeit von E^k mit $A(x) \subset B$, so gilt $A(x) = B$.

7.8   Der Satz von Freudenthal-Yamabe

Definition: *Sei G eine Liesche Gruppe. Eine Teilmenge $H \subset G$ heißt (schwache) Liesche Untergruppe, falls*

1. *H ist eine Untergruppe.*

2. *H ist eine schwache Untermannigfaltigkeit unter Erhaltung der Gruppenstruktur, d.h.: Es existiert eine Liesche Gruppe $\hat{H}$ und eine glatte Abbildung $f : \hat{H} \to G$ mit*

   a) *f ist injektiv.*

   b) *$f(\hat{H}) = H$.*

   c) *df injektiv.*

   d) *f ist Gruppenhomomorphismus.*

Satz von Freudenthal-Yamabe: *Sei G eine Liesche Gruppe und sei $H \subset G$ eine Untergruppe mit folgender Eigenschaft: Jedes Element aus H läßt sich mit einem stückweise glatten Weg mit dem neutralen Element $e \in G$ verbinden und dieser Weg liegt in H. Dann ist H eine schwache Liesche Untergruppe.*

7.9   Holonomietheorie

Sei $(P, \pi, M; G)$ ein Hauptfaserbündel und sei $Z : TP \to \mathfrak{g}$ ein Zusammenhang. (In diesem Abschnitt setzen wir M als zusammenhängend voraus.) Weiterhin sei $p \in P$ und $x = \pi(p)$. Ist γ ein Weg in M (stückweise glatt), welcher in x beginnt und in x endet, so können wir die Parallelverschiebung

$$\tau_\gamma : P_x \to P_x$$

betrachten. Sei $\tau_\gamma(p) = p \cdot g_\gamma$. Wegen $\tau_\gamma(p \cdot h) = \tau_\gamma(p) \cdot h = p \cdot g_\gamma \cdot h$ für alle h ist offenbar $\tau_\gamma : P_x \to P_x$ vollständig durch $g_\gamma \in G$ beschrieben. Die Menge $\phi(p) := \{g \in G : \exists \gamma \text{ geschlossen in } x \text{ mit } \tau_\gamma(p) = p \cdot g\}$ bildet offensichtlich eine (algebraische) Untergruppe von G

$$\phi(p) \subset G, \quad p \in P.$$

Sind nämlich γ_1, γ_2 zwei Wege geschlossen in x, so gilt $\tau_{\gamma_1 * \gamma_2} = \tau_{\gamma_1} \circ \tau_{\gamma_2}$ und daher

$$g_{\gamma_1 * \gamma_2} = g_{\gamma_1} \cdot g_{\gamma_2}.$$

Definition: *Die Gruppe $\phi(p)$ heißt die Holonomiegruppe des Zusammenhangs Z bezüglich des Basispunktes $p \in P$.*

Wir definieren weiterhin

$$\phi^0(p) = \{g \in G : \exists \, \gamma \quad \text{geschlossen in } x, \text{homotop Null mit } \tau_\gamma(p) = p \cdot g\}$$

Trivialerweise ist $\phi^0(p) \subset \phi(p) \subset G$ eine Untergruppe.

Satz:

1. $\phi^0(p)$ *ist ein schwache Liesche Untergruppe von G.*

2. $\phi^0(p)$ *ist ein Normalteiler von $\phi(p)$ und $\phi(p)/\phi^0(p)$ ist abzählbar.*

Satz (Reduktionstheorem der Holonomietheorie): *Sei $(P,\pi,M;G)$ ein Hauptfaserbündel mit zusammenhängender Basis M^n und sei $Z : TP \to \mathfrak{g}$ ein Zusammenhang. Für fixierten Punkt $p_0 \in P$ bezeichnen wir mit $\phi(p_0)$ die Holonomiegruppe und mit $P(p_0)$ die Menge*

$$P(p_0) = \{p \in P : \quad \text{es existiert ein horizontaler Weg von } p_0 \text{ nach } p\,\}.$$

Behauptung: $(P(p_0),\pi,M;\phi(p_0))$ *ist eine Reduktion des Hauptfaserbündels $(P,\pi,M;G)$ und der Zusammenhang Z reduziert sich auf dieses Bündel.*

Satz (Holonomietheorem von Ambrose und Singer - 1953): *Sei $(P,\pi,M;G)$ ein Hauptfaserbündel, M zusammenhängend, und sei $Z : TP \to \mathfrak{g}$ ein Zusammenhang, $\Omega = DZ$ dessen Krümmungsform. Sei $p_0 \in P$ ein fixierter Punkt und $(P(p_0),\pi,M,\phi(p_0))$ die Reduktion.*
Die Lie-Algebra der Holonomiegruppe $\phi(p_0)$ wird erzeugt von allen Elementen $\Omega(X,Y)$ mit $X,Y \in (TP)_p$ und $p \in P(p_0)$.

Literatur

[AD]   **L. Andersson, M. Dahl**, Scalar curvature rigidity for asymptotically lo-
            cally hyperbolic manifolds, Preprint 1996.

[An]   **M. Anghel**, Extrinsic upper bounds for eigenvalues of Dirac type operators,
            Proc. AMS 117 (1993), 501-509.

[Ar]   **E. Artin**, Geometric Algebra, Princeton University Press, 1957.

[At]   **M.F. Atiyah**, Riemann surfaces and spin structures, Ann. Scient. Ecole
            Norm. Sup. 4 (1971) 47-62.

[ABS]   **M.F. Atiyah, R. Bott, A. Shapiro**, Clifford modules, Topology 3 (1964),
            3-38.

[APS]   **M.F. Atiyah, V.K. Patodi, I.M. Singer**, Spectral asymmetry and Rie-
            mannian geometry, Part I : Math. Proc. Cambridge Phil. Soc. 77 (1975),
            43-69., Part II : Math. Proc. Cambridge Phil. Soc. 78 (1975), 405-432., Part
            III : Math. Proc. Cambridge Phil. Soc. 79 (1976), 71-79.

[AtSi]   **M.F. Atiyah, I.M. Singer**, The index of elliptic operators III, Ann. of
            Math. 87 (1968), 546-604.

[Bär 1]   **C. Bär**, Das Spektrum von Dirac-Operatoren, Dissertation Bonn 1990.

[Bär 2]   **C. Bär**,   Upper eigenvalue estimations for Dirac operators,   Ann.   Glob.
            Anal. Geom. 10 (1992), 171-177.

[Bär 3]   **C. Bär**, Real Killing spinors and holonomy, Comm. Math. Phys. 154 (1993),
            509-521.

[Bär 4]   **C. Bär**, The Dirac operator on homogeneous spaces and its spectrum on
            3-dimensional lens spaces, Arch. Math. 59 (1992), 65-79.

[Bär 5]   **C. Bär**, Harmonic spinors for twisted Dirac operators, Preprint des SFB
            288, No. 180, Berlin 1994.

[Bär 6]   **C. Bär**, The Dirac operator on space forms of positive curvature, Preprint
            Universität Freiburg 1996.

[BäSch]   **C. Bär, P. Schmutz**, Harmonic spinors on Riemann surfaces, Ann. Glob.
            Anal. Geom. 10 (1992), 263-273.

[Bau 1]   **H. Baum**, Spin-Strukturen und Dirac-Operatoren Über pseudo-Riemann-
            schen Mannigfaltigkeiten, Teubner-Verlag Leipzig 1981.

[Bau 2]   **H. Baum**, The index of the pseudo-Riemannian Dirac operator as a
            transversally elliptic operator, Ann. Glob. Anal. Geom. 1 (1983), 11-20.

[Bau 3]   **H. Baum**, The Zeta-invariant of Dirac operators coupled to instantons,
            SFB 288 Preprint No 90, Berlin 1993.

[Bau 4]   **H. Baum**, 1-forms over the moduli space of irreducible connections defined
            by the spectrum of Dirac operators, Journ. Geom. Phys. vol 4 No.4 (1987),
            503 -521.

[Bau 5]   **H. Baum**, Variétes riemanniennes admettant des spineurs de Killing imag-
            inaires, C.R. Acad. Sci. Paris Série I,t. 309 (1989), 47-49.

[Bau 6]   **H. Baum**, Odd-dimensional Riemannian manifolds with imaginary Killing spinors, Ann. Glob. Anal. Geom. 7 (1989), 141-154.

[Bau 7]   **H. Baum**, Complete Riemannian manifolds with imaginary Killing spinors, Ann. Glob. Anal. Geom. 7 (1989), 205-226.

[Bau 8]   **H. Baum**, An upper bound for the first eigenvalue of the Dirac operator on compact spin manifolds, Math. Zeitschrift 206 (1991), 409-422.

[Bau 9]   **H. Baum**, A remark on the spectrum of the Dirac operator on pseudo-Riemannian spin manifolds, Preprint SFB 288 No. 136, Berlin 1994.

[Bau 10]   **H. Baum**, Eigenvalues estimates for the Dirac operator coupled to instantons, Ann. Glob. Anal. Geom. 12 (1994), 193-209.

[Bau 11]   **H. Baum**, The Dirac operator on Lorentzian spin manifolds and the Huygens property, erscheint in Journ. Geom. Phys. 1997.

[Bau12]   **H. Baum**, Strictly pseudoconvex spin manifolds, Fefferman spaces and Lorentzian twistor spinors, Preprint SFB 288, 1997.

[BauFr]   **H. Baum, Th. Friedrich**, Eigenvalues of the Dirac operator,Twistors and Killing spinors on Riemannian manifolds, in "Clifford Algebras and Spinor Structures"(ed. by R.Ablamowicz and R.Lounesto), Kluwer Academic Publisher 1995, 243-256.

[BFGK]   **H. Baum, Th. Friedrich, R. Grunewald, I. Kath**, Twistors and Killing Spinors on Riemannian Manifolds, Teubner-Verlag Leipzig/Stuttgart 1991.

[BauKa]   **H. Baum, I. Kath**, Normally hyperbolic operators, the Huygens property and conformal geometry, Ann.Glob.Anal.Geom. 14 (1996), 315-371.

[BGV]   **N. Berline, E. Getzler, M. Vergne**, Heat kernels and Dirac operators, Springer Verlag 1992.

[Bie]   **W. Biedrzycki**, Spinors over a cone, Dirac operator and representations of $Spin(4,4)$, Journ. Funct. Anal., 113:36-64, 1993.

[BiPfe]   **E. Binz, R. Pferschy**, The Dirac operator and the change of the metric, C.R. Math. Rep. Acad. Sci. Canada V (1983), 269-274.

[Bo]   **E. Bonan**, Sur les variétés riemanniennes áa groupe d'holonomie G_2 ou $Spin(7)$, C.R. Acad. Sci. Paris 262 (1966), 127-129.

[BoWoj]   **B. Booss-Bavnbek, K.P. Wojciechowski**, Elliptic boundary problems for Dirac operators, Birkhäuser-Verlag 1993.

[Bor1]   **M. Bordoni**, Spectral estimates for Schrödinger and Dirac-type operators on Riemannian manifolds, Math. Ann. 298 (1994), 693-718.

[Bor2]   **M. Bordoni**, Comparaison de spectres d'operateurs de type Schrödinger et Dirac, Seminaire de theorie spectrale et geometrie no. 14, Institut Fourier Grenoble (1996).

[BouGau]   **J.P. Bourguignon, P. Gauduchon**, Spineurs, Operateurs de Dirac et Variations de Metriques, Comm. Math. Phys. 144 (1992), 581-599.

[BGM 1]   **C.P. Boyer, K. Galicki, B. Mann**, Geometry and topology of 3-Sasakian manifolds, Journ. Reine und Angew. Mathematik 455 (1994), 183-220.

[BGM 2]   **C.P. Boyer, K. Galicki, B. Mann**, Some new examples of inhomogeneous hypercomplex manifolds, Math. Res. Letters 1 (1994), 531-538.

[BGM 3]   **C.P. Boyer, K. Galicki, B. Mann**, Hypercomplex structures on Stiefel manifolds, Ann. Glob. Anal. Geom. 4 (1996), 81-105.

[BGM 4]   **C.P. Boyer, K. Galicki, B. Mann**, On strongly inhomogeneous Einstein manifolds, Bull. London Math. Soc. 28 (1996), 401-408.

[BGMR]   **C.P. Boyer, K. Galicki, B. Mann, E. Rees**, 3-Sasakian manifolds with an arbitrary second Betti number, Preprint 1996.

[Bry]   **R. Bryant**, Metrics with exceptional holonomy, Ann. Math. 126 (1987), 525-576.

[BrySa]   **R. Bryant, S. Salamon**, On the construction of some complete metrics with exceptional holonomy, Duke. Math. Journ. 58 (1989), 829-850.

[BuTr]   **B. Budinich, A. Trautman**, The Spinorial Chessboard, Springer-Verlag 1988.

[Bu 1]   **U. Bunke**, Upper bounds of small eigenvalues of the Dirac operator and isometric immersions, Ann. Glob. Anal. Geom. 9 (1991), 211-243.

[Bu 2]   **U. Bunke**, The spectrum of the Dirac operator on the hyperbolic space, Math. Nachr. 153 (1991), 179-190.

[Bu 3]   **U. Bunke**, On the spectral flow of families of Dirac operators with constant symbol, Math. Nachr. 165 (1994), 191-203.

[Bu 4]   **U. Bunke**, On the glueing problem for the η-invariant, Journ. Diff. Geom. 41 (1995), 397-448.

[Bu 5]   **U. Bunke**, On constructions making Dirac operators invertible at infinite, erscheint in Math. Zeitschrift.

[Bu 6]   **U. Bunke**, A K-theoretic relative index theorem, erscheint in Math. Zeitschrift.

[BuHi]   **U. Bunke, T. Hirschmann**, The index of the scattering operator on the positive spectral subspace, Comm. Math. Phys. 148 (1992), 487-502.

[CMS]   **F.M. Cabrera, M.D. Monar, A.F. Swann**, Classification of G_2-structures, Preprint Odense 1994.

[CFG]   **M. Cahen, A. France, S. Gutt**, Spectrum of the Dirac operator on complex projective space $\mathbb{CP}^{(2q-1)}$, Lett. Math. Phys. 18 (1989), 165-176.

[CG]   **M. Cahen, S. Gutt**, Spin structures on compact simply connected Riemannian symmetric spaces, Simon Stevin Quart. J. Pure and Appl. Math. 62 (1988), 209-242.

[CKLS]   **M. Cahen, S. Gutt, L. Lemaire, P. Spindel**, Killing Spinors, Bull. Soc. Math. Belg. 38 (1986), 75-102.

[CGT 1]   **M. Cahen, S. Gutt, A. Trautman**, Spin structures on real projective quadrics, Journ. Geom. Phys. 10 (1993), 127-154.

[CGT 2]   **M. Cahen, S. Gutt, A. Trautman**, Pin structures and the modified Dirac operator, Preprint ESI No. 201, Wien 1995.

[Ca]   **E. Cartan**, La theorie des spineurs, Paris, Hermannn 1937 (2. Auflage 1966).

[Cald1]   **D.M.J. Calderbank**, Clifford analysis for Dirac operators on manifolds with boundary, MPI Bonn 96-131.

[Cald2]   **D.M.J. Calderbank**, Dirac operators and conformal geometry, Vortrag am Banach-Zentrum Warschau am 22.02.1997.

[Che]   **C. Chevalley**, Algebraic theory of spinors, Columbia University Press, New York 1954.

[Chou]   **A.W. Chou**, The Dirac operator on spaces with conical singularities and positive scalar curvature, Trans. Amer. Math. Soc. 289 (1985), 1-40.

[CJ]   **R.L. Cohen, J.D.S. Jones**, Monopols, braid groups and the Dirac operator, Comm. Math. Phys. 158 (1993), 241-266.

[DT]   **L. Dabrowski, A. Trautman**, Spinor structures on spheres and projective spaces, Journ.Math.Phys. 27 (1986), 2022-2028.

[Da]   **M. Dahl**, The positive mass theorem for ALE manifolds, Publications of the Banach Center, Warschau 1996.

[DluFr 1]   **H. Dlubek, Th. Friedrich**, Spectral properties of the Dirac operator, Bulletin de L'Academie Polonaise de Sciences, Series des Sciences Mathematiques, vol. XXVII No. 7-8 (1979), 621-624.

[DluFr 2]   **H. Dlubek, Th. Friedrich**, Spektraleigenschaften des Dirac-Operators - die Fundamentallösung seiner Wärmeleitungsgleichung und die Asymptotenentwicklung der Zeta-Funktion, Jour. Diff. Geom. 15 (1980), 1-26.

[DluFr 3]   **H. Dlubek, Th. Friedrich**, Immersionen höherer Ordnung kompakter Mannigfaltigkeiten in Euklidische Räume, Beiträge zur Algebra und Geometrie 9 (1980), 83-101.

[DNP]   **M.J. Duff, B.E.W. Nilson, C.N. Pope**, Kaluza-Klein Supergravity, Physics Reports 130 (1986), 1-142.

[Duist]   **J.J. Duistermaat**, The heat kernel, Lefschetz fixed point formula for the $Spin^{\mathbb{C}}$ Dirac Operator, Birkhäuser Verlag 1996.

[Eich]   **J. Eichhorn**, Elliptic differential operators on open manifolds, Teubner-Texte zur Mathematik vol. 106 (1988), 4-169.

[EichFr]   **J. Eichhorn, Th. Friedrich**, Seiberg-Witten Theory, Publikationen des Banach-Zentrums Warschau vol. 39 (1997), 231-267.

[Fra]   **A. Franc**, Spin structures and Killing spinors on lens spaces, Jour. Geom. Phys. 4 (1987), 277-287.

[Fre]   **M.H. Freedman**, The topology of four-dimensional manifolds, Jour. Diff. Geom. 17 (1982), 357-453.

[Fr 1]   **Th. Friedrich**, Vorlesungen Über K-Theorie, Teubner-Verlag Leipzig 1978.

[Fr 2]   **Th. Friedrich**, Der erste Eigenwert des Dirac-Operators einer kompakten Riemannschen Mannigfaltigkeit nichtnegativer Skalarkrümmung, Math. Nachr. 97 1980), 117-146.

[Fr 3]   **Th. Friedrich**, Zur Existenz paralleler Spinorfelder Über Riemannschen Mannigfaltigkeiten, Coll. Math. vol. XLIV, Fasc. 2 (1981),277-290.

[Fr 4]   **Th. Friedrich**, Die Abhängigkeit des Dirac-Operators von der Spin-Struktur, Coll. Math. vol. XLVII, Fasc. 1 (1984), 57-62.

[Fr 5]   **Th. Friedrich**, Self-duality of Riemannian manifolds and connections, in "Riemannian Geometry and Instantons", Teubner-Verlag Leipzig 1981, Seite 56-104.

[Fr 6] **Th. Friedrich**, A remark on the first eigenvalue of the Dirac operator on 4-dimensional manifolds, Math. Nachr.102 (1981), 53-56.

[Fr 7] **Th. Friedrich**, Riemannian manifolds with small eigenvalues of the Dirac operator, Proceedings of the 27'th Arbeitstagung, Bonn 12.-19.06.1987, Preprint MPI in Bonn.

[Fr 8] **Th. Friedrich**, On the conformal relation between twistors and Killing spinors, Supplemento de Rendiconti des Circole Mathematico de Palermo, Serie II, No. 22 (1989), 59-75.

[Fr 9] **Th. Friedrich**, The classification of 4-dimensional Kähler manifolds with small eigenvalue of the Dirac operator, Math. Ann. 295 (1993), 565-574.

[Fr 10] **Th. Friedrich**, Harmonic spinors on conformally flat manifolds with S^1-symmetry, Math. Nachr. 174 (1995), 151-158.

[Fr 11] **Th. Friedrich**, Neue Invarianten der 4-dimensionalen Mannigfaltigkeiten, Preprint No 156 des SFB 288, Berlin 1995.

[FrGru 1] **Th. Friedrich, R. Grunewald**, On Einstein metrics on the twistor space of a four-dimensional Riemannian manifold, Math. Nachr. 123 (1985), 55-60.

[FrGru 2] **Th. Friedrich, R. Grunewald**, On the first eigenvalue of the Dirac operator on 6-dimensional manifolds, Ann. Glob. Anal. Geom. 3 (1985), 265-273.

[FrKa 1] **Th. Friedrich, I. Kath**, Einstein maniolds of dimension five with small first eigenvalue of the Dirac operator, Jour. Diff. Geom. 29 (1989), 263-279.

[FrKa 2] **Th. Friedrich, I. Kath**, Compact 5-dimensional Riemannian manifolds with parallel spinors, Math. Nachr. 147 (1990), 161-165.

[FrKa 3] **Th. Friedrich, I. Kath**, Varietes riemanniennes compactes de dimension 7 admettant des spineurs de Killing, C.R. Acad. Sci. Paris t.307, Serie I (1988),967-969.

[FrKa 4] **Th. Friedrich, I. Kath**, 7-dimensional compact Riemannian manifolds with Killing spinors, Comm. Math. Phys. 133 (1990), 543-561.

[FrKaMoSe] **Th. Friedrich, I. Kath, A. Moroianu, U. Semmelmann**, On nearly parallel G_2-structures, Preprint des SFB 288, No. 162, Berlin 1995, erscheint in "Journal of Geometry and Physics".

[FrKu] **Th. Friedrich, H. Kurke**, Compact four-dimensional self-dual Einstein manifolds with positive scalar curvature, Math. Nachr. 106 (1982), 271-299.

[FrPo] **Th. Friedrich, O. Pokorna**, Twistor spinors and the solutions of the equation (E) on Riemannian manifolds, Supplemento de Rendiconti des Circole Mathematico de Palermo, Serie II, No. 26 (1991), 149-153.

[FrSu] **Th. Friedrich, S. Sulanke**, Ein Kriterium für die formale Selbstadjungiertheit des Dirac-Operators, Coll. Math. vol. XL, Fasc. 2 (1979), 239-247.

[TrFr] **Th. Friedrich, A. Trautman**, Clifford structures and spinor bundles, Preprint des SFB 288 No. 251, Berlin 1997.

[GaSa] **K. Galicki, S. Salamon**, On Betti numbers of 3-Sasakian manifolds, erscheint in Geometriae Dedicata 1996.

[GiMu] **J. Gilbert, A. Murray**, Clifford algebras and Dirac operators in harmonic analysis, Cambridge University Press 1991.

[Gil]   **P.B. Gilkey**, Invariance theory, the heat equation and the Atiyah-Singer index theorem, Publish or Perish 1984.

[Gr 1]   **A. Gray**, Vector cross products on manifolds, Trans. Amer. Math. Soc. 141 (1969), 465-504.

[Gr 2]   **A. Gray**, Weak holonomy groups, Math. Zeitschrift 123 (1971), 290-300.

[Gru 1]   **R. Grunewald**, Six-dimensional Riemannian manifolds with a real Killing Spinor, Ann. Glob. Anal. Geom. 8 (1990), 43-59.

[Gru 2]   **R. Grunewald**, On the relation between real Killing spinors and almost Hermitian structures, Preprint No.271, Fachbereich Mathematik der Humboldt-Universität zu Berlin, 1991.

[Gut]   **S. Gutt**, Killing spinors on spheres and projective spaces, In: Spinors in Physics and Geometry, Singapure, 1988, World Sci. Publ. Co.

[Ha 1]   **K. Habermann**, The twistor equation on Riemannian manifolds, Jour. Geom. Phys. 7 (1990), 469-488.

[Ha 2]   **K. Habermann**, Twistor spinors and their zereos, Jour. Geom. Phys. 14 (1994), 1-24.

[Ha 3]   **K. Habermann**, The graded algebra and the conformal Lie derivative of spinor fields related to the twistor equation, Preprint Bochum 1993.

[He 1]   **G.W. Hess**, On the existence of a spectral function decomposition for the Dirac operator on a semi-Riemannian manifold, Preprint Universität München, 1996.

[He 2]   **G.W. Hess**, Canonically generalized spin structures and Dirac operators on semi-Riemannian manifolds, Dissertation, Ludwig-Maximilians-Universität München, 1996.

[Hij 1]   **O. Hijazi**, A conformal lower bound for the smallest eigenvalue of the Dirac operator and Killing spinors, Comm. Math. Phys. 104 (1986), 151-162.

[Hij 2]   **O. Hijazi**, Caracterisation de la sphere par les l'opérator de Dirac en dimension 3,4,7 et 8, C.R. Acad. Sci. Paris Serie I, 303 (1986), 417-419.

[Hij 3]   **O. Hijazi**, Eigenvalues of the Dirac operator on compact Kähler manifols, Comm. Math. Phys. 160 (1994), 563-579.

[HijLi]   **O. Hijazi, A. Lichnerowicz**, Spineurs harmonique, spineurs-twisteurs et geometrie conforme, C.R. Acad. Sci. Paris Serie I, 307 (1988), 833-838.

[HijMil]   **O. Hijazi, J.-L. Milhorat**, Minoration des valeurs propres de l'operateur de Dirac sur les variétés spin Kähler-quaternioniennes, J. Math. Pures. Appl. 74 (1995), 387-414.

[HiHo]   **F. Hirzebruch, H. Hopf**, Felder von Flächenelementen in 4-dimensionalen Mannigfaltigkeiten, Math. Annalen 136 (1958), 156 -172.

[Hi 1]   **N. Hitchin**, Harmonic Spinors, Adv. in Mathematics 14 (1974), 1-55.

[Hi 2]   **N. Hitchin**, Kählerian twistor spaces, Proc. Lond. Math. Soc. III Ser., 43 (1981), 133-150.

[Hu]   **D. Husemöller**, Fibre Bundles, Princeton 1966.

[Ike]   **A. Ikeda**, Formally self adjointness for the Dirac operator on homogeneous spaces, Osaka Journ. Math. 12 (1975), 173-185.

[Jo]   **D. Johnson**, Spin structures and quadratic forms, J. London Math. Soc. 22 (1980), 365-373.

[Joy]   **D. Joyce**, Compact Riemannian 7-manifolds with Holonomy G_2 (Part I und II), J. Diff. Geom. vol. 43 (1996), 291-328 (I), 329-375 (II).

[K]   **M. Karoubi**, Algébres de Clifford et K-Théorie, Ann. Scient. Ec. Norm. Super. 4^0 ser. t. 1, 1968, 161-270.

[Karr]   **G. Karrer**, Einführung von Spinoren auf Riemannschen Mannigfaltigkeiten, Annales Academiae Scientiarum Fennicae, Series A 336/5, Helsinki 1963.

[Ka 1]   **I. Kath**, Varietes riemanniennes de dimension 7 admettant un spineur de Killing reel, C.R.Acad.Sci.Paris Serie I, 311 (1990), 553-555.

[Ka 2]   **I. Kath**, G_2^*-structures on pseudo-Riemannian manifolds, Preprint SFB 288 No. 203, Berlin 1996.

[Ka3]   **I. Kath**, Pseudo-Riemannian T-duals of compact Riemannian reductive spaces, Preprint SFB 288, 1997.

[KiTa]   **R.C. Kirby, L.R. Taylor**, Pin Structures on Low-dimensional Manifolds, in "Geometry of Low-dimensional Manifolds" Part 2 (ed. by S.K.Donaldson), London Math. Soc. Lecture Notes Series 151, Cambridge University Press 1990.

[Ki 1]   **K.-D. Kirchberg**, An estimation for the first eigenvalue of the Dirac operator on closed Kähler manifolds with positive scalar curvature, Ann. Glob. Anal. Geom. 4 (1986), 291-326.

[Ki 2]   **K.-D. Kirchberg**, Compact six-dimensional Kähler spin manifolds of positive scalar curvature with the smallest possible first eigenvalue of the Dirac operator, Math. Ann. 282 (1988), 157-176.

[Ki 3]   **K.-D. Kirchberg**, Twistor spinors on Kähler manifolds and the first eigenvalue of the Dirac operator, J. Geom. Phys. 7 (1990), 449-468.

[Ki 4]   **K.-D. Kirchberg**, Properties of Kählerian twistor spinors and vanishing theorems, Math. Ann. 293 (1992), 349-369.

[Ki 5]   **K.-D. Kirchberg**, Some further properties of Kählerian twistor spinors, Math. Nachr. 163 (1993), 229-255.,

[Ki 6]   **K.-D. Kirchberg**, Killing spinors on Kähler manifolds, Ann. Glob. Anal. Geom. 11 (1993), 141-164.

[KiSe]   **K.-D. Kirchberg, U. Semmelmann**, Complex structures and the first eigenvalue of the Dirac operator on Kähler manifolds, Geom. and Funct. Analysis 5 (1995), 604-618.

[Kos]   **Y. Kosmann**, Derivees de Lie des spineurs, Ann. Mat. Pura ed Appl. 91 (1972), 317-395.

[KaSeWei]   **W. Kramer, U. Semmelmann, G. Weingart**, Eigenvalue estimates for the Dirac operator on quaternionic Kähler manifolds, dg-ga 9703021.

[KüRa 1]   **W. Kühnel, H.-B. Rademacher**, Twistor spinors with zeros and conformal flatness, C.R. Acad. Sci. Paris, Ser.I, 318 (1994), 237-240.

[KüRa 2]   **W. Kühnel, H.-B. Rademacher**, Twistor spinors with zeros, Inter. Journ. of Mathematics vol.5 (1994), 877-895.

[KüRa 3]   **W. Kühnel, H.-B. Rademacher**, Twistor spinors and Gravitational instantons, Lett. Math. Phys. 38 (1996), 411-419.

[KüRa 4]   **W. Kühnel, H.-B. Rademacher**, Conformal completion of $U(n)$-invariant Ricci-flat Kähler metrics at infinity, Preprint Leipzig / Stuttgart 1996.

[KüRa 5]   **W. Kühnel, H.-B. Rademacher**, Twistor spinors on conformally flat manifolds, Illinois J. Math. 1997.

[KuSch]   **R. Kusner and N. Schmitt**, The spinor representation of surfaces in space, Preprint 1996 (dg-ga 9610005)

[LawMi]   **H.B. Lawson, M.-L. Michelsohn**, Spin Geometry, Princeton University Press 1989.

[Le]   **J. Lewandowski**, Twistor equation in a curved spacetime, Class. Quantum Grac., 8:11-17, 1991.

[Li 1]   **A. Lichnerowicz**, Spineurs harmoniques, C.R. Acad. Sci. Paris Ser. A-B 257 (1963), 7-9.

[Li 2]   **A. Lichnerowicz**, Varietes spinorielles et universalite de l'inegalite de Hijazi, C.R. Acad. Sci. Paris Serie I, 304 (1987), 227-231.

[Li 3]   **A. Lichnerowicz**, Spin manifolds, Killing spinors and the universality of the Hijazi inequality, Lett. Math. Phys. 13 (1987), 331-344.

[Li 4]   **A. Lichnerowicz**, Les spineurs-twisteurs sur une variete spinoriélle compacte, C.R. Acad. Sc. Paris Serie I 306 (1988), 381-385.

[Li 5]   **A. Lichnerowicz**, Sur les resultates de H.Baum et Th.Friedrich concernant les spineurs de Killing a valeur propre imaginaire, C.R. Acad. Sci. Paris Serie I, 306 (1989), 41-45.

[Li 6]   **A. Lichnerowicz**, On the twistor spinors, Lett. Math. Phys. 18 (1989), 333-345.

[Li 7]   **A. Lichnerowicz**, Sur les zeros des spineurs-twisteurs, C.R. Acad. Sci. Paris Serie I, 310 (1990), 19-22.

[Li 8]   **A. Lichnerowicz**, La premier value propre de l'operateur de Dirac pour une variété Kählerienne et sone case limite, C.R. Acad. Sci. Paris Serie I 311 (1990), 717-722.

[Li 9]   **A. Lichnerowicz**, Spineurs harmoniques et spineurs-twisteurs en geometrie kählerienne et conformente kählerienne, C.R. Acad. Sci. Paris Serie I, 311 (1990), 883-887.

[Li 10]   **A. Lichnerowicz**, Spineurs-twisteurs hermitiens et geometrie conformement kählerienne, C.R. Acad. Sci. Paris Serie I, 314 (1992), 841-846.

[Lo]   **J. Lott**, Eigenvalue bounds for the Dirac Operator, Pac. Journ. of Math. 125 (1986).

[Mai]   **St. Maier**, Generic metrics and connections on $Spin-$ and $Spin^C$-manifolds, Preprint Basel 1996.

[Mau]   **K. Maurin**, Methods of Hilbert Spaces, Warschau 1965.

[May]   **K.-H. Mayer**, Elliptische Differentialoperatoren und Ganzzahligkeitssätze für charakteristische Klassen, Topology 4 (1965), 295-313.

[Milh] **J.-L. Milhorat**, Spectré de l'operateur de Dirac sur les espaces projectifs quaternioniens, C.R. Acad. Sci. Paris Serie I, 314 (1992), 69-72.

[Mi] **J. Milnor**, Remarks concerning Spin-manifolds, in "Differential and Combinatorical Topology" (in honour of Marsten Morse), Princeton 1965, 55-62.

[M-O] **M. Min-Oo**, Scalar curvature rigidity of asymptotically hyperbolic spin manifolds, Math. Ann. 285, 527-539 (1989).

[Mor 1] **A. Moroianu**, La premiere valeur propre de l'operateur de Dirac sur les variétés kählériennes compactes, Comm. Math. Phys. 169 (1995), 373-384.

[Mor 2] **A. Moroianu**, Spineurs et variétés de Hodge, Preprint No. 1126, Centre de Mathematiques de l'Ecole Polytechnique, 1995.

[Mor 3] **A. Moroianu**, Sur les valeurs propres de l-operateur de Dirac d-une variete spinorielle simplement connexe admettant une 3-structure de Sasaki, Studii si Cercetari Matematice 48 (1996), 85-88.

[Mor 4] **A. Moroianu**, Formes harmoniques en presence de spineur de Killing kählériens, C.R. Acad. Sci. Paris Serie I, 322 (1996), 679-684.

[Mor 5] **A. Moroianu**, Structures de Weyl admettant des spineurs paralléles, erscheint in Bull. Soc. Math. Franc. 1996.

[Mor 6] **A. Moroianu**, On Kirchberg's inequality for compact Kähler manifolds of even complex dimension, erscheint in Ann. Glob. Anal. Geom. 1997.

[Mor7] **A. Moroianu**, Complex Contact Structures and $Spin^C$ Manifolds. SFB 288 Preprint No. 243, Berlin 1997.

[Mor8] **A. Moroianu**, Parallel and Killing Spinors on $Spin^c$ Manifolds. SFB 288 Preprint No. 241, Berlin 1996.

[Mor9] **A. Moroianu**, On the Infinitesimal Isometries of Manifolds with Killing Spinors. SFB 288 Preprint No. 240, Berlin 1996.

[MorSe] **A. Moroianu, U. Semmelmann**, Kählerian Killing spinors, complex contact structures and twistor spaces, C.R. Acad. Sci. Paris 323 (1996), 57-61.

[NieWar] **P. van Nieuwenhuizen, N.P. Warner**, Integrability conditions for Killing spinors, Comm. Math. Phys. 93 (1984), 227-284.

[NiPo] **B.E. Nilson, C.N. Pope**, Scalar and Dirac eigenfunctions on the squashed seven-sphere, Phys. Lett. B 133 (1983), 67-71.

[OV] **Ch. Ohn and A.J. Vanderwinden**, The Dirac operator on compactified Minkowski space, Bull. Cl. Sci. VI. Ser. Acad. R. Belg., 4:255-268, 1993.

[OnSu] **A.L. Onischik, R. Sulanke**, Algebra und Geometrie Teil II, Berlin 1988.

[PT] **Th. Parker and H. Taubes**, On Witten's proof of the positive energy theorem, Comm. Math. Phys., 84:223-238, 1982.

[Par] **R. Parthasarathy**, Dirac operator and the discrete series, Ann. Math. 96 (1972), 1-30.

[Ra] **H.-B. Rademacher**, Generalized Killing spinors with imaginary Killing function and conformal Killing fields, in "Global Differential Geometry and Global Analysis", Proc. Berlin 1990, Springer Lecture Notes Math. 1481 (1991), 192-198.

[Rei]   W. Reichel, Über die Trilinearen alternierenden Formen in 6 und 7 Veränderlichen, Dissertation Greifswald 1907.

[Sa]   S. Salamon, Spinors and Cohomology, Rend. Sem. Mat. Univ. Pol. Torino vol. 50 (1992).

[SeiSe]   S. Seifarth, U. Semmelmann, The spectrum of the Dirac operator on the complex projective space $\mathbb{CP}^{(2q-1)}$, Preprint des SFB 288 No. 95, Berlin 1993.

[Sle 1]   S. Slebarski, The Dirac operator on homogeneous spaces and representations of reductive Lie groups, Part I, Amer. Journ. Math. 109 (1987), 283-302.

[Sle 2]   S. Slebarski, The Dirac operator on homogeneous spaces and representations of reductive Lie groups, Part II, Amer. Journ. Math. 109 (1987), 499-520.

[Slu]   M. Slupinski, A Hodge type decomposition for spinor valued forms, Ann. scient. Ec. Norm. Sup. 29 (1996), 23-48.

[Sto]   S. Stolz, Simply connected manifolds of positive scalar curvature, Ann. of Math. 136 (1992), 511-540.

[Stre 1]   H. Strese, Über den Dirac-Operator auf Grassmannschen Mannigfaltigkeiten, Math. Nachr. 98 (1980), 53-58.

[Stre 2]   H. Strese, Zur harmonischen Analyse des Paares $(SO(n), SO(k) \times SO(n-k))$ und $(Sp(n), Sp(k) \times Sp(n-k))$, Math. Nachr. 98(1980), 61-73.

[Stre 3]   H. Strese, Spektren symmetrischer Räume, Math. Nachr. 98 (1980), 75-82.

[Stre 4]   H. Strese,Zum Spektrum des Laplace-Operators auf p-Formen, Math. Nachr. 106 (1982), 35-40.

[Su 1]   S. Sulanke, Berechnung des Spektrums des Quadrates des Dirac-Operators auf der Sphäre und Untersuchungen zum ersten Eigenwert von D auf 5-dimensionalen Räumen konstanter positiver Schnittkrümmung, Dissertation, Humboldt-Universität zu Berlin 1981.

[Su 2]   S. Sulanke, Der erste Eigenwert des Dirac-Operators auf S^5/G, Math.Nachr. 99 (1980), 259 -271.

[Trau 1]   A. Trautman, Spinors and the Dirac operator on hypersurfaces. I. General theory, Journ. Math. Phys. 33 (1992), 4011-4019.

[Trau 2]   A. Trautman, The Dirac operator on hypersurfaces, Acta Phys. Polon. B 26 1995), 1283-1310.

[TrTr]   A. Trautman, K. Trautman, Generalized pure spinors, Jour. Geom. Phys. 15 (1994), 1-22.

[VaWi]   C. Vafa, E. Witten, Eigenvalue inequalities for fermions in gauge theories, Comm. Math. Phys. 95 (1984), 257-276.,

[Wa1]   M. Wang, Parallel spinors and parallel forms, Ann. Glob. Anal. Geom. 7 (1989), 59-68.

[Wa 2]   M. Wang, Preserving parallel spinors under metric deformations, Indiana Univ. Math. Jour. 40 (1991), 815-844.

[Wa 3]   **M. Wang**, On non-simply connected manifolds with non-trivial parallel spinor, Ann. Glob. Anal. Geom. 13 (1995), 31-42.

[Wi]   **E. Witten**, Monopols and four-manifolds, Math. Res. Letters 1 (1994), 769-796.

[Wo]   **J. Wolf**, Essential self-adjointness for the Dirac operator and its square, Indiana Univ.Math.J. 22 (1972/73), 611-640.

[Wu]   **Wu Wen-Tsun**, Classes caracteristiques et i'carres d'une variete, C.R. Acad. Sci. Paris 230 (1950),

Namens- und Sachverzeichnis

Geometrie

von Horst Knörrer

1996. X, 370 Seiten
mit 234 Abbildungen.
(vieweg studium; Aufbaukurs Mathe-
matik; hrsg. von Aigner, Martin/
Fischer, Gerd/ Grüter, Michael/
Knebusch, Manfred/ Scharlau,
Rudolf/ Wüstholz, Gisbert) Bd. 71.
Pb.
ISBN 3-528-07271-7

Aus dem Inhalt:
Symmetriegruppen im dreidimensio-
nalen Raum - Vektoralgebra - Nicht-
Euklidische Geometrie - Kegelschnit-
te und Quadriken - Die Gruppe SO(3)

Das Buch bietet die Möglichkeit, geo-
metrisches Wissen und Verständnis zu
gewinnen, das in fortgeschrittenen
Vorlesungen häufig vorausgesetzt, im
Grundstudium aber selten geboten
wird.
Ausgehend von elementaren Kenntnis-
sen in Linearer Algebra und Analysis,
wie sie Mathematik- und Physikstu-
dentInnen im Laufe des ersten Seme-
sters erwerben, wird eine Fülle von
konkreten geometrischen Tatsachen
dargestellt. Dabei steht die Anschau-
ung im Vordergrund, präzise Beweise
fehlen aber nie. Am Beispiel von Symmetriegruppen wird das Konzept
„Gruppe" und „Gruppenoperation"
eingeführt. Auf andere abstrakte Be-
griffsbildungen wird bewußt verzichtet.
Mit elementaren Werkzeugen werden
auch Themen behandelt, die für fort-
geschrittene Leser von Interesse sind,
wie das Billard im Innern einer Ellipse,
Lorentz-Geometrie, die Fundamentalgruppe von SO(3) oder die Hopf-Ab-
bildung. Auf die Bedürfnisse der Physik wird besondere Rücksicht genom-
men. So werden viele Bewegungs-
gleichungen der Mechanik, wie die
Kepler-Bewegung, die Kreiselbewe-
gung oder die Bewegung eines Elek-
trons in einem Magnetfeld diskutiert.
Die Beschreibung der Überlagerung
der Gruppe SO(3) durch die Gruppe
SU(2) geschieht auch in der Sprache
der Pauli-Matrizen.
Die einzelnen Kapitel des Buches können unabhängig voneinander gelesen
werden. Im Text und in ergänzenden
Bemerkungen wird aber immer wieder
auf die Beziehungen der einzelnen
Themenkreise untereinander und zu
anderen Gebieten der Mathematik und
der Physik hingewiesen.

Verlag Vieweg · Postfach 1547 · 65005 Wiesbaden · Fax (0611) 78 78-420